Complex Analysis and Its Applications

복소 해석과 응용

이명재 · 정영대 공저

Complex Analysis and Its Applications

Lecture Series on
Mathematical Physics

복소 해석과 응용

이명재 · 정영대 공저

한양대학교 출판부

머리말

『복소해석과 응용』은 자연과학과 공학 분야에서 폭넓게 사용되며 해석적인 문제를 다룰 때 아주 효과적인 방법을 제공하는 복소함수의 기초적이며 일반적인 성질을 다루는 책이다. 복소변수를 이용하면 실변수만을 이용하였을 때에는 얻을 수 없었던 성질들을 얻을 수 있으며, 이러한 것들을 이용하여 실변수 함수를 더욱 간편하게 계산하고 복잡한 문제들을 쉽게 풀어볼 수 있는 장점이 있다. 허수는 현실에 존재하지 않고 우리가 감각적으로 경험할 수 없지만, 훌륭하게 정의된 수학적 개념이다. 허수는 수학적 장치이므로 물리적인 현현을 필요로 하지 않는다. 그러나 수의 개념을 실수에서 허수의 영역까지 넓게 확장함으로써, 현실의 물리적인 문제를 훨씬 효율적으로 해결할 수 있게 해준다.

이 책은 대학에서 학부 수준의 수리물리학을 배우는 학생들을 위한 것이다. 이공계열 학생들이 대학에서 공부하면서 한정된 시간에 효과적으로 공부할 수 있도록 기초적인 정의부터 시작하여 수준 높은 복소함수의 내용을 체계적으로 집필하였다. 다양한 문제를 풀기 위한 기초가 될 수 있도록 예제를 풍부하게 선정하였고 원칙적이고 정통적인 풀이를 가능한 한 상세하게 제시하였으며, 이해의 확인을 위하여 연습문제를 엄격히 선정하였다. 또한, 이 책에서는 문제를 생각하고 이해하는 데 도움이 될 수 있도록 가능한 한 그림을 많이 넣어서 설명하려고 노력하였으며, 구체적인 문제에 대응할 수 있는 능력을 기를 수 있도록 응용 부분에 특히 힘을 기울였다.

이 책은 총 일곱 장으로 구성되어 있다. 제1장에서는 제곱을 하면 음이 되는 허수를 이용하여 복소수의 개념을 도입하고 그 기초를 배운다. 복소해석학의 기초는 기하학적인 틀에서 고려하면 이해하기가 쉬우므로 실수축과 허수축으로 구성된 아르강 도표를 도입하여 복소수의 극좌표계 표현, 다중값 성질, 오일러 공식 등을 소개하고 있다. 제2장에서는 복소공간에서 정의되는 해석함수와 특이점의 종류 및 성질 등을 배우고, 가지점 및 가지자름의 개념에 대하여 배운다. 제3장에서는 경로적분과 코시의 적분을 배우며 경로 변형의 원리를 이용하여 복소공간에서의 해석함수의 적분법에 대하여 학습하도록 한다. 제4장에서는 복소함수의 테일러 전개와 고립된 특이점에서의 로랑 전개에 대하여 배우는데, 이것은 다음 장에서 배우게 될 유수정리의 중요한 기초가 된다. 제5장에서는 복소해석의 아주 중요한 이론인 유수정리에 대하여 학습하고 이를 이용하여 다양한 실함수의 적분 계산에 응용하는 방법을 배운다. 제6장에서는 어느 한 복소공간에서 정의된 함수를 공간 관계를 이용하여 다른 복소공간에서 어떻게 표현할 수 있는가를 소개하고 있다. 제7장은 지금까지 배운 복소함수 이론을 이용하여 유체역학, 전자기학, 고전역학 등의 다양한 분야의 문제를 풀어보고, 특히 베셀 함수, 르장드르 함수 등 이공계에서 자주 쓰이는 특수함수를 복소함수의 경로적분 형태로 표현하는 법을 배우고, 푸리에 변환을 이용하여 여러 상황에서의 미분방정식의 해법, 그리고 끝으로 불확정성의 원리에 대한 고찰을 논한다.

복소해석학은 심오하면서도 아름다움이 넘쳐나는 수학이다. 수학자 한켈은 수학에 허수가 추가된 것은 순수 수학이 지금까지 이룬 가장 큰 발전이라고 하였다. 실재하는 세계에서 풀기가 곤란한 문제를 허수 공간의 도움을 받아 쉽게 해결할 수 있도록 하는 복소해석학은 물리학과 공학을 배우는 데 필수적인 도구이다. 이 책이 복소해석학을 공부하는 이공계 학생들에게 조금이나마 도움이 된다면 저자들의 큰 보람이 될 것이다.

2024년 2월 22일

이명재 · 정영대

목차

Chapter 06

Chapter 07

Chapter 01

복소수와 복소함수

Complex Numbers and Complex Variables

1.1 복소수(Complex numbers)

수학에서 실수(實數, real number)가 아닌 수의 존재에 대한 기원은 고대 그리스의 수학자 헤론(Heron, fl. 60 AD)이 거듭제곱하여 음수(陰數, negative number)가 되는 가능성을 언급함으로써 시작되었지만, 음수에 대한 정의는 16세기에 이르러 이탈리아의 수학자들에 의해 정립되기 시작하였다. 그러나 그 당시의 수학자들은 실수만을 수로 인정하였으므로 거듭제곱을 하여 음이 되는 수, 즉 음수의 제곱근을 발견하고서도 이를 크게 발전시키지 못하였다. 예를 들면 2차 방정식 $x^2+1=0$의 해가 $x=\pm\sqrt{-1}$이 되는 이상한 수를 일찍이 발견하고도 이의 중요성에 대하여 인식하지 못하였던 것이다. 17세기에 이르러 프랑스의 철학자이며 수학자인 르네 데카르트(René Descartes)가 음의 제곱근을 현실에 존재하지 않는 상상의 수라고 하여 **허수**(虛數, imaginary number)라고 이름을 붙였고, 이후 스위스의 수학자 오일러(Leonhard Euler)가 허수의 단위를 i라고 정의하게 되었다.

$$i \equiv \sqrt{-1} \tag{1.1.1}$$

위의 정의로부터 i를 제곱하면 $i^2=-1$이 되는 것을 알 수 있으므로 i는 $x^2+1=0$의 해가 된다고 할 수 있다. 정확하게 말하자면 $x^2+1=0$의 해는 $\pm i$가 될 것이다. 한편, i의 세제곱 및 네제곱은 각각 $i^3=i^2 i=(-1)i=-i$ 및 $i^4=i^2 i^2=(-1)(-1)=1$과 같이 계산할 수 있다. 여기서 주의할 점은 $1=(-1)(-1)$이라고 해서 $\sqrt{1}=\sqrt{(-1)(-1)}=\sqrt{-1}\sqrt{-1}=i^2$로 쓰면 옳지 않다는 것이다. 실수 a, b에 대

하여 $\sqrt{ab} = \sqrt{a}\sqrt{b}$가 성립하려면 제곱근의 정의로부터 a와 b가 모두 양수이거나 둘 중 하나가 양수이어야 한다. 일반적으로 b를 양의 실수라고 할 때, $\sqrt{-b}$는 허수가 되는데, $\sqrt{-b} = \sqrt{b}\sqrt{-1} = \sqrt{b}\,i$로 쓸 수 있다.

예제 1.1.1 i^0을 계산하시오.

풀이 i^0은 i^{1-1}과 같으므로 다음과 같이 계산할 수 있다.

$$i^0 = i^{1-1} = i^1 i^{-1} = \frac{i}{i} = 1$$

이제 2차 방정식 $x^2 + 2 = 0$의 해를 구해보자. x를 제곱해서 -2가 나와야 하므로 -2의 제곱근, 즉 $\sqrt{-2}$가 해가 된다. 물론 $-\sqrt{-2}$ 도 방정식을 만족한다. 따라서 $x^2 + 2 = 0$의 해는 $x = \pm\sqrt{-2} = \pm\sqrt{2\times(-1)} = \pm\sqrt{2}\,i$이다. 즉, 이렇게 구한 x를 제곱하면 $x^2 = (\pm\sqrt{2})^2 i^2 = -2$가 되는 것을 알 수 있다.

허수를 다룰 때 주의할 점은 실수와는 달리 허수는 크고 작음에 대하여 논할 수가 없다는 것이다. 예를 들어 실수 2와 3에 대해서는 $2 < 3$의 관계가 있지만 허수 $2i$와 $3i$에 대해서는 대소 관계가 성립하지 않는다. 즉, $2i < 3i$가 성립하지 않는다. 물론 $2i > 3i$도 아니다. 즉, 허수들끼리는 서로 크기를 비교할 수 없음에 유의하자. 다만, 허수의 절댓값에 대해서는 크기가 비교 가능한데, 이에 대해서는 켤레복소수의 정의를 배운 뒤에 좀 더 자세히 살펴보도록 하자. 허수의 크기를 직접 비교할 수는 없지만, 허수끼리 더하기, 빼기, 곱하기, 나누기 등의 연산은 가능하다는 것은 흥미롭다. 허수 $2i$와 $3i$를 더하면 $5i$가 된다. 허수 $2i$에서 $3i$를 빼면 $-i$이다.

허수를 도입하면 수의 체계를 실수에서 **복소수**(複素數, complex number)의 체계로 확장할 수 있다. 복소수는 실수와 허수를 더하여 하나의 새로운 수로 나타내는 방법인데, 실수 a와 b에 대하여 복소수 z를 다음과 같이 정의한다.

$$z = a + ib \tag{1.1.2}$$

여기서 a를 실수부(real part), b를 허수부(imaginary part)라고 부른다. 복소수

$z = a + ib$를 데카르트 좌표형식을 빌려 $z = (a,\ b)$로 표기하기도 한다. 이 표기법을 쓰면, 실수 1은 $(1,\ 0)$으로, 허수 i는 $(0,\ 1)$로 쓰면 된다. 또한, 실수부와 허수부를 각각 $a = \mathrm{Re}[z]$와 $b = \mathrm{Im}[z]$와 같이 쓰기도 한다.

복소수의 사칙연산에 있어서 덧셈이나 뺄셈은 실수부는 실수부끼리, 허수부는 허수부끼리 더하거나 빼면 되고, 곱셈은 분배법칙에 따라 계산하고 나눗셈은 분모를 실수로 만들어서 계산하는 것이 일반적이다. 두 복소수 $z_1 = a_1 + i\,b_1$와 $z_2 = a_2 + i\,b_2$가 주어졌을 때 사칙연산은 다음과 같이 할 수 있다.

$$z_1 \pm z_2 = (a_1 + ib_1) \pm (a_2 + ib_2) = (a_1 \pm a_2) + i(b_1 \pm b_2) \tag{1.1.3}$$

$$z_1 z_2 = (a_1 + ib_1)(a_2 + ib_2) = (a_1 a_2 - b_1 b_2) + i(a_1 b_2 + a_2 b_1) \tag{1.1.4}$$

$$\frac{z_1}{z_2} = \frac{(a_1 + ib_1)}{(a_2 + ib_2)} = \frac{(a_1 + ib_1)(a_2 - ib_2)}{(a_2 + ib_2)(a_2 - ib_2)} = \frac{a_1 a_2 + b_1 b_2}{a_2^2 + b_2^2} + i\frac{a_2 b_1 - a_1 b_2}{a_2^2 + b_2^2} \tag{1.1.5}$$

식(1.1.3)을 좌표형식으로 표기하면 $z_1 \pm z_2 = (a_1,\ b_1) \pm (a_2,\ b_2) = (a_1 \pm a_2,\ b_1 \pm b_2)$와 같이 쓸 수 있다.

복소수는 덧셈과 곱셈에 대하여 교환법칙, 결합법칙, 분배법칙이 성립한다. 복소수 z_1, z_2, z_3에 대하여

$$z_1 + z_2 = z_2 + z_1 \tag{1.1.6}$$

$$z_1 + (z_2 + z_3) = (z_1 + z_2) + z_3 \tag{1.1.7}$$

$$z_1 z_2 = z_2 z_1 \tag{1.1.8}$$

$$z_1 (z_2 z_3) = (z_1 z_2) z_3 \tag{1.1.9}$$

$$z_1 (z_2 + z_3) = z_1 z_2 + z_1 z_3 \tag{1.1.10}$$

이 성립하며, 이러한 식들은 쉽게 증명될 수 있다.

예제 1.1.2 복소수 $z_1 = 1+3i$, $z_2 = 5-i$에 대하여 (1) $z_1 + z_2$ (2) $z_1 z_2$ (3) z_1/z_2를 계산하시오.

풀이 (1) $z_1 + z_2 = (1+3i) + (5-i) = (1+5) + (3-1)i = 6+2i$

(2) $z_1 z_2 = (1+3i)(5-i) = 1 \times 5 + 1 \times (-i) + (3i) \times 5 + (3i) \times (-i)$
$= 5 - i + 15i - 3i^2 = 8 + 14i$

(3) $\dfrac{z_1}{z_2} = \dfrac{1+3i}{5-i} = \dfrac{(1+3i)(5+i)}{(5-i)(5+i)} = \dfrac{5-3}{5^2+1} + i\dfrac{1+15}{5^2+1} = \dfrac{1}{13} + \dfrac{8}{13}i$

복소수 $z = a + bi$에 대하여, 허수부의 부호를 바꾼 것을 z의 **켤레복소수**(complex conjugate)라고 하며 책에 따라서는 **공액복소수**(共軛複素數)라고도 한다. 켤레복소수는 보통 z^* 또는 $\bar{z}$로 표기하는데 여기서는 z^*의 표현을 쓰고자 한다. z^*는 z의 허수부의 부호를 바꾸어 주면 되므로 $z^* = a - ib$가 된다. 복소수 z와 켤레복소수 z^*를 곱하면

$$zz^* = (a+ib)(a-ib) = a^2 - b^2 \tag{1.1.11}$$

이 되므로 zz^*는 항상 실수가 된다는 것을 알 수 있다. 만약 $z = z^*$라고 하면 $b = -b$를 만족하는 실수 b는 0 밖에 없으므로 z는 복소수가 아닌 실수이다.

복소수 z의 절댓값은 켤레복소수를 이용하여 다음과 같이 정의한다.

$$|z| = \sqrt{zz^*} = \sqrt{a^2 + b^2} \tag{1.1.12}$$

절댓값 $|z|$를 z의 크기(magnitude) 또는 모듈러스(modulus)라고 부르기도 하며, 당연히 $|z| \geq 0$이다. 앞서 허수 $2i$와 $3i$에 대해서는 대소 관계가 성립하지 않는다고 하였는데 $2i$와 $3i$의 절댓값은 실수이므로 대소 관계가 성립한다. 허수 $2i$의 절댓값은 $|2i| = \sqrt{(2i)(-2i)} = \sqrt{2^2} = 2$이고 $3i$의 절댓값은 $|3i| = 3$이므로 $|2i| < |3i|$가 된다. 순수한 허수뿐만 아니라, 실수가 포함된 복소수도 대소 관계를 정의할 수 없다. 그러나 복소수의 절댓값(크기)은 실수가 되므로 대소 관계가 있다.

임의의 복소수 z와 w에 대하여 다음의 기본적인 관계들이 항상 성립함을 보일 수 있다.

$$\mathrm{Re}\,[\mathrm{z}] = \frac{1}{2}(z + z^*) \tag{1.1.13}$$

$$\mathrm{Im}\,[\mathrm{z}] = \frac{1}{2i}(z - z^*) \tag{1.1.14}$$

$$(z + w)^* = z^* + w^* \tag{1.1.15}$$

$$(z - w)^* = z^* - w^* \tag{1.1.16}$$

$$(zw)^* = z^* w^* \tag{1.1.17}$$

$$(z/w)^* = z^*/w^* \tag{1.1.18}$$

$$|z| = |z^*| \tag{1.1.19}$$

$$(z^*)^* = z \tag{1.1.20}$$

1.2 복소평면과 오일러 공식(Complex plane and Euler's formula)

실공간의 좌표계에서는 복소수의 위치를 표시할 수 없다. 그러나 서로 직교하는 두 개의 축을 이용하여 하나는 실수축, 다른 하나는 허수축으로 정의하면 복소수를 기하학적으로 표현할 수 있다. 그림 1.1.1과 같이 직교하는 데카르트 좌표계에서 수평축을 실수축, 수직축을 허수축이라고 하고 이를 각각 $\mathrm{Re}\,[z]$과 $\mathrm{Im}\,[z]$라고 하자. 이렇게 하면 복소수 $z = a + ib$ (a, b는 실수)의 실수부와 허수부를 각각 독립변수로 볼 수 있으므로 z의 위치를 좌표상에서 표시할 수 있다. 복소수를 $z = a + ib$의 형식으로 표현하는 것을 데카르트좌표 형식이라고도 한다. 이렇게 실수축과 허수축으로 이루어진 평면을 **복소평면**(複

素平面, complex plane)이라고 하며, 이를 창안한 스위스의 수학자 이름을 따서 **아르강 도표**(Argand diagram)라고 부르기도 하는데, 문헌에 따라서는 가우스 평면(Gaussian plane)이라고도 한다.

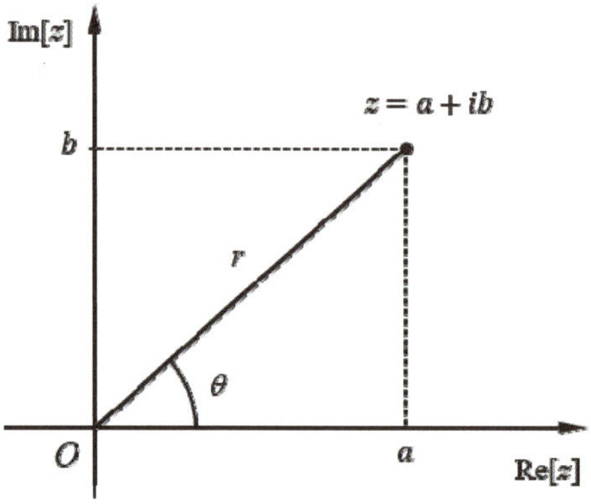

그림 1.1.1 아르강 도표(Argand diagram)에서 표시한 복소수 z의 위치

아르강 도표에서 볼 수 있듯이 복소수 $z = a + ib$는 극좌표계(極座標系, polar coordinate system)를 써서 표현할 수 있다. 원점에서 z까지의 거리를 $r(\geq 0)$이라고 하고, 실수축과 반지름 방향과의 각도를 θ라고 하면 $a = r\cos\theta$, $b = r\sin\theta$가 되므로 z는 다음과 같이 쓸 수 있다.

$$z = r(\cos\theta + i\sin\theta) \tag{1.2.1}$$

여기서 $r = \sqrt{a^2 + b^2}$이고 θ는 편각(argument), 극각(polar angle) 또는 위상(phase)이라고 한다. 예를 들어 $z = 1 + 2i$가 있다고 하자. 이를 극좌표 형식으로 표현하면 그림 1.1.2에서 볼 수 있듯이 $r = \sqrt{5}$가 되고 편각은 $\theta = \pi/3$이 되므로 $z = \sqrt{5}\,e^{i\pi/3}$이 된다. 따라서 두 복소수 $1 + 2i$와 $\sqrt{5}\,e^{i\pi/3}$는 모양은 달라 보여도 좌표상에서 같은 위치에 있으며 서로 동등한 값을 가진다.

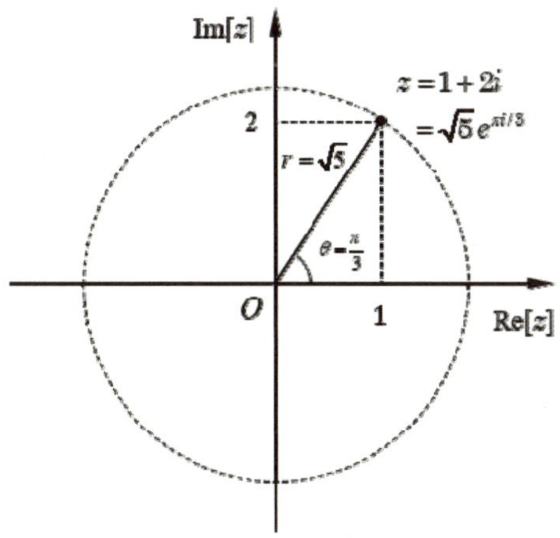

그림 1.1.2 점 $1+2i$를 극좌표에서 표현하면 $\sqrt{5}\,e^{i\pi/3}$가 된다.

식(1.2.1) 안의 코사인함수와 사인함수를 다음과 같이 테일러 전개(Taylor expansion)를 해보자.

$$\cos\theta = 1 - \frac{\theta^2}{2!} + \frac{\theta^4}{4!} - \frac{\theta^6}{6!} + \cdots \tag{1.2.2}$$

$$\sin\theta = \theta - \frac{\theta^3}{3!} + \frac{\theta^5}{5!} - \frac{\theta^7}{7!} + \cdots \tag{1.2.3}$$

위의 두 급수는 모든 편각에 대하여 수렴한다. 이 결과를 이용하여 z를 다시 쓰면

$$z = r\left(1 + i\theta - \frac{\theta^2}{2!} - \frac{i\theta^3}{3!} + \frac{\theta^4}{4!} + \frac{i\theta^5}{5!} - \frac{\theta^6}{6!} - \frac{i\theta^7}{7!} + \cdots\right) \tag{1.2.4}$$

가 되는데, $i^2 = -1$, $i^3 = -i$, $i^4 = 1$, $\cdots$이므로

$$z = r\left[1 + i\theta + \frac{(i\theta)^2}{2!} + \frac{(i\theta)^3}{3!} + \frac{(i\theta)^4}{4!} + \frac{(i\theta)^5}{5!} + \frac{(i\theta)^6}{6!} + \frac{(i\theta)^7}{7!} + \cdots\right] \tag{1.2.5}$$

와 같이 전개해도 된다. 그런데 식(1.2.5) 우변의 괄호 [ ]안의 급수는 $e^{i\theta}$를 테일러 전개한 것과 같으므로 z는 곧

$$z = re^{i\theta} \tag{1.2.6}$$

가 된다. 이것은 복소수 z를 극좌표계 형식으로 표현한 것인데 식(1.2.1)과 비교하면

$$e^{i\theta} = \cos\theta + i\sin\theta \tag{1.2.7}$$

가 성립하는 것을 바로 알 수 있다. 식(1.2.7)을 **오일러 공식**(Euler's formula)이라고 한다. z의 절댓값은 $|z| = r|e^{i\theta}| = r$이 되므로 아르강 도표에서 원점과 z를 연결하는 반지름 r이 바로 z의 크기가 됨을 다시 한번 확인할 수 있다. 그림 1.1.1에서 $a^2 + b^2 = r^2$이 되는 것을 직접 알 수 있는데 이것은 바로 원점이 중심이고 반지름 r인 원의 방정식이다. $r = 1$인 경우에 복소수 $z = e^{i\theta}$는 아르강 도표에서 반지름이 1인 단위 원 위의 편각 θ에 위치한 한 점이 된다. 또한 $e^{i\theta}$는 주기함수이므로 정수 n에 대하여 $e^{i\theta} = e^{i(\theta + 2n\pi)}$인 관계가 성립한다. 표1.1에 몇몇 특별한 편각에 대하여 $e^{i\theta}$의 값들을 정리하였다. 특히 편각이 π인 경우에 $e^{i\pi} + 1 = 0$이 되는데 이를 오일러 항등식(Euler's identity)이라고 하며 종종 세상에서 가장 아름다운 식으로 회자되기도 한다. 오일러 공식의 양변을 n승을 하면 다음의 **드 므아브르 정리**(de Moivre's theorem)를 얻을 수 있다.

$$(\cos\theta + i\sin\theta)^n = \cos n\theta + i\sin n\theta \tag{1.2.8}$$

드 므아브르 정리의 증명은 매우 간단하며, 아래의 예제 1.2.1을 참고하기 바란다.

표 1.1 편각에 따른 $z = e^{i\theta}$의 값

θ	$e^{i\theta}$
$0,\ 2\pi,\ 4\pi, \ldots$	1
$\frac{1}{2}\pi,\ \frac{5}{2}\pi,\ \frac{9}{2}\pi, \ldots$	i
$\pi,\ 3\pi,\ 5\pi, \ldots$	-1
$\frac{3}{2}\pi,\ \frac{7}{2}\pi,\ \frac{11}{2}\pi, \ldots$	$-i$

식(1.2.7)에 나타난 오일러 공식은 앞에서 보여준 테일러 전개를 쓰는 증명 외에도 다른 여러 가지 방법으로 증명해 볼 수 있다. 그중 간단한 경우를 한 번 보자. 함수 $f(\theta)$를

$$f(\theta) = e^{-i\theta}(\cos\theta + i\sin\theta) \tag{1.2.9}$$

와 같이 정의하고 이 함수를 θ에 대하여 미분하면

$$f'(\theta) = -ie^{-i\theta}(\cos\theta + i\sin\theta) + e^{-i\theta}(-\sin\theta + i\cos\theta) \tag{1.2.10}$$

가 되는데 이 식의 우변은 항들이 서로 상쇄되어서 $f'(\theta) = 0$이 된다. 그러므로 $f(\theta)$의 미분은 모든 θ에 대하여 결과가 항상 0이 되므로 $f(\theta) = \text{const}$이다. 즉, 임의의 θ에 대하여 성립하므로 $\theta = 0$을 넣어보면

$$f(0) = e^{-i0}(\cos 0 + i\sin 0) = 1 \tag{1.2.11}$$

이 되는 것을 알 수 있다. 따라서 $f(\theta) = e^{-i\theta}(\cos\theta + i\sin\theta) = 1$가 되며 이로부터 식(1.2.7)이 증명되었다. 또, 다른 방법으로 식(1.2.7)을 간단히 증명하여 보자.

$$z(\theta) = \cos\theta + i\sin\theta \tag{1.2.12}$$

로 놓고 양변을 θ로 미분하면

$$\frac{dz}{d\theta} = -\sin\theta + i\cos\theta = i(\cos\theta + i\sin\theta) = iz \tag{1.2.13}$$

이 되므로 $\frac{dz}{z} = i\,d\theta$가 된다. 양변을 적분하면

$$\ln z = i\theta + \ln c \tag{1.2.14}$$

가 된다. 여기서 c는 적분상수이다. 그래서 $z(\theta) = ce^{i\theta}$가 된다. 식(1.2.12)로부터

$z(0) = 1$이므로 적분상수는 $c = 1$이 됨을 알 수 있다. 따라서

$$z(\theta) = e^{i\theta} \tag{1.2.15}$$

이 되므로 $e^{i\theta} = \cos\theta + i\sin\theta$이 되는 것을 알 수 있다.

오일러 공식을 이용하면 다양한 삼각함수 관계식을 쉽게 얻을 수 있는 이점이 있다. 먼저 $e^{i\theta}$와 $e^{-i\theta}$의 합과 차를 이용하면 다음의 편리한 공식을 얻을 수 있다.

$$\sin\theta = \frac{e^{i\theta} - e^{-i\theta}}{2i} \tag{1.2.16}$$

$$\cos\theta = \frac{e^{i\theta} + e^{-i\theta}}{2} \tag{1.2.17}$$

또한, 오일러 공식을 이용하여 아래의 식도 쉽게 증명할 수 있다.

$$\sin(\theta_1 + \theta_2) = \sin\theta_1\cos\theta_2 + \cos\theta_1\sin\theta_2 \tag{1.2.18}$$

$$\cos(\theta_1 + \theta_2) = \cos\theta_1\cos\theta_2 - \sin\theta_1\sin\theta_2 \tag{1.2.19}$$

이 밖에도 많은 삼각함수 및 쌍곡선함수 관계식을 얻을 수 있으며 이 책의 연습문제에서 다양한 예를 볼 수 있다.

복소수의 곱과 나누기도 아르강 도표에서 쉽게 나타낼 수 있다. 두 복소수 $z_1 = r_1e^{i\theta_1}$와 $z_2 = r_2e^{i\theta_2}$의 곱과 나누기는 각각

$$z_1z_2 = r_1r_2e^{i(\theta_1 + \theta_2)} \tag{1.2.20}$$

$$\frac{z_1}{z_2} = \frac{r_1}{r_2}e^{i(\theta_1 - \theta_2)} \tag{1.2.21}$$

가 되는데 곱과 나누기의 결과로 얻은 반지름과 편각을 아르강 도표에서 표현하면 된다.

한편, z와 켤레복소수 z^*는 허수부의 부호가 서로 반대이므로 $z + z^*$는 $2r\cos\theta$ $(= 2a)$가 되어 항상 실수가 되고, $b \neq 0$이면 $z - z^*$는 $2ir\sin\theta$ $(= 2ib)$가 되어 항상 순허수가 되는 것을 알 수 있다.

예제 1.2.1 다음의 드 므아브르 정리(de Moivre's theorem)를 증명하시오.

$$(\cos\theta + i\sin\theta)^n = \cos n\theta + i\sin n\theta$$

풀이 오일러 공식을 이용하여 $e^{i\theta} = \cos\theta + i\sin\theta$의 양변에 n승을 하면
$e^{in\theta} = (\cos\theta + i\sin\theta)^n = \cos n\theta + i\sin n\theta$가 되므로 증명이 되었다. 이 관계식은 de Moivre's formula 또는 de Moivre's identity라고 부르기도 한다.

1.3 복소함수의 다중값 성질(Multivaluedness)

복소해석에서 흥미로운 점은 복소함수가 **다중값 함수**(multivalued function)가 될 수 있다는 것이다. 복소수 또는 복소변수를 극좌표계에서 $z = re^{i\theta}$로 표현하였을 때, 편각 θ는 임의의 정수 m에 대하여 $\theta + 2m\pi$로 바꾸어도 z의 값은 변하지 않는다. 이때 일반적으로 $\theta + 2m\pi$를 $\theta_p + 2m\pi$로 쓰고 θ_p를 주각(principal angle) 또는 주위상(principal phase)이라고 부르는데 이 경우 θ_p의 범위는 2π로 제한한다. 예를 들면, 주각 θ_p의 범위를 $0 \leq \theta_p < 2\pi$ 또는 $-\pi \leq \theta_p < \pi$ 등으로 할 수 있고 문제에 따라서는 다른 편리한 범위를 지정할 수도 있다. 다중값을 갖는 대표적인 함수의 예로 $f(z) = z^{1/n}$을 생각해 볼 수 있다. 이 함수는 주어진 어떤 특정한 변숫값 z에 대하여 함수의 결과는 유일하지 않다는 것을 알 수 있다. 왜 그런지 살펴보자. 정수 n에 대하여 복소함수 $f(z) = z^{1/n}$은 극좌표계에서

$$f(z) = r^{1/n}e^{i(\theta_p + 2m\pi)/n} \quad (m = 0, \pm 1, \pm 2, \cdots) \tag{1.3.1}$$

와 같이 쓸 수 있다. 그러므로 이 함수는 자연상수 e의 지수에 있는 정수의 비 m/n에

따라서 여러 값을 가질 수 있다. 단, 편각에 의한 함수의 주기성 때문에 반복적인 값들이 나올 것이다. 예를 들어 $n=2$이면 모든 정수 m에 대하여 $f(z)=z^{1/2}$은 $r^{1/2}e^{i\theta_p/2}$와 $-r^{1/2}e^{i\theta_p/2}$의 두가지 결과로 나타날 것이다. 만약 $z=1$이라고 하면 이는 모듈러스가 $r=1$이고 편각(주각)이 $\theta_p=0$인 경우로 볼 수 있는데, 이를 식(1.3.1)에 대입하면 함수 $f(1)=1^{1/2}$의 결과는 1과 -1의 두 개의 값, 즉, 다중값이라는 것을 알 수 있다. 다시 말하자면 복소공간에서는 $1^{1/2}=\pm 1$이 되는 것이다. 실수 공간이라면 $x=1$일 때 $f(x)=x^{1/2}$의 결과는 당연히 $1^{1/2}=1$이 되어 하나의 결과만 나올 것이다.

만약 $n=3$일 때 $z=1$이라면 복소함수 $f(z)=z^{1/3}$의 값은 어떻게 될까? 3개의 다른 결과가 나올 것이다. 일반적으로 복소공간에서 정수 n에 대하여 $z^{1/n}$은 n개의 다중값을 갖는 복소함수가 된다.

예제 1.3.1 $z=1$일 때 복소함수 $f(z)=z^{1/3}$의 값을 구하시오.

풀이 $z=1$이므로 $r=1$, $\theta_p=0$으로 놓자. 그러면 정수 m에 대하여 $f(1)=1^{1/3}=e^{i2m\pi/3}$로 쓸 수 있는데, 주기성에 의하여 모든 정수 k에 대하여 다음의 세 개의 값을 갖는다.

$$f(1)=1^{1/3}=1 \quad (m=3k\text{일 때})$$
$$f(1)=1^{1/3}=-\frac{1}{2}+\frac{\sqrt{3}}{2}i \quad (m=3k+1\text{일 때})$$
$$f(1)=1^{1/3}=-\frac{1}{2}-\frac{\sqrt{3}}{2}i \quad (m=3k+2\text{일 때})$$

다중값을 갖는 주요 복소함수로의 다른 예로 로그함수를 들 수 있다. 극좌표계에서 로그함수 $f(z)=\ln z=\ln[re^{i(\theta_p+2m\pi)}]$가 주어졌을 때 로그의 성질에 의하여

$$f(z)=\ln r+i(\theta_p+2m\pi) \qquad (m=0,\ \pm 1,\ \pm 2,\cdots) \tag{1.3.2}$$

와 같이 쓸 수 있다. 로그함수 $f(z)$는 주어진 복소변수 z에 대하여 모든 m의 선택에 대응하는 무한히 많은 수의 값을 갖게 된다. 변수 z가 양의 실수라고 해도 $f(z)$의 값은 무한히 많다. $\theta_p=0$인 경우를 생각해 보자. 변수는 $z=r$이 되어 양의 실수가 되지만 $\ln z=\ln r+2m\pi i$가 되어 무한개의 값을 가지게 되는 것이다.

어떤 문제를 풀 때 종종 복소함수의 다중값에 의한 모호성을 회피할 필요가 있을 때가 있는데, 이때에는 함수가 단일한 값을 가실 수 있도록 공간을 제한하여 다중값 문제를 해결할 수 있다. 함수가 어떤 공간에서 단일한 값을 가질 때 그 공간을 **가지**(branch)라고 부른다. 앞서 예시로 보여준 함수 $f(z)=z^{1/2}$는 두 개의 가지를 가지고 있다고 말할 수 있다. 즉, 다중값을 가지는 함수는 다중값의 숫자만큼의 가지를 가지고 있는 것이다. 이 책의 제2장에서 **가지선**(branch line)과 **가지자름**(branch cut)의 개념을 도입하여 복소함수가 단일값(single value)을 가질 수 있도록 제한하는 방법을 배우게 될 것이다.

예제 1.3.2 복소함수 $\ln(1+i)$를 계산하시오.

풀이 극좌표계에서 $z=1+i$의 반지름은 $r=\sqrt{2}$, 편각은 $\theta=\pi/4+2m\pi$가 된다. m은 정수이다. 따라서 식(1.2.16)에 의하여 $\ln(1+i)$의 값은 다음과 같다.

$$\ln(1+i)=\ln\sqrt{2}+i\left(\frac{\pi}{4}+2m\pi\right) \qquad (m=0, \pm 1, \pm 2, \ldots)$$

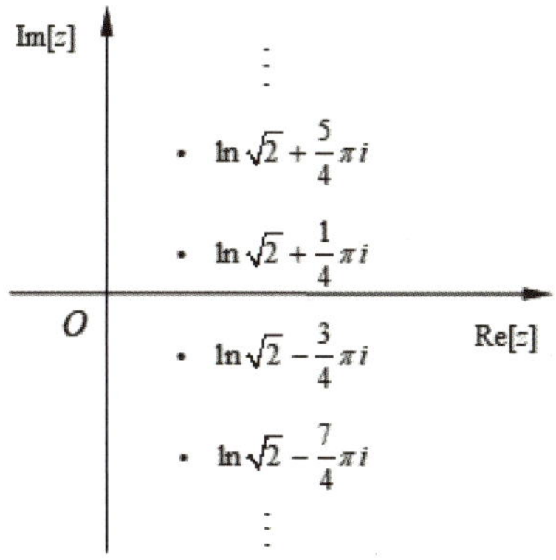

그림 1.3.1 $\ln(1+i)$의 값

예제 1.3.3 i^{-i}을 계산하시오.

풀이 식(1.2.16)에 의하여 $\ln i = \ln 1 + i(\pi/2 + 2m\pi) = i(\pi/2 + 2m\pi)$이다. $p^q = e^{q \ln p}$인 관계식을 이용하여 $i^{-i} = e^{-i \ln i}$로 쓸 수 있으므로

$$i^{-i} = e^{-i^2(\pi/2 + 2m\pi)} = e^{\pi/2 + 2m\pi} \quad (m = 0, \pm 1, \pm 2, \ldots)$$

가 된다. 즉, $i^{-i} = e^{\pm\pi/2}, e^{\pm 3\pi/2}, e^{\pm 5\pi/2}, \ldots$ 이다.

역사노트

레온하르트 오일러(Leonhard Euler 1707-1783)는 라플라스(Laplace)와 가우스(Gauss)의 극찬을 받은 스위스의 수학자이며 물리학자이다. 위대한 수학적 연구 외에도 오늘날 사용하는 많은 수학적 표기법을 정착시켰는데, 함수를 표현하는 $f(x)$, 합을 나타내는 Σ, 원주율을 나타내는 π, 허수의 단위를 타나내는 i 등을 창안했으며, 오일러의 수(Euler's number)로 알려진 자연상수 e를 정의하였다. 또한 조화급수와 자연로그의 차이를 나타내는 오일러–마스케로니 상수(Euler–Mascheroni constant)를 정의하였다. 두 개의 상수에 이름이 붙은 학자는 오일러가 유일하다. 특히 수학의 5개의 기본 상수인 $0, 1, \pi, i, e$로 이루어진 오일러 항등식 $e^{i\pi}+1=0$은 수학적 아름다움을 잘 나타내고 있는 것으로 회자되고 있다. 오일러 항등식은 1748년에 출간된 그의 저서 《인피니토룸》(Introductio in analysin infinitorum)에 소개된 오일러 공식의 직접적인 결과이다. 오일러의 아버지는 오일러가 수학자가 되는 것을 반대하였으나 아버지의 친구였고 당대 최고의 수학자였던 요한 베르누이(로피탈의 정리를 증명)가 오일러의 재능을 알아보고 교습을 하였고 수학자의 길로 나아가도록 아버지를 설득하였다. 오일러는 일생동안 92권의 저서와 866편의 논문을 발표하였는데 그 중 상당한 양의 업적은 두 눈을 실명하였을 때 남긴 것으로 알려져 있다. 그는 나이 30대 초에 오른쪽 눈의 시력을 잃었고 50대에 왼쪽 눈의 시력마저 잃었다. 눈이 보이지 않는 암흑에 직면하였지만 이에 굴하지 않고 암산과 기억력으로 연구를 하고 논문을 쓴 이야기는 유명하다. 사망 당일의 낮에도 새로 발견한 천왕성의 궤도에 대하여 연구하였다고 한다.

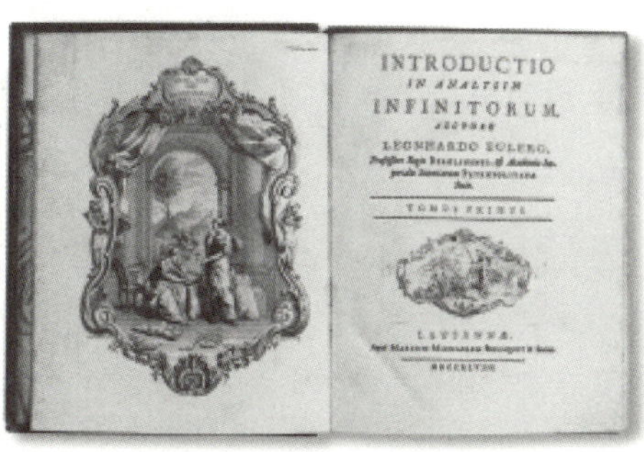

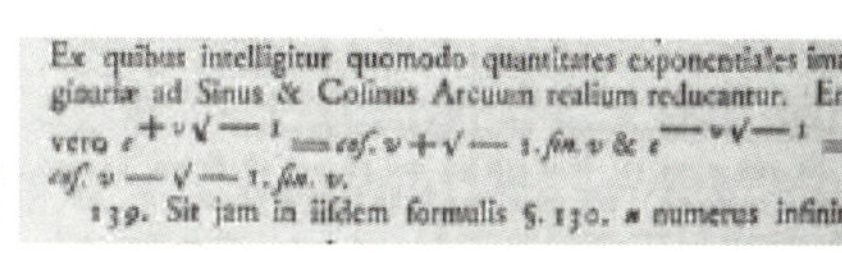

Ex quibus intelligitur quomodo quantitates exponentiales imaginariæ ad Sinus & Cosinus Arcuum realium reducantur. Erit vero $e^{+v\surd-1} = cos. v + \surd-1. sin. v$ & $e^{-v\surd-1} = cos. v - \surd-1. sin. v$.

139. Sit jam in iisdem formulis §. 130. *n* numerus infinite

1748년에 발간된 《Introductio in analysin infinitorum》의 속표지(왼쪽). 섹션 §138에 오일러 공식이 이 책에 소개되었다.

연습문제

1.1 복소 변수 $z = x + iy$에 대하여 $1/z$의 실수부와 허수부를 구하시오.

1.2 오일러 공식 또는 드 므아브르 정리를 이용하여 다음을 증명하시오.

(a) $\sin 2\theta = 2\sin\theta\cos\theta$

(b) $\cos 2\theta = \cos^2\theta - \sin^2\theta$

1.3 오일러 공식을 이용하여 다음을 증명하시오.

$\sin^{-1} z = -i\ln\left[iz + \sqrt{1-z^2}\right]$

1.4 복소 변수 z에 대하여 다음의 관계식을 증명하시오.

(a) $\sin iz = i\sinh z$

(b) $\sinh iz = i\sin z$

(c) $\cos iz = \cosh z$

(d) $\cosh iz = \cos z$

1.5 실수 변수 x, y에 대하여 다음의 관계식을 증명하시오.

(a) $\sin(x+iy) = \sin x\cosh y + i\cos x\sinh y$

(b) $\cos(x+iy) = \cos x\cosh y - i\sin x\sinh y$

1.1.6 실수 변수 x, y에 대하여 다음의 관계식을 증명하시오.

(a) $\sinh(x+iy) = \sinh x\cos y + i\cosh x\sin y$

(b) $\cosh(x+iy) = \cosh x\cos y + i\sinh x\sin y$

1.7 복소 변수 $z = x + iy$에 대하여 다음의 관계식을 증명하시오.

(a) $|\sin z|^2 = \sin^2 x + \sinh^2 y$

(b) $|\cos z|^2 = \cos^2 x + \sinh^2 y$

1.8 복소 변수 $z = x + iy$에 대하여 다음의 관계식을 증명하시오.

(a) $|\sinh z|^2 = \sinh^2 x + \sin^2 y$

(b) $|\cosh z|^2 = \cosh^2 x + \sin^2 y$

1.9 다음을 극좌표계 형식으로 나타내시오.

(a) $(1+i)^3$

(b) $(-1)^{1/3}$

1.10 다음을 계산하여 실수부와 허수부로 나타내고 아르강 도표에서 표시하시오.

(a) $(-1)^{1/3}$

(b) $i^{1/2}$

(c) $i^{1/4}$

(d) $(-8i)^6$

1.11 $(1+i)^{1-i}$을 계산하시오.

Chapter 02

해석함수

Analytic Functions

2.1 해석함수의 정의(Definition of an analytic function)

실수 변수의 함수 $f(x)$가 x축 상의 어떤 점 x의 왼쪽과 오른쪽의 양쪽에서 접근 가능하며 $\delta x \to 0$의 극한에서 $[f(x+\delta x)-f(x)]/\delta x$의 값이 존재하고 왼쪽이든 오른쪽이든 접근 방향과 관계없이 극한의 값이 같을 때 x에서 $f(x)$는 미분(微分, derivative) 가능하다고 정의한다. 복소변수 z의 함수 $f(z)$에 대해서도 같은 방법으로 미분을 정의할 수 있다. 그러나 복소변수 z에 대해서는 실수부와 허수부가 각각의 독립변수처럼 작용한다. 따라서 복소공간에서 어떤 점에 접근한다는 것은 2차원 평면상에서 접근하는 것과 같으므로 접근 가능한 방향이 무한히 많을 것이다. 이에 대한 논의는 잠시 후에 살펴보기로 하고 복소함수 $f(z)$의 미분에 대한 일반적인 정의를 살펴보자.

어떤 영역 R에서 함수 $f(z)$가 단일값을 가질 때, 극한

$$\lim_{\delta z \to 0}\left[\frac{f(z+\delta z)-f(z)}{\delta z}\right] \tag{2.1.1}$$

이 존재하고 그 값이 유일하면 $f(z)$는 점 z에서 미분 가능하다고 정의한다. 이때 극한의 값은 δz가 0으로 접근해 가는 방향(경로)과 무관하여야 한다. 식(2.1.1)의 극한을 점 z에서 $f(z)$의 미분이라고 부르며 기호로는 $f'(z)$ 또는 $df(z)/dz$로 표현한다. 좀 더 엄밀하게는 임의의 상수 $\epsilon > 0$에 대하여 $|\delta z| < \xi$인 영역의 모든 $z+\delta z$에 대하여

$$\left|\frac{f(z+\delta z)-f(z)}{\delta z}-f'(z)\right| < \epsilon \tag{2.1.2}$$

를 만족하는 ξ가 존재하여야 한다고 정의하기도 한다. 복소함수의 미분과 관련하여 다음의 두 가지 보기를 살펴보자.

보기1 복소함수 $f(z) = z^2$의 미분

다음과 같은 복소함수

$$f(z) = z^2 \tag{2.1.3}$$

이 주어졌다. 그러면 어떤 요소 δz에 대하여

$$\frac{f(z+\delta z) - f(z)}{\delta z} = \frac{(z+\delta z)^2 - z^2}{\delta z} = \frac{2z\delta z + \delta z^2}{\delta z} = 2z + \delta z \tag{2.1.4}$$

라고 할 수 있다. 만약 $f(z) = z^2$의 미분이 $f'(z) = 2z$라고 한다면, 식(2.1.2)의 좌변에 나타난 절댓값은

$$\left|\frac{f(z+\delta z) - f(z)}{\delta z} - f'(z)\right| = |2z + \delta z - 2z| = |\delta z| \tag{2.1.5}$$

가 되는데, $|\delta z| < \xi$를 만족하는 ξ가 존재하고, $\xi = \epsilon$로 놓으면

$$\left|\frac{f(z+\delta z) - f(z)}{\delta z} - f'(z)\right| = |\delta z| < \epsilon \tag{2.1.6}$$

이 성립한다. 임의의 상수 $\epsilon > 0$에 대하여 식(2.1.6)이 성립한다면 $\delta z \to 0$이 될 것이다. 즉, 식(2.1.1)에서 정의한 극한은 복소함수 $f(z)$의 유일한 미분이 된다. 이때 미분은 아르강 도표상에서 $\delta z \to 0$으로 가는 경로에 의존하지 않아야 한다.

보기2 복소함수 $f(z) = z$의 미분

위의 보기1에서 $f(z) = z^2$의 미분은 $f'(z) = 2z$가 되는 것을 보았다. 이것은 마치 실수함수 x^2을 미분하면 $2x$가 되는 것과 같은 형태이다. 좀 더 간단한 예를 들어보자.

복소함수가 $f(z) = z$로 주어진 경우에 $f'(z) = 1$이 될 것으로 예상이 되지만 우선은 $f'(z)$의 결과를 모른다고 가정하고 위의 논리를 따라가 보자. 식(2.1.2)에 의해

$$\left| \frac{f(z+\delta z) - f(z)}{\delta z} - f'(z) \right| = \left| \frac{z + \delta z - z}{\delta z} - f'(z) \right| = |1 - f'(z)| < \epsilon \qquad (2.1.7)$$

이 성립해야 하는데, 임의의 상수 $\epsilon > 0$에 대하여 위의 식을 만족하여야 하므로 $f'(z) = 1$이 된다는 것을 알 수 있다. 즉 z의 미분은 1이다.

일반적으로 임의의 양의 정수 n에 대하여 복소변수 z의 멱함수(冪函數, power function)의 미분은 다음과 같이 정의한다.

$$\frac{d}{dz} z^n = n z^{n-1} \qquad (2.1.8)$$

정수 n이 음인 경우에는 $z = 0$인 점을 제외하고 미분할 수 있다. 만약 복소함수 $f_1(z)$와 $f_2(z)$가 점 z에서 미분 가능하다면 상수 a, b에 대하여 다음의 관계가 성립한다.

$$\frac{d}{dz}[a f_1(z) + b f_2(z)] = a f_1{}'(z) + b f_2{}'(z) \qquad (2.1.9)$$

$$\frac{d}{dz}[f_1(z) f_2(z)] = f_1{}'(z) f_2(z) + f_1(z) f_2{}'(z) \qquad (2.1.10)$$

$$\frac{d}{dz}\left[\frac{f_1(z)}{f_2(z)}\right] = \frac{f_1{}'(z) f_2(z) - f_1(z) f_2{}'(z)}{f_2^2(z)}, \quad f_2(z) \neq 0 \qquad (2.1.11)$$

예제 2.1.1 미분 가능한 복소함수 $f_1(z)$와 $f_2(z)$에 대하여 다음의 식을 증명하시오.

$$\frac{d}{dz}[f_1(z)f_2(z)] = f_1{}'(z)f_2(z) + f_1(z)f_2{}'(z)$$

풀이 미분 가능한 함수는 식(2.1.2)를 만족한다는 것을 이용하자. 함수 f를 $f_1 f_2$로 바꾸면 식(2.1.2)의 절댓값 안에 있는 분수의 분자는 다음과 같이 바꿀 수 있다.

$$\begin{aligned}
&f_1(z+\delta z)f_2(z+\delta z) - f_1(z)f_2(z) \\
&= f_1(z+\delta z)[f_2(z+\delta z) - f_2(z)] + f_2(z)[f_1(z+\delta z) - f_1(z)] \\
&= f_1(z)[f_2(z+\delta z) - f_2(z)] + f_2(z)[f_1(z+\delta z) - f_1(z)] \\
&\quad + [f_1(z+\delta z) - f_1(z)][f_2(z+\delta z) - f_2(z)]
\end{aligned} \tag{2.1.12}$$

이 결과를 식(2.1.2)의 절댓값 속에 넣으면 다음과 같이 된다.

$$\begin{aligned}
&\left| \frac{f_1(z+\delta z)f_2(z+\delta z) - f_1(z)f_2(z)}{\delta z} - f_1{}'(z)f_2(z) - f_1(z)f_2{}'(z) \right| \\
&= \left| f_1(z)\left[\frac{f_2(z+\delta z)-f_2(z)}{\delta z} - f_2{}'(z)\right] + f_2(z)\left[\frac{f_1(z+\delta z)-f_1(z)}{\delta z} - f_1{}'(z)\right] \right. \\
&\quad \left. + \delta z \frac{f_1(z+\delta z)-f_1(z)}{\delta z}\frac{f_2(z+\delta z)-f_2(z)}{\delta z} \right|
\end{aligned} \tag{2.1.13}$$

이 식의 우변에서 $\delta z \to 0$이면 절댓값 안의 세 항은 모두 0으로 수렴한다. 따라서 식(2.1.2)의 조건을 만족하므로 문제에서 제기된 식이 증명되었다.

앞의 보기1에서 소개된 바와 같이 $f(z) = z^2$의 미분은 $2z$임을 알았다. 이제 복소변수 $z = x + iy$의 함수 $f(z)$를 다음과 같이 실수부 $u(x, y)$와 허수부 $v(x, y)$로 나누어 보자.

$$f(z) = u(x, y) + iv(x, y) \tag{2.1.14}$$

여기서 u와 v는 실변수 x, y의 실함수이다. 그러면 $\delta z = \delta x + i\,\delta y$라고 놓을 수 있고 식(2.1.1)은 $f(z) = z^2$의 경우에 다음과 같이 된다.

$$\lim_{\delta z \to 0}\left[\frac{f(z+\delta z) - f(z)}{\delta z}\right] = \lim_{\delta x + i\delta y \to 0}\left[\frac{[x+\delta x + i(y+\delta y)]^2 - (x+iy)^2}{\delta x + i\delta y}\right] \tag{2.1.15}$$

이 식 우변의 괄호 안의 내용은 다음과 같이 전개된다.

$$\begin{aligned} &\frac{[x + \delta x + i(y + \delta y)]^2 - (x + iy)^2}{\delta x + i\,\delta y} \\ &= \frac{(x + \delta x)^2 - (y + \delta y)^2 + 2i(x + \delta y)(y + \delta y) - x^2 + y^2 - 2ixy}{\delta x + i\delta y} \\ &= 2x + 2iy + \frac{\delta x^2 - \delta y^2 + 2i\delta x\,\delta y}{\delta x + i\delta y} \end{aligned} \tag{2.1.16}$$

여기서 $\delta z = \delta x + i\,\delta y \to 0$이 되는 경로는 무한히 많다. 몇 가지로 단순화해 보면 그림 2.1.1에서 볼 수 있는 것처럼 (i) $\delta x \to 0$, $\delta y \to 0$, (ii) $\delta x \to 0$, $\delta y = 0$ 그리고 (iii) $\delta x = 0$, $\delta y \to 0$ 등을 생각해 볼 수 있다. 그러나 어느 경로를 선택하더라도 경로와 관계없이 식(2.1.16)의 극한 결과는 $2x + 2iy$가 될 것이다. 그러므로 보기1에서 예시한 $f(z) = z^2$의 미분이

$$f'(z) = 2x + 2iy = 2z \tag{2.1.17}$$

라고 한 것이 옳았음을 알 수 있다. z는 임의의 변수이므로 $f(z) = z^2$은 z가 정의되는 모든 복소평면에서 미분 가능하다.

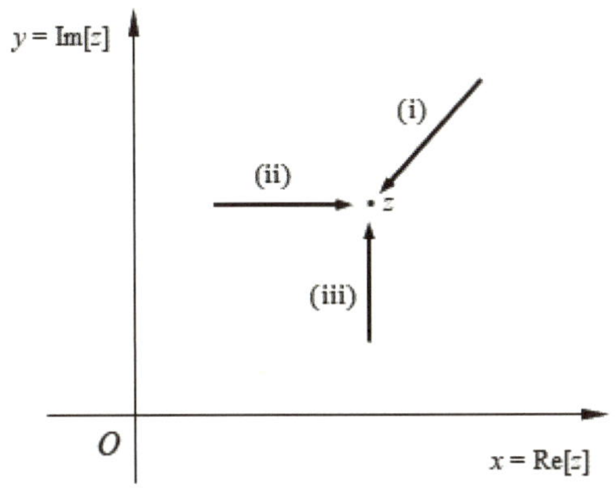

그림 2.1.1 $\delta z \to 0$을 나타내는 경로의 예로 (i) $\delta x \to 0$, $\delta y \to 0$, (ii) $\delta x \to 0$, $\delta y = 0$, (iii) $\delta x = 0$, $\delta y \to 0$을 생각할 수 있다.

보기3 **미분 가능하지 않은 복소함수의 예**

복소함수 $f(z) = u(x, y) + iv(x, y)$가 미분이 가능하지 않은 경우의 예를 들어보자. 함수 $f(z) = 2y + ix$는 미분가능 할까? 다시 미분의 정의식인 식(2.1.1)을 적용해 보자. 이 경우에 $u(x, y) = 2y$, $v(x, y) = x$이므로

$$\lim_{\delta z \to 0}\left[\frac{f(z+\delta z) - f(z)}{\delta z}\right] = \lim_{\delta x,\, \delta y \to 0}\left[\frac{2\delta y + i\,\delta x}{\delta x + i\,\delta y}\right] \tag{2.1.18}$$

가 되는데, 이 식의 결과는 $\delta z \to 0$을 가는 경로에 따라 달라진다. 만약 $\delta x \to 0$, $\delta y = 0$인 경우라면 극한 값은 i가 되고, $\delta x = 0$, $\delta y \to 0$인 경우라면 극한값은 $-2i$이다. 즉, 경로의 선택에 따라 서로 다른 극한을 가지므로 복소함수 $f(z) = 2y + ix$는 복소평면의 어느 곳에서도 미분 가능하지 않다.

주의: 보기3에서는 보기1이나 보기2와 달리 $f(z)$를 명확히 z의 함수로 표현하지 않았지만 $f(z) = 2y + ix$도 z의 함수이다. 왜냐하면 $z = x + iy$라고 놓으면 $x = (z + z^*)/2$, $y = (z - z^*)/2i$이기 때문이다.

해석함수의 정의: 어떤 복소평면에서 함수가 단일값을 가지고 있고 미분 가능하다면, 그 함수를 **해석적**(analytic)이라고 한다. 어떤 점 $z = z_1$에서 함수가 해석적이면 $z = z_1$을 중심으로 하는 임의의 작은 원 내부의 모든 점에서 함수의 미분이 존재한다. 해석적인

점을 **정규점**(regular point 또는 ordinary point)이라고도 부른다. 다중값을 갖는 함수는 단일값을 갖도록 하는 특별한 영역이나 조건에서 해석적이 될 수 있다. 어떤 복소평면의 모든 점에서 해석적이면 그 함수를 완전함수(entire function)라고 한다. 복소평면에 해석적이지 않는 점이 있다면 이 점을 제외하고 해석적이 될 수 있다. 해석적이지 않은 점을 **특이점**(singular point)이라고 한다. 특이점에 대해서는 2.3절에서 자세히 다룰 것이다.

예제 2.1.2 복소함수 $f(z) = \dfrac{1}{1-z}$는 $z = 1$을 제외한 모든 영역에서 해석적임을 보이시오.

풀이 $f(z)$의 미분은 다음과 같이 구할 수 있다.

$$f'(z) = \lim_{\delta z \to 0}\left[\frac{f(z+\delta z) - f(z)}{\delta z}\right] = \lim_{\delta z \to 0}\left[\frac{1}{\delta z}\left(\frac{1}{1-z-\delta z} - \frac{1}{1-z}\right)\right] \tag{2.1.19}$$

$$= \lim_{\delta z \to 0}\left[\frac{1}{(1-z-\delta z)(1-z)}\right] = \frac{1}{(1-z)^2}.$$

계산의 마지막 단계를 보면 $z \neq 1$인 모든 영역에서 $\delta z \to 0$의 방향과 관계없이 $f'(z)$의 값이 존재하는 것을 알 수 있으므로 $f(z)$는 $z = 1$을 제외한 모든 영역에서 해석적이다. 해석적이지 않은 점 $z = 1$은 $f(z)$의 특이점이 된다.

2.2 코시-리만 조건(Cauchy-Riemann condition)

앞서 살펴본 바와 같이 함수는 극한의 특정 접근 방향과 관계없을 때 미분이 가능하다고 하였고 보기3의 예와 같이 특정 방향에 의존할 때는 미분이 존재하지 않는다고 하였다. 이처럼 미분이 가능한 해석함수와 미분이 가능하지 않은 비해석함수가 있을 때 그 차이를 구별할 수 있는 조건을 살펴보자. 식(2.1.14)와 같이 복소함수를 $f(z) = u(x, y) + iv(x, y)$로 놓고 $\delta z = \delta x + i\,\delta y$라고 하자. 그러면 식(2.1.1)의 극한은 다음과 같이 된다.

$$\lim_{\delta x,\,\delta y\to 0}\left[\frac{u(x+\delta x, y+\delta y)+i\,v(x+\delta x, y+\delta y)-u(x,y)-i\,v(x,y)}{\delta x+i\,\delta y}\right] \tag{2.2.1}$$

이제 2가지 방향의 극한을 고려해 보고자 하는데, 그림 2.1.1에서 (ii)의 경우를 먼저 보자. 즉 $\delta y = 0$인 경우로 δz는 순실수가 되며 $\delta z = \delta x$이다. 따라서 극한은

$$\begin{aligned}&\lim_{\delta x\to 0}\left[\frac{u(x+\delta x, y)+i\,v(x+\delta x, y)-u(x,y)-i\,v(x,y)}{\delta x}\right] \qquad (2.2.2)\\&=\lim_{\delta y\to 0}\left[\frac{u(x+\delta x, y)-u(x,y)}{\delta x}+i\,\frac{v(x+\delta x, y)-v(x,y)}{\delta x}\right]\\&=\frac{\partial u(x,y)}{\partial x}+i\,\frac{\partial v(x,y)}{\partial x}\end{aligned}$$

가 된다. 이번엔 (iii)의 경우를 보면 $\delta x = 0$이며 δz는 순허수가 되므로

$$\begin{aligned}&\lim_{\delta y\to 0}\left[\frac{u(x, y+\delta y)+i\,v(x, y+\delta y)-u(x,y)-i\,v(x,y)}{i\,\delta y}\right] \qquad (2.2.3)\\&=\lim_{\delta y\to 0}\left[\frac{u(x, y+\delta y)-u(x,y)}{i\,\delta y}+i\,\frac{v(x, y+\delta y)-v(x,y)}{i\,\delta y}\right]\\&=\frac{1}{i}\,\frac{\partial u(x,y)}{\partial y}+\frac{\partial v(x,y)}{\partial y}\end{aligned}$$

의 결과를 얻는다. 여기서 $u(x,y)$와 $v(x,y)$는 편미분 도함수가 존재한다고 가정하였다. 함수가 해석적이라면 식(2.2.2)와 식(2.2.3)의 결과는 같아야 한다. 이것을 **코시-리만 조건**(Cauchy-Riemann condition)이라고 하며 다음과 같이 쓸 수 있다.

$$\frac{\partial u(x,y)}{\partial x}=\frac{\partial v(x,y)}{\partial y},\quad \frac{\partial u(x,y)}{\partial y}=-\frac{\partial v(x,y)}{\partial x} \tag{2.2.4}$$

복소함수 $f(z)$의 미분이 존재한다면 코시-리만 조건을 반드시 만족하여야만 한다. 이 조건은 프랑스의 수학자 코시(Cauchy)에 의하여 발견되었고 독일의 수학자 리만(Riemann)에 의하여 널리 쓰이게 되어 이러한 이름이 붙었으며, 코시-리만 관계식

(Cauchy-Riemann relations)이라고 부르기도 한다. 역으로, 한 영역에서 코시-리만 조건을 만족하고 $u(x,y)$와 $v(x,y)$의 편미분 도함수가 존재하며 연속이면 복소함수 $f(z)$는 그 영역 내에서 해석적이다. 단, 영역의 경계에서는 반드시 그렇지만은 않으므로 주의하여야 한다. 코시-리만 조건은 함수가 해석적이 되기 위한 필요조건이지만 충분조건은 아니다(연습문제 2.2번 참조).

앞서 2.1절의 보기1에서 함수 $f(z) = z^2$의 미분이 존재한다는 것을 보았다. 이를 코시-리만 조건을 이용하여 확인해 보자. $z = x + iy$라 놓으면 $f(z) = x^2 - y^2 + 2ixy$가 되므로 $u(x,y) = x^2 - y^2$, $v(x,y) = 2xy$이다. 그러므로

$$\frac{\partial u}{\partial x} = 2x = \frac{\partial v}{\partial y}, \quad \frac{\partial u}{\partial y} = -2y = -\frac{\partial v}{\partial x} \tag{2.2.5}$$

가 되어서 코시-리만 조건을 만족한다. 또한 $u(x,y) = x^2 - y^2$와 $v(x,y) = 2xy$는 편미분 도함수가 존재하며 연속이다. 그러므로 $f(z) = z^2$는 미분이 가능하며 해석적이다.

예제 2.2.2 다음의 복소함수가 해석적인지 판단하시오.

(1) $f_1(z) = z$ (2) $f_2(z) = z^*$

풀이 (1) $f_1(z) = z = x + iy$이므로 $\partial u/\partial x = 1 = \partial v/\partial y$, $\partial u/\partial y = 0 = -\partial v/\partial x$가 되므로 해석적이다.
(2) $f_2(z) = z^* = x - iy$이므로 $\partial u/\partial x = 1 \neq \partial v/\partial y$이다. 따라서 해석적이지 않다.

예제 2.2.3 복소함수 $f(z) = |x| - i|y|$는 해석적인가?

풀이 $u(x,y) = |x|$, $v(x,y) = -|y|$이므로 복소평면의 모든 점에서 코시-리만 조건의 두 번째 식을 만족한다. 그러나 $x>0$, $y>0$(아르강 도표의 일사분면)인 영역에서는 $f(z) = x - iy$로 쓸 수 있는데 이는 코시-리만 조건의 첫 번째 식을 만족하지 않는다. 따라서 $x>0$, $y>0$인 영역에서는 해석적이지 않다. $x<0$, $y<0$(아르강 도표의 삼사분면)인 영역에서는 $f(z) = -x + iy$가 되며 역시 해석적이지 않다. 그러나 $x<0$, $y>0$(아르강 도표의 이사분면)과 $x>0$, $y<0$(아르강 도표의 사사분면)인 영역에서

는 함수를 각각 $f(z) = -x - iy$ 및 $f(z) = x + iy$로 쓸 수 있으며 코시-리만 조건을 만족한다. 그러므로 $f(z) = |x| - i|y|$는 $x < 0,\ y > 0$ 및 $x > 0,\ y < 0$인 영역에서만 해석적이다.

예제 2.2.4 복소함수 $f(z) = \ln z$는 해석적인가? 해석적인 경우 미분을 구하시오.

풀이 로그함수는 극좌표계를 써서 $\ln z = \ln r + i(\theta + 2n\pi)$ (n은 정수)로 쓸 수 있으므로 $u = \ln r,\ v = \theta + 2n\pi$라고 할 수 있다. 단, $r \neq 0$이다. 그러므로 다음과 같이 코시-리만 조건을 만족한다.

$$\frac{\partial u}{\partial x} = \frac{1}{r}\frac{\partial r}{\partial x} = \frac{x}{r^2} = \frac{\partial v}{\partial y} \tag{2.2.6}$$

$$\frac{\partial u}{\partial y} = \frac{1}{r}\frac{\partial r}{\partial y} = \frac{y}{r^2} = -\frac{\partial v}{\partial x} \tag{2.2.7}$$

위의 식은 극좌표계에서 $x = r\cos\theta,\ y = r\sin\theta$로 쓸 수 있는 것을 생각하면 쉽게 증명할 수 있다. 그러나 로그함수와 같이 다중값을 가지는 함수가 해석적으로 되기 위해서는 코시-리만 조건 외에 중요한 조건이 하나 더 있는데 그것은 함수가 단일값을 가져야 한다는 것이다. 로그함수 $\ln z$는 다중값을 가지므로 가지자름을 하여 단일값을 갖도록 복소평면의 영역을 제한하여야 해석적이 될 수 있다. 가지자름에 대해서는 2.4절에서 배울 것이다.
$f(z) = \ln z$의 미분은 실수함수 $\ln x$의 미분이 $1/x$이 된다는 것을 생각해 보면 $f'(z) = 1/z$이 될 것이 예상되는데 이것이 맞는지 확인하여 보자. 극한의 경로가 $\delta x \to 0,\ \delta y = 0$인 경우에 대하여 아래와 같이 계산할 수 있다.

$$\frac{df(z)}{dz} = \frac{\partial u}{\partial x} + i\frac{\partial v}{\partial x} = \frac{x - iy}{r^2} = \frac{1}{x + iy} = \frac{1}{z} \tag{2.2.8}$$

그러므로 $f(z) = \ln z$의 미분은 실함수의 미분처럼 하면 된다.

[해석함수의 특징 1]: 해석적인 함수의 흥미로운 점을 살펴보자. 복소함수를 $f(z) = u(x, y) + iv(x, y)$라고 놓으면 $f(z)$는 x와 y의 함수 형태라고도 할 수 있다. 실변수 x와 y는 $x = (z + z^*)/2$와 $y = (z - z^*)/2i$로 쓸 수 있으므로 $f(z)$는 z와 z^*의 함수라고도 할 수 있다. 이제 $\partial f/\partial z^*$를 조사해 보자. 편미분의 연쇄 규칙(chain rule)에 의해

$$\frac{\partial f}{\partial z^*} = \frac{\partial f}{\partial x}\frac{\partial x}{\partial z^*} + \frac{\partial f}{\partial y}\frac{\partial y}{\partial z^*} \tag{2.2.9}$$

가 되는데, $f(z) = u + iv$이므로

$$\frac{\partial f}{\partial z^*} = \frac{1}{2}\left(\frac{\partial u}{\partial x} - \frac{\partial v}{\partial y}\right) + \frac{i}{2}\left(\frac{\partial u}{\partial y} + \frac{\partial v}{\partial x}\right) \tag{2.2.10}$$

가 된다. 여기에 코시-리만 조건을 적용하면 $\partial f/\partial z^* = 0$이 되므로 f는 z^*의 함수가 아니다. 그러므로 f가 해석적이라면 f는 x와 y의 함수로 표현하더라도 반드시 $x + iy$의 형식을 가져야 하며 $x - iy$의 형식은 가질 수 없다.

[해석함수의 특징 2]: 해석함수의 아주 중요한 점의 하나는 라플라스 방정식(Laplace's equation)과 관련된 것이다. $f(z) = u(x, y) + iv(x, y)$의 실수부와 허수부를 각각 x에 대하여 두 번 편미분하고 코시-리만 조건을 적용하여 보자.

$$\frac{\partial^2 u}{\partial x^2} = \frac{\partial}{\partial x}\left(\frac{\partial u}{\partial x}\right) = \frac{\partial}{\partial x}\left(\frac{\partial v}{\partial y}\right) = \frac{\partial}{\partial y}\left(\frac{\partial v}{\partial x}\right) = -\frac{\partial}{\partial y}\left(\frac{\partial u}{\partial y}\right) = -\frac{\partial^2 u}{\partial y^2} \tag{2.2.11}$$

$$\frac{\partial^2 v}{\partial x^2} = \frac{\partial}{\partial x}\left(\frac{\partial v}{\partial x}\right) = -\frac{\partial}{\partial x}\left(\frac{\partial u}{\partial y}\right) = -\frac{\partial}{\partial y}\left(\frac{\partial u}{\partial x}\right) = -\frac{\partial}{\partial y}\left(\frac{\partial v}{\partial y}\right) = -\frac{\partial^2 v}{\partial y^2} \tag{2.2.12}$$

따라서 다음 두 개의 중요한 2차원 라플라스 방정식을 얻는다.

$$\frac{\partial^2 u}{\partial x^2} + \frac{\partial^2 u}{\partial y^2} = 0, \qquad \frac{\partial^2 v}{\partial x^2} + \frac{\partial^2 v}{\partial y^2} = 0. \tag{2.2.13}$$

라플라스 방정식을 만족하는 u와 v를 조화함수(harmonic function)라고 부른다. 이러한 특징은 복소함수의 실수부 또는 허수부가 2차원 라플라스 방정식을 만족하는 전기퍼텐셜의 해를 구하는데 응용되기도 한다.

[해석함수의 특징 3]: 해석함수 $f(z) = u(x, y) + i\,v(x, y)$의 u와 v를 x, y의 2차원 스칼라장(scalar field) 함수라 가정하고 그래디언트(gradient)[1]를

$$\nabla = \hat{e}_x \frac{\partial}{\partial x} + \hat{e}_y \frac{\partial}{\partial y} \tag{2.2.14}$$

와 같이 정의해 보자. 여기서 $\hat{e}_x$와 $\hat{e}_y$는 각각 x축과 y축 방향의 단위벡터이다. 따라서 ∇u는 u가 상수인 곡선에 수직인 벡터가 된다(그림 2.2.1 참조). 또한 ∇v는 v가 상수인 곡선에 수직인 벡터이다. 이 두 개의 벡터를 스칼라곱(scalar product)을 하고 코시-리만 조건을 적용하면 다음과 같다.

$$\begin{aligned} \nabla u \cdot \nabla v &= \frac{\partial u}{\partial x}\frac{\partial v}{\partial x} + \frac{\partial u}{\partial y}\frac{\partial v}{\partial y} \\ &= -\frac{\partial u}{\partial x}\frac{\partial u}{\partial y} + \frac{\partial u}{\partial y}\frac{\partial u}{\partial x} \\ &= 0 \end{aligned} \tag{2.2.15}$$

그러므로 u가 상수인 곡선과 v가 상수인 곡선은 서로 직교(orthogonal)한다. 이러한 내용은 다음과 같은 방법으로도 살펴볼 수도 있다. α와 β를 상수라고 할 때, $u(x, y) = \alpha$와 $v(x, y) = \beta$를 x에 대하여 미분하여 보자.

$$\frac{\partial u}{\partial x} + \frac{\partial u}{\partial y}\frac{dy}{dx} = 0 \tag{2.2.16}$$

$$\frac{\partial v}{\partial x} + \frac{\partial v}{\partial y}\frac{dy}{dx} = 0 \tag{2.2.17}$$

여기서 dy/dx는 $u(x, y) = \alpha$와 $v(x, y) = \beta$가 그리는 곡선의 기울기(접선)이다. 곡선 $u(x, y) = \alpha$의 기울기는

1) 일반적으로 복소 그래디언트(complex gradient)는 $\nabla = \frac{\partial}{\partial x} + i\frac{\partial}{\partial y}$와 같이 정의한다.

$$\frac{dy}{dx} = -\frac{\left(\dfrac{\partial u}{\partial x}\right)}{\left(\dfrac{\partial u}{\partial y}\right)} \tag{2.2.18}$$

이고, 곡선 $v(x, y) = \beta$의 기울기는

$$\frac{dy}{dx} = -\frac{\left(\dfrac{\partial v}{\partial x}\right)}{\left(\dfrac{\partial v}{\partial y}\right)} \tag{2.2.19}$$

인데, 이 두 기울기를 곱하고 코시-리만 조건을 적용하면

$$\frac{\left(\dfrac{\partial u}{\partial x}\right)\left(\dfrac{\partial v}{\partial x}\right)}{\left(\dfrac{\partial u}{\partial y}\right)\left(\dfrac{\partial v}{\partial y}\right)} = -\frac{\left(\dfrac{\partial v}{\partial y}\right)\left(\dfrac{\partial u}{\partial y}\right)}{\left(\dfrac{\partial u}{\partial y}\right)\left(\dfrac{\partial v}{\partial y}\right)} = -1 \tag{2.2.20}$$

이 되어서 두 곡선은 서로 직교한다는 것을 알 수 있다. 이러한 성질은 전자기학에서 2차원 정전기 문제 등의 풀이에 중요하게 쓰인다.

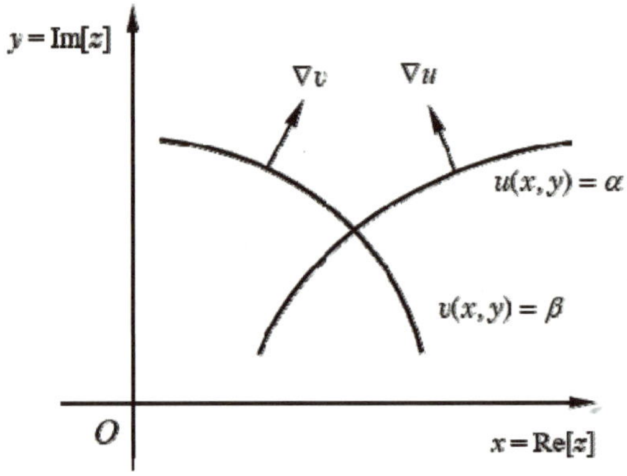

그림 2.2.1 서로 직교하는 $u(x, y) = \alpha$와 $v(x, y) = \beta$의 곡선

2.3 특이점과 극점(Singularities and poles)

특이점에 대해서는 2.1절에서 간단히 정의한 바가 있는데, 복소평면에서 해석적이지 않은 점을 특이점이라 한다고 하였다. 예제 2.1.2에서 보았듯이 함수 $f(z) = 1/(1-z)$는 점 $z = 1$에서 해석적이지 않고 무한대로 발산하므로 $z = 1$은 특이점이다. 이제 특이점에 대하여 좀 더 자세히 살펴보자. 특이점의 종류는 다음과 같이 분류될 수 있다.

2.3.1 고립된 특이점(Isolated singularity)

함수 $f(z)$가 점 $z = z_0$에서 해석적이지 않으나 $|z - z_0| = \delta$인 원의 내부에서 z_0를 제외한 모든 점에서 해석적이 되는 $\delta > 0$가 존재할 때 점 $z = z_0$를 고립된 특이점이라고 한다. 고립된 특이점을 갖는 일반적인 형태의 함수는

$$f(z) = \frac{g(z)}{(z - z_0)^n} \tag{2.3.1}$$

로 쓸 수 있는데 여기서 n은 양의 정수이고 $g(z)$는 점 z_0와 그 근방의 모든 점에서 해석적이며 $g(z_0) \neq 0$인 함수이다. 이때 고립된 특이점을 **극점**(pole)이라고 하고 n을 극점의 차수(order)라고 한다. 즉, 식(2.3.1)에 주어진 함수 $f(z)$는 점 $z = z_0$에 n차의 극점(pole of order n)을 가지고 있다. 식(2.3.1)을 변형하여 다음과 같은 극한을 정의할 수 있다.

$$\lim_{z \to z_0} \left[(z - z_0)^n f(z) \right] = a \tag{2.3.2}$$

여기서 a는 0이 아닌 상수이다. 만약에 위의 극한에서 a가 0이 된다면 $f(z)$는 점 $z = z_0$에서 n보다 낮은 차수의 극점을 갖는 함수이거나 그렇지 않다면 이 점에서 $f(z)$가 해석적인 경우이다. 만약 a가 무한대이면 극점의 차수는 n보다 크다. 일반적으로 $n = 1$인 1차 극점을 흔히 단순극점(simple pole), $n = 2$인 2차 극점을 이중극점

(double pole), 그리고 $n = 3$인 3차 극점을 삼중극점(triple pole)이라고 부른다. 함수가 유한한 복소평면에서 고립된 특이점을 가질 수 있으나 특이점을 제외한 곳에서 해석적이면 이를 유리형 함수(有理型函數, meromorphic function)라고 부른다. 유리형 함수는 $p(z)$, $q(z)$를 다항식이라고 할 때 $f(z) = p(z)/q(z)$의 꼴을 하고 있는 모든 유리함수(有理函數, rational function)를 포함한다. 예로서 $\tan z = \sin z/\cos z$는 유리함수이다. 감마 함수나 리만 제타 함수는 유리함수는 아니지만 유리형 함수이다. 유리형 함수는 곧 뒤에서 설명할 본질적 특이점을 가지고 있지 않아야 한다.

2.3.2 제거가능한 특이점(Removable singularity)

함수 $f(z)$가 점 $z = z_0$에서 $0/0$의 형태로 부정형(不定型, indeterminate form)이지만 $z \to z_0$의 극한에서 $f(z)$의 값이 존재하고 z_0에 접근하는 방향과 무관하다면 점 $z = z_0$를 제거가능한 특이점이라고 한다. 예를 들면

$$f(z) = \frac{\sin z}{z} \tag{2.3.3}$$

는 $z = 0$에서 $0/0$이 되는 부정형이지만 사인함수를 급수로 전개하면

$$f(z) = \frac{1}{z}\left(z - \frac{z^3}{3!} + \frac{z^5}{5!} - \cdots\right) = 1 - \frac{z^2}{3!} + \frac{z^4}{5!} - \cdots \tag{2.3.4}$$

가 된다. 따라서 $z \to 0$으로 가는 극한은 접근 방향과 관계없이 $f(z \to 0) = 1$이 된다. 이런 경우 $f(z)$는 제거가능한 특이점을 가지고 있다고 말한다.

2.3.3 본질적 특이점(Essential singularity)

위의 식(2.3.2)를 만족하는 유한한 n이 없으면 점 $z = z_0$를 본질적 특이점이라고 부른다. 함수 $f(z) = e^{1/z}$의 예를 들어보자. f를 급수로 전개하면

$$f(z) = 1 + \frac{1}{z} + \frac{1}{2!\,z^2} + \frac{1}{3!\,z^3} + \cdots \tag{2.3.5}$$

가 되므로 $z = 0$은 본질적 특이점이 된다. 본질적 특이점을 정의하는 다른 방법은 $f(z)$를 로랑 전개(Laurent expansion)했을 때 음의 지수(power)를 가진 항이 무한히 많을 때이다. 로랑 전개에 대해서는 제4장에서 자세히 배울 것이다.

2.3.4 무한대에서의 특이점(Singularity at infinity)

복소평면에서 무한대의 점 $z = \infty$는 아르강 도표에서 원점으로부터 무한한 거리에 있는 지점을 말한다. $z = 1/w$라고 하면 무한대에서 $w = 0$이 된다. 사인함수는 급수로 나타내면

$$\sin z = z - \frac{z^3}{3!} + \frac{z^5}{5!} - \cdots \tag{2.3.6}$$

이므로 특이점이 없는 함수이다. 여기서 $z = 1/w$로 치환하면

$$\sin\left(\frac{1}{w}\right) = \frac{1}{w} - \frac{1}{3!\,w^3} + \frac{1}{5!\,w^5} - \cdots \tag{2.3.7}$$

가 되므로 $w = 0$인 점에 본질적 특이점을 가지고 있다. 즉, $\sin z$는 유한한 복소평면의 모든 점에서 해석적이지만 $z = \infty$에서 본질적 특이점을 가지고 있다. 실수 변수 x의 사인함수 $\sin x$는 모든 실수값에 대하여 $\sin x$의 크기(절댓값)가 1이지만 $\sin z$의 절댓값은 $\sin iy$가 포함되어 있고 $\sin iy = i\sinh y$이므로 $y \to \infty$일 때 무한대로 커지게 된다. 무한대에서의 특이점을 이해하기 위하여 예를 하나 더 들어보자. $f(z) = z$의 경우 $z = 1/w$로 치환하면 $f(w) = 1/w$가 되는데 $w = 0$은 1차 극점을 갖는 특이점이 되는 것을 알 수 있다. 즉, $f(z) = z$는 $z = \infty$에서 단순극점의 특이점을 갖는다. 그러나 예로 든 $\sin z$나 z는 유한한 복소평면에서는 특이점이 없는 완전함수이다.

예제 2.3.1 다음 복소함수의 특이점과 극점(pole)의 차수를 구하시오.

(1) $f(z) = \dfrac{1}{(z-1)} + \dfrac{1}{(z+1)}$ (2) $f(z) = \dfrac{1}{(z-1)^2 z^3}$

풀이 (1) 특이점은 $z = 1$과 $z = -1$에 있고 둘 다 1차 극점인 단순극점이다.
(2) 특이점 $z = 1$은 2차 극점인 이중극점이고 $z = 0$은 3차 극점인 삼중극점이다.

예제 2.3.2 복소함수 $f(z) = \tanh z$의 특이점과 극점의 차수를 구하시오.

풀이 $f(z) = \tanh z$는 다음과 같이 쓸 수 있다.

$$f(z) = \tanh z = \frac{\sinh z}{\cosh z} = \frac{e^z - e^{-z}}{e^z + e^{-z}} \tag{2.3.8}$$

그러므로 특이점은 $e^z + e^{-z} = 0$일 때 이다. 임의의 정수 n에 대하여 $e^{(2n+1)i\pi} = -1$ 이므로 $e^z = e^{(2n+1)i\pi}e^{-z}$가 성립한다. 따라서 특이점은

$$z = \left(n + \frac{1}{2}\right)\pi i \tag{2.3.9}$$

$$= \pm\frac{1}{2}\pi i,\ \pm\frac{3}{2}\pi i,\ \pm\frac{5}{2}\pi i,\ \cdots$$

가 되며 무수히 많다. 극점의 차수는 어떻게 되는지 알아보자. 식(2.3.2)를 이용하면

$$\lim_{z\to(n+1/2)\pi i}\left\{\left[z - \left(n + \frac{1}{2}\right)\pi i\right]\frac{\sinh z}{\cosh z}\right\} \tag{2.3.10}$$

$$= \lim_{z\to(n+1/2)\pi i}\left\{\left[z - \left(n + \frac{1}{2}\right)\pi i\right]\frac{\cosh z}{\sinh z} + 1\right\}$$

$$= 1$$

그러므로 특이점은 단일극점이다. 위의 계산에서 로피탈의 정리(l'Hôpital's rule)를 사용하였다.

2.4 가지점과 가지자름(Branch point and branch cut)

해석함수를 정의할 때 중요한 조건은 함수가 단일값이어야 한다는 것이다. 그러나 제1장에서 이미 본 바와 같이 로그함수나 멱함수는 다중값을 갖는다. 이런 경우에는 함수의 공간을 적절하게 제한함으로써 함수가 단일값을 갖고 해석적이 되게 할 수 있다. 쉽게 이해하기 위하여 $f(z) = z^{1/2}$의 경우를 보자. 정수 n에 대하여 극좌표계 형식을 써서 $z = re^{i(\theta + 2\pi n)}$라고 쓰면 함수는

$$f(z) = z^{1/2} = r^{1/2} e^{i(\theta + 2n\pi)/2} \tag{2.4.1}$$

가 된다. n이 정수이므로 모든 정수에 대하여 z의 값은 같다. 그림 2.4.1에 나타난 아르강 도표에서 보면 $n = 0$인 경우 z는 $re^{i\theta}$이다. $n = 1$이면 2π만큼 더 회전하여 편각이 $\theta + 2\pi$가 되지만 $e^{2\pi i} = 1$이므로 z는 여전히 $re^{i\theta}$와 같다. 그러나 $n = 0$인 경우 함수는 $f(z) = r^{1/2} e^{i\theta/2}$가 되지만 $n = 1$인 경우에는 $f(z) = -r^{1/2} e^{i\theta/2}$가 되므로 함수는 다중값을 갖게 된다.

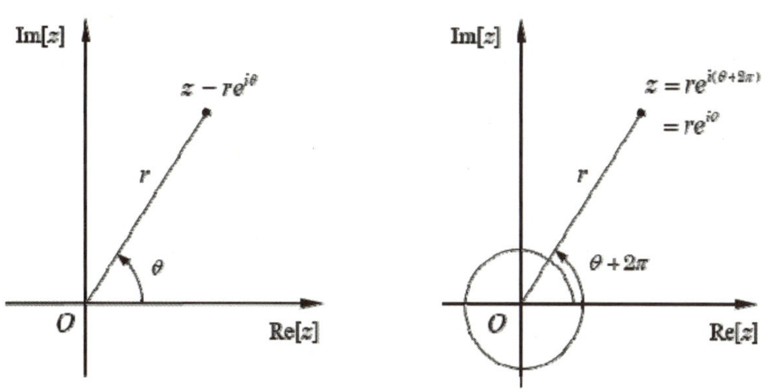

그림 2.4.1 편각이 θ일 때와 $\theta + 2\pi$일 때 z의 값은 같다.

이처럼 z의 값이 같음에도 불구하고 함수의 값이 달라지는 이유는 z가 어떤 경로를 따라 움직인 뒤에 제자리로 돌아왔을 때 편각의 변화가 생기기 때문이다. 이때 편각의 변화가 생기는 경로는 그림 2.4.2(a)에서 보이는 것처럼 점 z가 닫힌 경로 C를 따라 원점을 내부에 포함하여 1회전 하면서 $\theta \to \theta + 2\pi$로의 편각 변화가 생길 때이다. 경로 C

는 출발점과 끝점이 같고 내부에 원점을 포함하기만 하면 되며 경로의 모양은 반드시 원일 필요는 없다. 그러나 그림 2.4.2(b)에서처럼 원점을 포함하지 않는 경로 C'을 따라 1회전 하면 편각의 최종 변화는 $\theta \rightarrow \theta$이므로 함수는 1회전 한 후에 원래의 값으로 돌아온다. 이 경우라면 편각의 변화가 없으므로 함수의 값에도 변화가 없다. 다중값을 갖는 함수가 어떤 특정한 공간에서 단일값을 가질 때 이 공간을 **가지**(branch)라고 부른다. 함수 $f(z) = z^{1/2}$의 경우를 보자. 그림 2.4.2(a)의 닫힌 경로 C는 편각이 $0 \leq \theta < 2\pi$일 때 f는 단일값을 가지므로 $0 \leq \theta < 2\pi$의 공간은 하나의 가지가 된다. 또한 편각이 $2\pi \leq \theta < 4\pi$의 범위에 있는 경우에도 f는 단일값을 가지므로 이 공간도 또 다른 하나의 가지가 된다. 만약에 편각의 범위가 $0 \leq \theta < 4\pi$라고 하면 함수 f는 $\pm r^{1/2}e^{i\theta/2}$의 두 개의 값을 가지게 되므로 이러한 범위에서는 두 개의 가지가 있다라고 할 수 있다. 즉, 편각의 범위에 따라 여러 개의 가지를 가질 수 있게 되는 것이다. 그림 2.4.2(b)의 닫힌 경로 C'에 대해서는 아무리 많은 회전을 하더라도 모든 편각에 대해 f가 단일값을 가지므로 가지는 하나뿐이다.

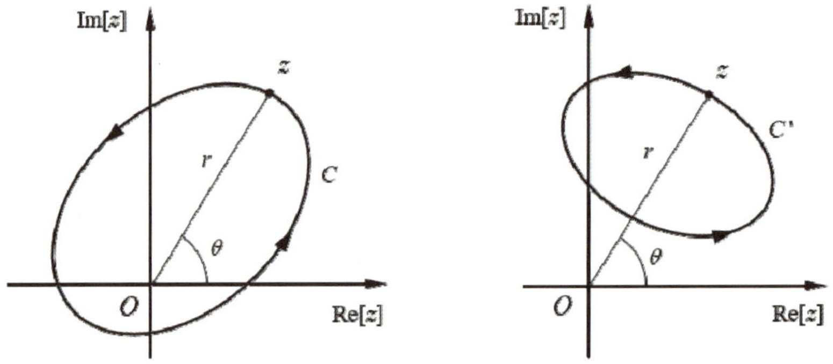

(a) (b)

그림 2.4.2 (a) 원점을 포함하는 닫힌 경로 (b) 원점을 포함하지 않는 닫힌 경로

함수 $f(z) = z^{1/2}$은 원점을 둘러싼 닫힌 경로에 대해 다중값을 가질 수 있으므로 원점 $z = 0$은 매우 특별하다. 또한, $z^{1/2}$는 $r \rightarrow 0$이 되는 점에서 잘 정의된 도함수를 갖지 못한다. 이와 같이 다중값을 갖는 공간에서 도함수가 정의되지 않는 점이 있을 때 이를 **가지점**(branch point)이라고 한다. $r \rightarrow \infty$인 곳도 가지점이라고 할 수 있다. 가지점은 차수(order)를 가지는데 차수는 함수가 원래의 값으로 돌아오는 데 필요한 회전수와 같다. 예를 들어 $f(z) = z^{1/2}$의 경우 z의 경로가 원점을 중심으로 2회전을 하면 $\theta \rightarrow \theta + 4\pi$가 되어 함수는 원래의 값으로 돌아온다. 그러므로 이 경우에 가지점 $z = 0$의 차수는 2이

다. 함수 $f(z)=z^{1/3}$은 z의 경로가 원점을 중심으로 세 바퀴를 돌면 원래의 값으로 돌아올 것이다. 이 경우에 가지점의 차수는 3이다. 로그함수 $f(z)=\ln z$는 아무리 많은 회전을 하여도 원래의 값으로 돌아오지 않는다.

복소평면에서 z가 어떤 경로를 따라갈 때 함수가 다중값을 갖는다면 경로의 편각이 특정 범위를 넘어서지 못하게 인위적인 장벽을 만들어서 단일값을 가지게 할 수 있다. 이러한 장벽을 **가지자름**(branch cut)이라고 한다. 가지자름은 복소평면에 어떤 선을 그어 z의 경로가 이 선을 넘어가지만 않으면 함수가 단일한 값을 가질 수 있도록 해주는 경계선이다. 한 복소공간에 함수의 가지가 여러 개일 경우, 가지와 가지 사이를 자른다는 의미로 가지자름이라고 부르는 것이다. 이러한 가지자름은 두 개의 가지점을 서로 연결하는 선을 그려줌으로써 만들 수 있다. 다시 $f(z)=z^{1/2}$의 예를 들어보자. 원점을 둘러싼 경로에 대하여 함수가 단일한 값을 가지도록 하기 위해서는 하나의 가지점인 원점과 또 다른 가지점인 무한대 영역을 잇는 경계선을 긋고 z의 경로가 이 경계선을 넘지 않도록 해주면 된다. 이 경계선이 바로 가지자름이며 선의 방향은 임의로 정할 수 있다. 원점을 둘러싼 z의 경로가 가지자름을 지나갈 수 없다면 경로는 완벽한 1회전을 할 수 없으며 이때 편각의 범위는 2π 이내가 된다. 그림 2.4.3에 $f(z)=z^{1/2}$이 단일값을 가지도록 하는 가지자름의 몇 가지 예를 보였다(그림과 같이 일반적으로 가지자름은 주름선으로 표시하는 경우가 많고, 굵은 실선으로 표시하기도 한다). 그림 2.4.3(a)의 경우, 가지자름은 양의 x축과 같게 그려졌으며, 이때 가지의 편각 범위는 $0 \le \theta < 2\pi$이다. 물론 $0 < \theta \le 2\pi$라고 해도 좋다. 그러나 $0 \le \theta \le 2\pi$는 아니다. 그림 2.4.3(c)의 경우에는 가지자름은 양의 y축이며 편각의 범위는 $\pi/2 \le \theta < 5\pi/2$라고 할 수 있다. z의 경로가 경계선인 가지자름을 넘어가지만 않으면 함수의 값은 단일값이 되고 그러한 복소평면에서 함수는 해석적이다.

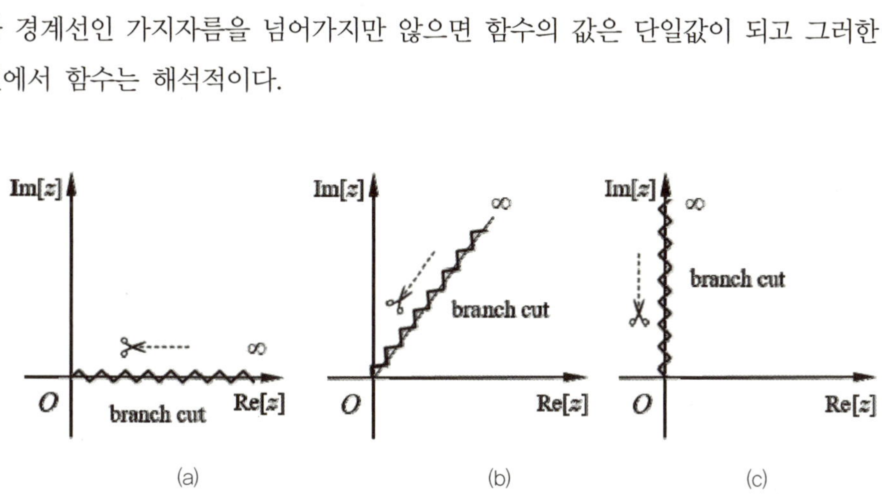

그림 2.4.3 함수 $f(z)=z^{1/2}$을 위한 가지자름의 여러 가지 예. 가지점은 $z=0$과 $z=\infty$이다.

주로 사용하는 가지를 주가지(principal branch)라고 한다. 주가지의 범위를 나타내는 편각을 주편각(principal angle)이라고 하고 보통 θ_p로 표기해서 일반적인 편각과 구분한다. 앞서 설명하였듯이 함수 $f(z) = z^{1/2}$는 z가 원점을 중심으로 2회전을 한 후에는 원래의 값으로 돌아오므로 두 개의 가지를 가지고 있다. 이 경우 주가지의 편각 범위를 $0 \le \theta_p < 2\pi$로 하는 것이 흔한 일이지만 2π의 범위 내에서 얼마든지 다르게 주가지의 편각을 정의할 수 있다.

로그함수 $f(z) = \ln z$는 특별해서 무한히 많은 가지를 가진다. 정수 n에 대하여 로그함수를 $f(z) = \ln z = \ln r + i(\theta_p + 2n\pi)$로 쓸 수 있는데 이 경우 주어진 z에 대해 무한히 많은 수의 함수값을 가지게 되므로 가지점의 차수는 무한대가 된다. 즉, 원점을 중심으로 아무리 많은 회전을 하여도 원래의 함수값으로 돌아오지 않으므로 로그함수는 무한개의 가지를 가지고 있다고 할 수 있다(그림 2.4.4 참조).

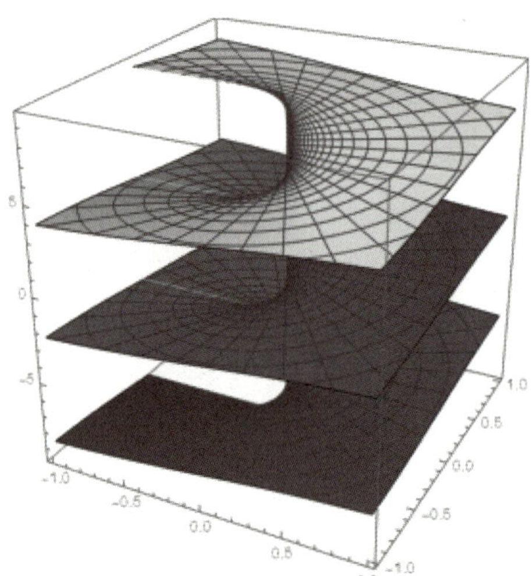

그림 2.4.4 로그함수 $f(z) = \ln z$의 허수부를 시각화한 그림. 중심의 수직축이 $z = 0$인 가지점이며 무한개의 가지를 가지고 있다(Mathematica를 이용한 그림).

예제 2.4.1 복소함수 $f(z) = (z^2+1)^{1/2}$의 가지점을 구하고 아르강 도표에서 여러 가지 가능한 가지자름을 그려보시오.

풀이 가지점에서는 함수의 도함수가 정의되지 않는다. $f(z) = (z^2+1)^{1/2}$의 도함수는 $f'(z) = z/(z^2+1)^{1/2}$이므로 가지점은 $z=i$와 $z=-i$이다. 가지자름은 아래 그림과 같이 $z=\pm i$와 무한대를 연결하거나 $z=i$와 $z=-i$ 사이를 연결하면 된다.

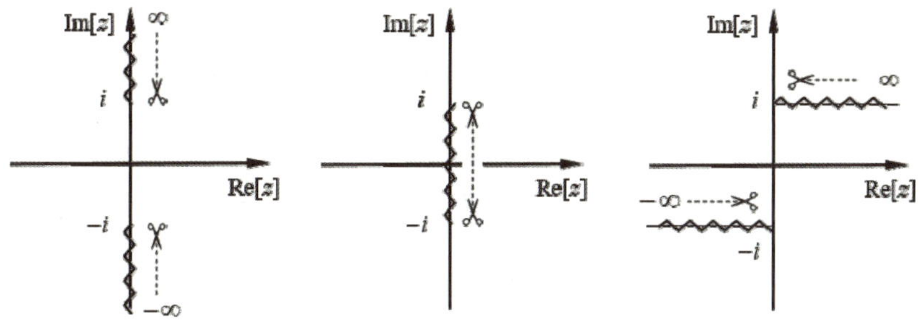

그림 2.4.5 여러 가지 가능한 가지자름

예제 2.4.2 예제 2.4.1에서 복소함수 $f(z) = (z^2+1)^{1/2}$의 가지점이 $z=i$와 $z=-i$인 것을 알았다. 점 z가 아르강 도표상에서 닫힌 경로 C를 따라서 움직일 때 다음의 경우에 대하여 $f(z)$가 어떻게 변할지 논의하시오.

(1) C가 두 가지점 $z=\pm i$를 포함하고 있지 않을 때

(2) C가 $z=i$를 포함하지만 $z=-i$는 포함하고 있지 않을 때

(3) C가 $z=-i$를 포함하지만 $z=i$는 포함하고 있지 않을 때

(4) C가 $z=i$와 $z=-i$ 모두 포함하고 있을 때

풀이 닫힌경로 C를 따라 이동하는 점 z를 극좌표계에서 표현해보자. 점 z가 가지점 $z=i$로부터 r_1, θ_1의 위치에 있고 가지점 $z=-i$로부터는 r_2, θ_2의 위치에 있다고 하면 그림 2.4.6에서 보듯이 $z-i=r_1\exp[i\theta_1]$ 및 $z+i=r_2\exp[i\theta_2]$라고 쓸 수 있다. 따라서 $f(z)$는 다음과 같다.

$$f(z) = (z-i)^{1/2}(z+i)^{1/2} = (r_1 r_2)^{1/2}\exp[i(\theta_1+\theta_2)/2] \tag{2.4.2}$$

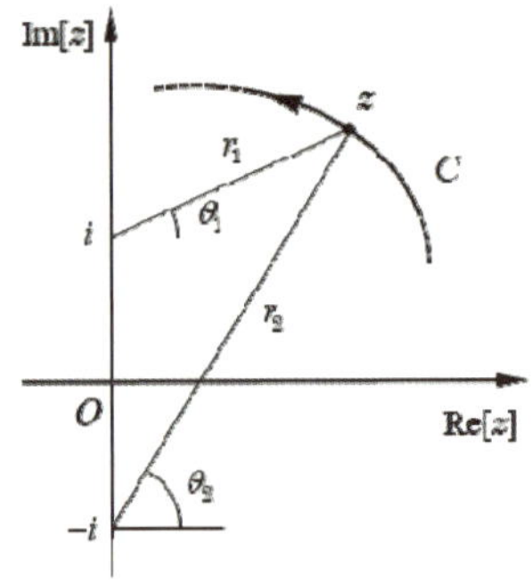

그림 2.4.6

(1) C의 경로 내부에 가지점이 없다면 닫힌경로를 1회전 했을 때 편각의 변화는 $\theta_1 \to \theta_1$, $\theta_2 \to \theta_2$로서 변화가 없으며 $f(z) \to f(z)$가 되어 함수는 단일값을 가진다.
(2) 이 경우에는 $\theta_1 \to \theta_1 + 2\pi$, $\theta_2 \to \theta_2$가 되므로 $f(z) \to -f(z)$가 되어 이중값이 된다.
(3) 이 경우에는 $\theta_1 \to \theta_1$, $\theta_2 \to \theta_2 + 2\pi$가 되므로 $f(z) \to -f(z)$가 되어 이중값이 된다.
(4) 이 경우에는 $\theta_1 \to \theta_1 + 2\pi$, $\theta_2 \to \theta_2 + 2\pi$가 되므로 $f(z) \to f(z)$가 되어 단일값이다.

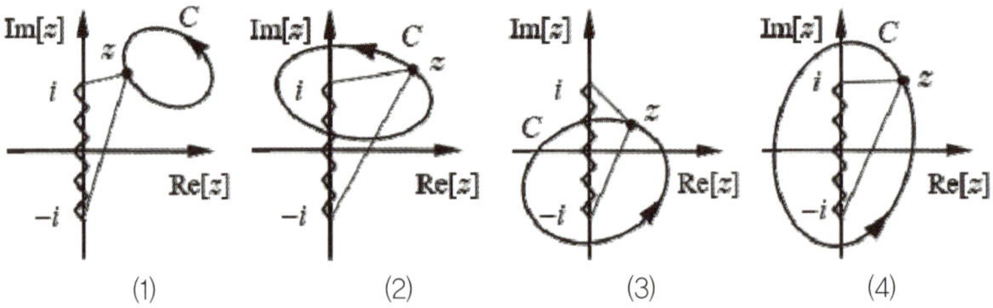

그림 2.4.7 두 가지점을 잇는 가지선과 (1)–(4)의 경우에 대한 닫힌 경로

2.5 해석적 연속(Analytic continuation)

복소해석학에서 해석적 연속(analytic continuation)이란 방법을 통해 해석함수의 영역을 확장할 수가 있다. 해석적 연속은 문헌에 따라 해석적 접속 또는 해석적 확장(analytic extension)이라고도 부른다. 해석함수는 무한히 많은 다른 형태의 멱급수(power series)로 전개할 수 있는데, 각각의 급수 전개는 수렴하는 정의역이 있으며, 해석적 연속에 의해 수렴 영역을 확장해 나갈 수 있다.

어떤 함수 $f(z)$를 점 $z = z_1$에 대하여

$$\sum_{n=0}^{\infty} a_n (z - z_1)^n \tag{2.5.1}$$

와 같이 테일러 전개하자. 이 급수 전개는 점 z_1을 중심으로 하는 수렴원(circle of convergence)을 가지고 있는데 이를 C_1이라고 하자. 수렴원의 내부에는 $f(z)$의 특이점이 없다고 가정한다. 그러므로 C_1은 z_1으로부터 가장 가까운 특이점의 근처까지 접근할 수 있다. 이제 수렴원 C_1내의 한 점 z_2를 선택하고, 식(2.5.1)을 미분하여 z_2에서의 값을 구하면

$$\sum_{n=0}^{\infty} b_n (z - z_2)^n \tag{2.5.2}$$

과 같은 테일러 전개를 얻을 수 있는데 이 급수 전개의 수렴원을 C_2라고 하자. 그림 2.5.1에서처럼 만약 C_2가 C_1을 넘어서 확장되었다면 $f(z)$와 그 미분이 정의되는 영역이 확장된 것이다. 즉, $f(z)$가 C_1을 넘어서는 영역으로까지 해석적으로 확장되었다. 마찬가지로 C_2내의 한 점 z_3로부터 새로운 급수와 새 수렴원 C_3를 연속적으로 구할 수 있다. 이런 식으로 함수 $f(z)$가 정의되는 영역을 계속하여 넓혀나가는 과정을 해석적 연속이라고 한다. 이 과정은 특이점만 피할 수 있다면 무한히 반복될 수 있다.

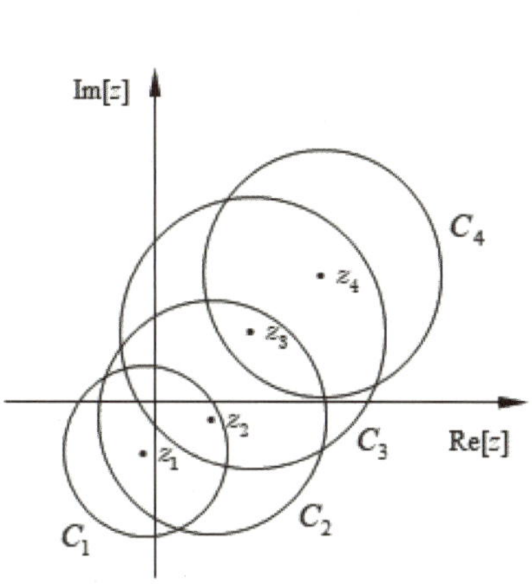

그림 2.5.1 해석적 연속의 과정

함수 $f(z) = 1/(1-z)$의 예를 들어보자. 이 함수는 원점에 대하여 다음과 같이 전개될 수 있다.

$$\frac{1}{1-z} = \sum_{n=0}^{\infty} z^n, \quad |z| < 1 \tag{2.5.3}$$

이것은 기하급수(geometric series)로서 $|z| < 1$일 때 수렴한다. 즉, 중심이 원점이고 반지름이 1인 수렴원을 가지고 있으며 이를 C_1이라고 하자. 물론 C_1의 경로상에서는 위의 급수는 수렴하지 않는다. 수렴원 C_1을 종종 $C_1 : |z| = 1$과 같이 쓰기도 한다. 이제 새로운 테일러 급수를 전개하여 보자. 다음의 편리한 과정으로 여러 가지 형태의 급수를 구할 수 있다. 우선 $1-z$를

$$1 - z = (1-a) - (z-a) = (1-a)\left[1 - \frac{z-a}{1-a}\right] \tag{2.5.4}$$

와 같이 바꾸어 주면 식(2.5.3)의 급수는

$$\frac{1}{1-z} = \frac{1}{1-a}\sum_{n=0}^{\infty}\left(\frac{z-a}{1-a}\right)^n, \quad |z-a| < |1-a| \tag{2.5.5}$$

와 같이 된다. 그러므로 함수 $f(z) = 1/(1-z)$는 a의 값에 따라 무한히 많은 다른 형태의 급수로 표현될 수 있다는 것을 알 수 있다. 식(2.5.5)는 $a = 0$인 경우 정확히 식(2.5.3)이 되는 것을 확인할 수 있다. 이제 수렴원 C_1내의 한 점 $a = -1/2$을 선택하자. 그러면 $1/(1-z)$의 급수는

$$\frac{1}{1-z} = \frac{2}{3}\sum_{n=0}^{\infty}\left[\frac{2}{3}\left(z + \frac{1}{2}\right)\right]^n, \quad \left|z + \frac{1}{2}\right| < \frac{3}{2} \tag{2.5.6}$$

가 되며 $|z + 1/2| < 3/2$일 때 수렴한다. 이때 수렴원을 C_2라고 하면 C_2는 $z = -1/2$을 중심으로 하는 반지름이 $3/2$인 원이다. 이를 $C_2 : |z + 1/2| = 3/2$으로 표현할 수 있다. C_2는 C_1의 영역으로부터 확장된 것이며 함수는 해석적 연속이 되었다. 이제 C_2내의 한 점 $a = i$를 중심으로 함수를 전개하여 보자. 식(2.5.5)로부터

$$\frac{1}{1-z} = \frac{1}{2}(1+i)\sum_{n=0}^{\infty}\left(\frac{z-i}{1-i}\right)^n, \quad |z-i| < \sqrt{2} \tag{2.5.7}$$

가 되며 수렴원은 $z=i$가 중심이며 반지름이 $\sqrt{2}$인 원이다. 즉, $C_3 : |z-i| = \sqrt{2}$이며 C_3의 내부에서 위의 급수는 수렴한다. 그림 2.5.2에 함수 $1/(1-z)$의 각 급수들이 $C_1 \to C_2 \to C_3$로 연속적으로 해석적인 확장이 되는 과정을 보여주고 있다.

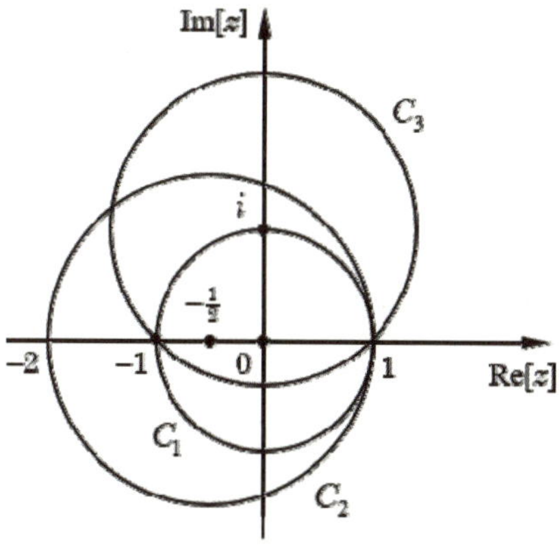

그림 2.5.2 함수 $1/(1-z)$의 서로 다른 급수에 대한 해석적 연속의 과정

정리하자면 다음과 같다. 겉으로 보기에 달라 보이는 함수(급수) $f_1(z)$와 $f_2(z)$가 각각 영역 R_1과 R_2에서 해석적이라고 하자. 영역 R_1과 R_2가 서로 겹치는 영역이 있고 $f_1(z)$과 $f_2(z)$의 수치적 값이 겹치는 영역에서 똑같다고 하면 $f_1(z)$과 $f_2(z)$는 서로 해석적 연속이다. 이러한 영역에서 $f_1(z)$과 $f_2(z)$는 같은 함수의 서로 다른 표현인 것이다. 해석적 연속 과정은 수렴 반경 내에서 임의의 방향으로 진행될 수 있다. 함수가 해석적이기만 하면 얼마든지 멱급수로 전개 가능하기 때문에 수렴원은 특이점을 제외한 복소평면의 모든 구석구석까지 확장될 수 있다.

예제 2.5.1 다음의 두 급수가 서로 해석적 연속임을 보이시오.

$$(1)\ \sum_{n=0}^{\infty} \frac{z^n}{2^{n+1}} \qquad (2)\ \sum_{n=0}^{\infty} \frac{(z-i)^n}{(2-i)^{n+1}}$$

풀이 (1) 기하급수의 비율판정법(ratio test)에 의하여 주어진 급수는 $|z| < 2$에 대해서 수렴한다. 수렴원은 $C_1 : |z| = 2$이다. 이 급수는 $\frac{1}{2}\sum_{n=0}^{\infty}\left(\frac{z}{2}\right)^n$과 같으므로 급수를 함수로 표현하면 $\frac{1/2}{1-z/2} = \frac{1}{2-z}$가 된다.

(2) 급수의 비율판정법에 의하여 $\left|\frac{z-i}{2-i}\right| < 1$일 때 수렴한다. 즉, $|z-i| < |2-i| = \sqrt{5}$이다. 그러므로 수렴원은 $C_2 : |z-i| = \sqrt{5}$이다. 급수는 함수 $\frac{1/(2-i)}{1-(z-i)/(2-i)} = \frac{1}{2-z}$를 전개한 것이다.

따라서 위의 두 급수는 같은 함수를 표현한 것이며 서로 해석적 연속이다. 이를 아래의 아르강 도표에 나타내었다.

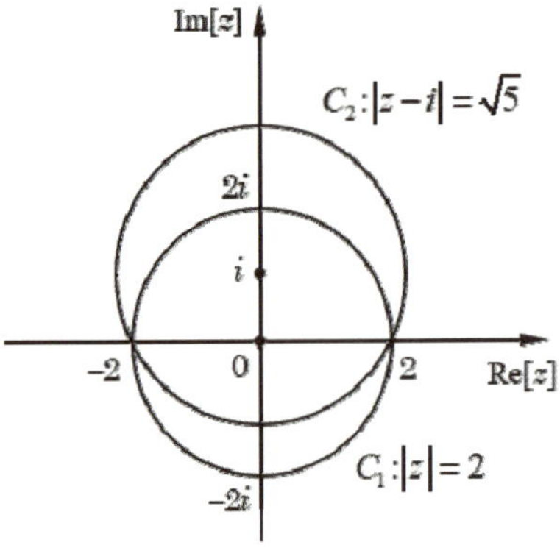

그림 2.5.3 문제에서 주어진 두 급수의 해석적 연속

연습문제

2.1 다음을 증명하시오.

(1) $\dfrac{d}{dz} z = 1$

(2) $\dfrac{d}{dz} z^n = n z^{n-1}$

2.2 다음 함수가 $z = 0$에서 코시-리만 조건을 만족하지만, 이 점에서 미분이 존재하지 않음을 보이시오.

$$f(z) = \begin{cases} \dfrac{x^3 + y^3}{x^2 + y^2} + i\,\dfrac{y^3 - x^3}{x^2 + y^2} & (x^2 + y^2 \neq 0\text{일 때}) \\ 0 & (x^2 + y^2 = 0\text{일 때}) \end{cases}$$

2.3 다음 함수들이 해석적인지 아닌지 판단하시오.

(1) $f(z) = z^3$

(2) $f(z) = |z|^2 + 1$

(3) $f(z) = (z^* + 2i)^2 - 1$

2.4 함수 $f(z)$가 해석적이라면 다음의 관계식이 성립함을 보이시오.

(1) $\dfrac{df}{dz} = (\cos\theta - i\sin\theta)\dfrac{\partial f}{\partial r}$

(2) $\dfrac{df}{dz} = -\dfrac{1}{r}(\sin\theta + i\cos\theta)\dfrac{\partial f}{\partial \theta}$

2.5 함수 $f(z)$와 $f^*(z)$가 해석적이라면 $f(z)$는 상수임을 보이시오.

2.6 $z = x + iy$에 대해 다음의 미분 연산자 관계식이 성립함을 보이시오.

(1) $\dfrac{\partial}{\partial x} = \dfrac{\partial}{\partial z} + \dfrac{\partial}{\partial z^*}$

(2) $\dfrac{\partial}{\partial y} = i\left(\dfrac{\partial}{\partial z} - \dfrac{\partial}{\partial z^*}\right)$

2.7 미분연산자 델(del)은 $\nabla \equiv \dfrac{\partial}{\partial x} + i\dfrac{\partial}{\partial y}$와 같이 정의된다. 다음을 증명하시오.

(1) $\nabla = 2\dfrac{\partial}{\partial z^*}$

(2) $\nabla^* = 2\dfrac{\partial}{\partial z}$

2.8 해석함수 $f(z) = u(x, y) + iv(x, y)$의 u와v는 조화함수(harmonic function)이다. $\dfrac{\partial u}{\partial x}$와 $\dfrac{\partial u}{\partial y}$도 조화함수가 됨을 보이시오.

2.9 다음 함수들의 특이점은 무엇인가?

(1) $f(z) = \dfrac{z}{(z+1)(z+2)^2}$

(2) $f(z) = \dfrac{1}{1+z^4}$

(3) $f(z) = z(z^2+1)$

(4) $f(z) = e^{1/z^2}$

(5) $f(z) = \dfrac{1-\cos z}{z^2}$

(6) $f(z) = \tanh z$

2.10 함수 $f(z) = (z^2+1)^{1/2}$의 가지점은 어디인가?

2.11 위의 문제 2.10에서 구한 가지점에 대하여 다음의 문제에 답을 하시오.

(1) 가지자름을 그려보시오.

(2) 단힌 경로 C가 가지점을 모두 포함한다면 z가 C를 따라 1회전 하여도 가지가 변하지 않는다는 것을 보이시오.

(3) 단힌 경로 C가 가지점을 포함하지 않는다면 z가 C를 따라 1회전 하여도 가지가 변하지 않는다는 것을 보이시오.

2.12 로그함수 $f(z) = \ln(z^2+1)$의 가지점은 $z = \pm i$이다. 가지자름에 의하여 로그함수가 단일값을 갖도록 하였다. 만약 $f(0) = -2\pi i$라면 $f(-2+i)$는 얼마인가?

Chapter 03

경로적분: 코시의 이론

Contour Integrals: Cauchy's Theorem

3.1 경로적분(Contour integrals)

복소평면에서의 적분은 실변수를 가지는 실함수의 적분 계산과 유사하다. 그림 3.1.1의 복소평면(아르강 도표)에서 점 z_0에서 z_n까지의 경로를 C라고 하자. 이러한 경로를 영어로는 contour(컨투어)라고 하며 적분의 경로를 의미한다. 경로 C를 n개의 조각으로 나누고, 나누어진 각 점을 z_1, $z_2, \cdots z_{n-1}$이라고 하자. 복소함수 $f(z)$를 경로 C를 따라 적분하기 위하여 우선 z_{j-1}와 z_j 사이의 한 점을 ζ_j라고 하고 다음의 합을 생각해 보자.

$$S_n = \sum_{j=1}^{n} f(\zeta_j)(z_j - z_{j-1}) \tag{3.1.1}$$

$n \to \infty$일 때 $|z_j - z_{j-1}| \to 0$, 즉 경로 조각의 길이가 0으로 갈 때 식(3.1.1)의 합이 존재한다고 하자. 그러면 $z_j - z_{j-1}$은 미소변위 dz라고 할 수 있고 합은 다음과 같이 적분으로 정의 할 수 있다.

$$I = \lim_{n \to \infty} S_n = \int_{z_0}^{z_{n\to\infty}} f(z)\,dz = \int_C f(z)\,dz \tag{3.1.2}$$

식(3.1.2)의 적분과 같이 적분 경로 C를 따라 복소함수 $f(z)$를 적분하는 것을 **경로적분**(contour integral)이라고 한다. 복소함수 $f(z) = u(x,y) + iv(x,y)$의 경로적분은 다음과 같이 실함수 적분의 합으로 쓸 수 있다.

$$I = \int_C f(z)\,dz \tag{3.1.3}$$

$$= \int_C [u(x,y) + i\,v(x,y)]\,(dx + i\,dy)$$

$$= \int_C u(x,y)\,dx - \int_C v(x,y)\,dy + i\left[\int_C v(x,y)\,dx + \int_C u(x,y)\,dy\right]$$

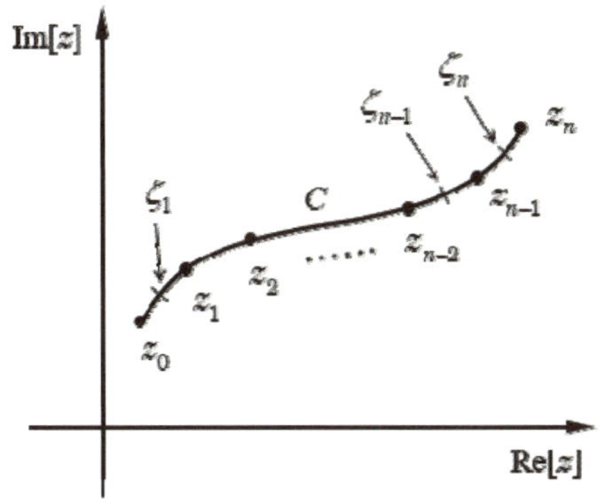

그림 3.1.1 복소평면에서의 적분경로 C

실함수를 실공간에서 적분한다면 경로의 시작점과 끝점이 같은 경우에 적분의 결과는 언제나 0이다. 그러나 복소평면에서는 복소함수 적분의 시작점과 끝점이 같더라도 그 결과가 항상 0이 되지는 않는다는 점이 무척 흥미롭다. 복소평면에서 시작점과 끝점이 같은 적분 경로로 닫힌 고리 모양의 경로를 생각할 수 있다. 이때, 경로의 진행 방향은 시계방향(clockwise)이거나 반시계방향(counterclockwise)이 될 것이다. 복소해석학에서 닫힌 경로에 대한 경로적분을 다룰 때 일반적으로 별도로 언급하지 않는다면 반시계방향으로 진행하는 경로를 따라 적분을 수행하는데, 이런 반시계방향을 양의 방향이라고 한다. 만약에 경로가 시계방향으로 진행한다면 이러한 경로는 음의 방향이라고 말할 수 있다. 적분 경로의 진행 방향이 반시계방향(양의 방향)인 경로는 특별히 방향을 표현하지 않는 것이 보통이지만, 적분 경로의 진행 방향이 시계방향(음의 방향)이면 이를 적분기호에 방향을 표시하거나 별도로 언급하는 것이 좋다. 왜냐하면 반시계방향과 시계방향의 적분은 서로 다른 결과를 줄 수 있기 때문이다. 닫힌 경로에서의 적분의 예를 다음의 간단한 두 가지 예를 통하여 살펴보자.

보기 1 **닫힌 경로에서 적분의 결과가 0이 되는 경우**

닫힌 적분 경로로 중심이 $z = z_0$이고 반지름이 r인 원을 생각해 보자. 그림 3.1.2에 보인 닫힌 경로를 C라고 하고 경로상의 한 점을 z라고 하면 $z - z_0 = re^{i\theta}$라고 할 수 있다. 따로 지정하지 않는다면 경로의 진행 방향은 반시계방향이므로 편각(극각) θ는 양의 방향, 즉 증가하는 방향으로 회전한다. 원의 경로 C를 $C: |z - z_0| = r$과 같이 쓰기도 한다. 이제 함수 $f(z) = z^2$을 경로 C를 따라 적분해 보자. 경로상에서 복소변수 z는 $z_0 + re^{i\theta}$와 같으므로 $dz = ire^{i\theta}d\theta$가 된다. 그러므로 닫힌 경로 C에 대한 적분은

$$\int_C z^2\, dz = \int_0^{2\pi} \left(z_0 + re^{i\theta}\right)^2 i\, r\, e^{i\theta}\, d\theta \tag{3.1.4}$$

가 된다. 즉 복소변수 z에 대한 적분이 편각 θ에 대한 적분으로 되었으며, 0이 아닌 정수 n에 대하여

$$\int_0^{2\pi} e^{in\theta}\, d\theta = 0 \tag{3.1.5}$$

이 성립하므로

$$\int_C z^2\, dz = 0 \tag{3.1.6}$$

이 되는 것을 쉽게 알 수 있다. 함수 $f(z) = z^2$을 닫힌 경로 C를 따라 적분하니 결과가 0이 되었다.

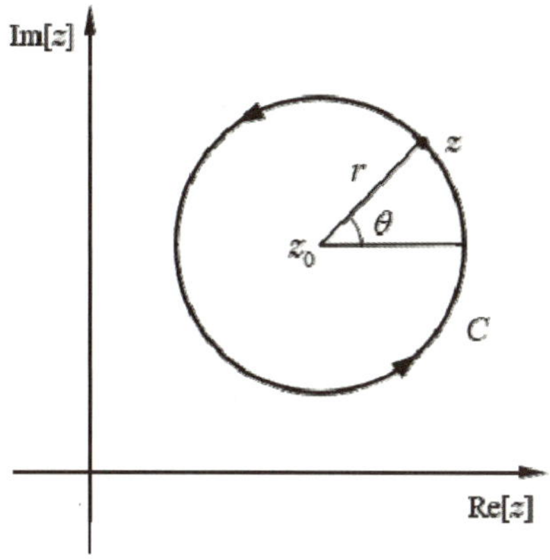

그림 3.1.2 닫힌 경로와 반시계방향의 진행 방향

보기2 닫힌 경로에서 적분의 결과가 0이 되지 않는 경우

이번엔 함수 $f(z)=1/(z-z_0)$를 보기1에서 제시된 것과 같은 경로 C에 대하여 적분하여 보자. 그 결과는 다음과 같다.

$$\int_C \frac{1}{z-z_0}dz = \int_0^{2\pi}\frac{ire^{i\theta}}{re^{i\theta}}d\theta = i\int_0^{2\pi}d\theta = 2\pi i \tag{3.1.7}$$

즉, 이 경우에는 시작점과 끝점이 같은 닫힌 경로에 대하여 적분하였지만, 그 결과는 0이 아니다. 닫힌 경로에 대하여 적분을 수행할 때 피적분함수에 따라 결과가 0이 되기도 하고 아니기도 한다는 것을 알 수 있다. 만약 경로 C의 진행 방향을 시계방향으로 하면 결과는 어떻게 될까? 시계방향의 경로를 C'이라고 하고 적분을 수행하면 편각의 방향은 $0\rightarrow -2\pi$이므로 적분은

$$\int_{C'} \frac{1}{z-z_0}dz = i\int_0^{-2\pi}d\theta = -2\pi i \tag{3.1.8}$$

와 같이 되어서 반시계방향의 경우와 다른 결과가 나왔다.

앞의 두 보기에서 닫힌 경로에 대하여 적분하였을 때 결과가 0이 되거나 0이 되지 않는 경우를 보았다. 적분 수행 과정에서 어떠한 특성 때문에 이러한 결과가 나오는 것일까? 그 이유는 다음과 같다. 보기1에서 예를 든 함수는 적분의 경로상과 경로 내부에서

해석적인 함수이다. 그러나 보기2에서 예를 든 함수에서 분모에 있는 점 z_0는 경로의 내부에 위치해 있는 점이며 함수를 발산시키는 특이점이다. 즉, 특이점의 존재 여부가 다른 결과를 준 것이다. 만약에 피적분함수가 $f(z) = 1/(z - z_1)$이고 점 z_1이 경로의 외부에 있다고 하고 똑같은 경로 $C: |z - z_0| = r$에 대하여 적분을 하면 어떻게 될까? 점 z_1은 분명 $f(z)$의 특이점이 맞지만, 경로상과 경로 내부에 있지 않으므로 보기1의 결과로부터 0이라고 쉽게 이해할 수 있을 것이다. 이의 증명에 대해서는 다음 절에서 좀 더 자세히 배울 것이다. 흥미로운 것은 식(3.1.7)과 식(3.1.8)에 보인 적분의 결과는 모두 점 z_0와 무관하다는 것이다.

이제부터는 닫힌 경로에 대한 적분의 표기는 $\int_C$ 대신에 닫힌 경로의 의미를 강조하기 위하여 적분기호에 고리를 뜻하는 작은 원을 넣어서 $\oint_C$로 쓰고자 한다. 즉, 식(3.1.6)과 식(3.1.7)은 각각 다음과 같이 표현하는 것이 좀 더 일반적이다.

$$\oint_C z^2\,dz = 0 \tag{3.1.9}$$

$$\oint_C \frac{1}{z - z_0}\,dz = 2\pi i \tag{3.1.10}$$

이와 같이 표현하면 적분 경로가 닫힌 경로라는 의미가 확실하고, 특별히 방향 표시를 하지 않았다면 경로의 방향은 반시계방향이다. 한편, 적분기호에 경로의 형태를 구체적으로 나타낼 필요가 있을 때가 있는데, 이 경우에는 적분기호 하단에 경로의 크기나 형태를 표현하는 식을 넣기도 한다. 식(3.1.9)는 중심이 $z = z_0$이고 반지름이 r인 원의 경로를 따라 적분한다는 의미였으므로 이를 다음과 같이 쓸 수 있다.

$$\oint_{C:\,|z - z_0| = r} z^2\,dz = 0 \tag{3.1.11}$$

반면, 식(3.1.8)은 경로가 음의 방향인데, 이를 양의 방향과 구분하기 위해서 시계방향의 화살표를 쓴다든지 하는 등 여러 표현이 있을 수 있지만 이 책에서는 다음과 같이 음의 부호(-)를 적분기호 상단에 표기하여 쓰기로 하자.

$$\oint_{C'}^{-} \frac{1}{z - z_0} dz = -2\pi i \tag{3.1.12}$$

즉, 위의 식은 경로 C'상에서 적분을 하되 시계방향으로 경로를 따라간다는 의미이다. 식(3.1.12)에서 경로의 진행 방향을 바꾸면 다음과 같이 된다.

$$\oint_{C'}^{-} \frac{1}{z - z_0} dz = -\oint_{C'} \frac{1}{z - z_0} dz \tag{3.1.13}$$

3.2 코시 적분 정리(Cauchy's integral theorem)

앞의 3.1절에서 예를 든 보기1은 함수가 적분의 경로상과 경로의 내부에서 연속이고 미분 가능한 경우에 대한 것이다. 즉, 피적분함수가 적분의 경로와 내부에서 해석적인 경우에는 닫힌 경로에 대한 적분의 값이 0이 된다는 예를 보인 것이다. 보기2는 함수가 경로 내부에서 해석적이지 않은 점($z = z_0$)을 가지고 있는 경우에 대한 것이다. 이때에는 일반적으로 적분의 결과가 0이 아니다. 단, 피적분함수의 종류에 따라서는 경로 내부에 해석적이지 않은 점이나 영역이 있다고 하더라도 적분의 결과가 0으로 나올 수도 있다. 이제 좀 더 일반화된 이론을 학습하기 위하여 단순 연결 영역(simply connected region)과 다중 연결 영역(multiply connected region)이란 것을 정의해 보자. 어떤 영역 R내에 함수가 잘 정의되어 있고 이 영역 내에 고리 형태와 같은 닫힌 경로가 있다고 하자. 이 닫힌 경로의 길이가 연속적으로 점점 줄어들면서 마침내 하나의 점으로 될 수 있다면 이러한 영역을 단순 연결 영역이라고 부른다. 즉, 경로의 둘레가 줄어들면서 점이 되기 위해서는 경로 내부의 모든 영역에서 경로가 잘 정의 될 수 있어야 한다. 그림 3.2.1(a)에서 볼 수 있는 것과 같이 영역 R에 정의된 닫힌 경로 C_1은 경로의 길이를 연속적으로 줄여서 하나의 점으로 만들 수 있다. 그러므로 R은 단순 연결 영역이다. 만약 경로 내부에 경로가 접근할 수 없는 영역이나 점이 있으면 다중 연결 영역이 된다. 그림 3.2.1(b)에 정의된 닫힌 경로 C_2는 내부에 함수가 정의되지 않은 영역이 있다. 이 경우에는 C_2의 길이를 줄여나가더라도 정의되지 않은 영역을 통과할 수 없으므로 결코 하나의 점으로 줄어들 수 없다. 그러므로 C_2는 다중 연결 영역에 있다. C_2에 대해서는 R이 다중 연결 영역이라 하더라도 그림에서 보듯이 C_3의 경우에는 C_3의 내부에는 함수가 정의되지 않은 영역이 없으므로 C_3에 대해서는 R이 단순 연결 영역이 된다.

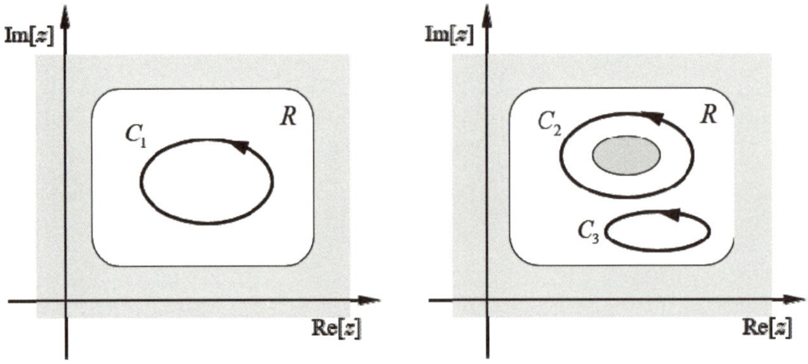

(a) (b)

그림 3.2.1 C_1과 C_3는 단순 연결 영역에 있으며 C_2는 다중 연결 영역에 있다.

피적분함수 $f(z)$가 단순 연결 영역에서 해석적이라고 하자. $f(z)$를 실수부와 허수부로 나누어 $f(z) = u(x, y) + iv(x, y)$로 쓰면 u와 v의 편미분 도함수는 이러한 영역에서 연속이다. 닫힌 경로 C에 대하여 식(3.1.3)을 다시 써보면

$$\oint_C f(z)\,dz = \oint_C (u\,dx - v\,dy) + i\oint_C (v\,dx + u\,dy) \tag{3.2.1}$$

와 같이 되는데 우변의 4개의 적분은 (x, y)의 2차원 공간에서의 선적분이라고 생각할 수 있다. 따라서 스토크스의 정리(Stokes' theorem)를 써서 C의 경로에 대한 선적분을 C로 둘러싸인 영역에 대한 면적분으로 변환할 수 있다. 2차원 벡터 $\mathrm{A} = u\hat{\mathrm{e}}_x + v\hat{\mathrm{e}}_y$를 가정한다면 스토크스 정리에 의하여 (x, y) 평면상의 경로 C에 대한 선적분의 결과는 C를 둘러싼 영역에서 $\nabla \times \left(u\hat{\mathrm{e}}_x + v\hat{\mathrm{e}}_y\right)$의 면적분의 z 성분과 같다. 여기서 $\hat{\mathrm{e}}_x$와 $\hat{\mathrm{e}}_y$는 각각 x축과 y축 방향의 단위벡터이다. 스토크스의 정리에 의하여 식(3.2.1) 우변의 첫 번째 적분은

$$\oint_C (u\,dx - v\,dy) = \int_S \left[\frac{\partial(-v)}{\partial x} - \frac{\partial u}{\partial y} \right] dx\,dy \tag{3.2.2}$$

가 되는데 여기서 S는 경로 C로 둘러싸인 면적을 의미한다. 코시-리만 조건에서 $\partial v/\partial x = -\partial u/\partial y$이므로 식(3.2.2)의 우변은 0이다. 또한 식(3.2.1) 우변의 두 번째 적분은

$$\oint_C (v\,dx + u\,dy) = \int_S \left(\frac{\partial u}{\partial x} - \frac{\partial v}{\partial y} \right) dx\,dy \tag{3.2.3}$$

가 되므로 역시 코시-리만 조건 $\partial u/\partial x = \partial v/\partial y$에 의하여 결과는 0이 된다. 따라서 단순 연결 영역에서 닫힌 경로를 따라 적분한 결과는 0이 되며 이것을 **코시 적분 정리**(Cauchy's integral theorem)라고 한다.

코시 적분정리는 단순 연결 영역에서 닫힌 경로 C가 어떤 형태이든 관계없이 성립한다. 다음의 두 보기에서 적분 경로가 원인 경우와 사각형 형태인 경우에 대하여 그 결과가 같음을 보일 수 있다.

✤ 코시 적분 정리(Cauchy's integral theorem)

단순 연결 영역에서 함수 $f(z)$가 닫힌 경로 C 위와 내부에서 해석적이면

$$\oint_C f(z)\,dz = 0 \tag{3.2.4}$$

이 성립한다.

보기 3 원의 경로인 경우

함수 $f(z) = z^n$은 $n \geq 0$인 모든 정수에 대하여 해석적이다. 이 함수를 원점이 중심이고 반지름이 r인 반시계방향의 원의 경로 C_1을 따라 적분해 보자. 극좌표계를 쓰면

$$\oint_{C_1} z^n\,dz = \int_0^{2\pi} r^n e^{in\theta}\, ire^{i\theta}\,d\theta = ir^{n+1}\left[\frac{e^{i(n+1)\theta}}{i(n+1)}\right]_0^{2\pi} = 0 \qquad (3.2.5)$$

과 같이 계산되므로 코시 적분 정리를 만족한다.

보기 4 사각형 모양의 경로인 경우

중심이 원점에 있고 한 변의 길이가 1인 정사각형 모양의 닫힌 경로 C_2에 대하여 $f(z) = z^n$을 적분하여 보자. $n \geq 0$인 모든 정수에 대하여 계산하는 것은 불가능하므로 간단한 예로서 $n = 1$인 경우를 보자. C_2를 그림 3.2.2와 같이 점 $1/2 + i/2$서 출발하여 반시계 방향으로 돌아가는 방향이라 하고 각 변의 선분을 A, B, C, D라고 하자. 선분 A와 C에서는 $dz = dx$이고 선분 B와 D에서는 $dz = i\,dy$이다. 따라서

$$\begin{aligned}
&\oint_{C_2} z\,dz \\
&= \int_{1/2}^{-1/2}\left(x + \frac{i}{2}\right)dx + \int_{1/2}^{-1/2}\left(-\frac{1}{2} + iy\right)i\,dy + \int_{-1/2}^{1/2}\left(x - \frac{i}{2}\right)dx + \int_{-1/2}^{1/2}\left(\frac{1}{2} + iy\right)i\,dy \\
&= \left[\frac{1}{2}x^2 + \frac{i}{2}x\right]_{1/2}^{-1/2} + \left[-\frac{1}{2}y + \frac{i}{2}y^2\right]_{1/2}^{-1/2} + \left[\frac{1}{2}x^2 - \frac{i}{2}x\right]_{-1/2}^{1/2} + \left[\frac{1}{2}y + \frac{i}{2}y^2\right]_{-1/2}^{1/2} \\
&= 0
\end{aligned} \qquad (3.2.6)$$

이 되어서 역시 코시 적분 정리를 만족한다. 모든 $n \geq 0$에 대하여 같은 결과가 나온다는 것을 알 수 있을 것이다.

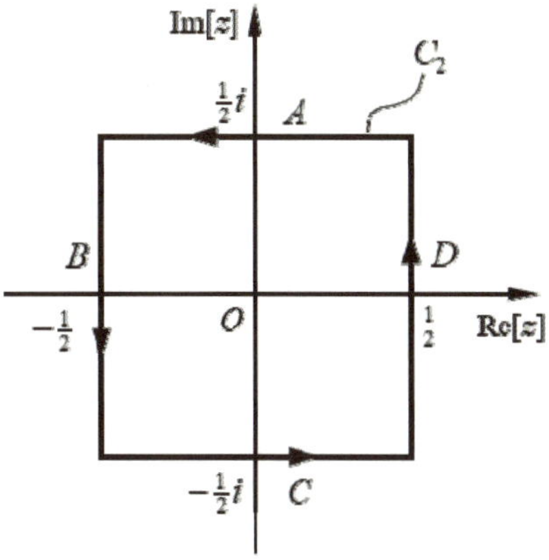

그림 3.2.2 정사각형의 적분 경로 C_2

위의 간단한 두 보기를 통하여 피적분함수가 해석적이면 닫힌 경로의 모양과 관계없이 적분의 결과는 0이 되어 코시 적분 정리가 성립하는 것을 확인해 보았다. 정리하자면 경로와 경로 내부에서 함수가 해석적이면 임의의 닫힌 고리에 대한 적분의 결과는 언제나 0이 된다는 것이다. 만약에 경로 내에 해석적이지 않은 점이 있으면 어떻게 될까? 함수 $f(z) = z^n$에 대하여 $n = -1$인 경우를 보자. 함수 $f(z) = z^{-1}$는 앞의 보기3이나 보기4에서 보인 C_1과 C_2 경로상에서 해석적이다. 그러나 경로 내부의 점 $z = 0$은 함수가 발산하는 특이점(극점)이며 이 점에서 함수가 해석적이지 않다. 보기3의 C_1 경로에 대해서는 $f(z) = z^{-1}$을 적분하면 적분의 결과가 $2\pi i$가 된다는 것을 쉽게 알 수 있다(보기2의 계산과정을 참조할 것). 즉, 경로 내부에 특이점이 있는 경우 적분의 결과가 0이 되지 않는다는 예를 보여주고 있다. 물론, 특정한 형태의 함수에 대해서는 경로 내부에 특이점이 있다고 하더라도 적분의 결과가 0이 나오는 경우가 있으나(예제 3.2.2) 이것은 일반적인 것이 아니다. 보기4의 C_2 경로에 대해서는 피적분함수를

$$z^{-1} = \frac{x - iy}{x^2 + y^2} \tag{3.2.7}$$

로 놓고 적분하면 되는데 역시 C_1 경로와 마찬가지로 같은 결과인 $2\pi i$를 얻을 수 있을 것이다. 여기서 우리는 $f(z) = z^{-1}$를 서로 다른 경로 C_1과 C_2에 대해서 적분하였는데 같은 결과인 $2\pi i$를 얻었다는 것을 알 수 있다. 실제로 서로 형태가 다른 경로에 대해서 적분을 수행하더라도 경로 내부에 동일한 특이점이 있다면 적분의 결과는 모두 같은데,

이러한 것은 3.3절에서 배울 코시 적분 공식(Cauchy's integral formula)과 제5장에서 배울 유수정리(residue theorem)와 관련이 있다.

경로적분을 수행할 때, 경로의 진행 방향을 반대로 해보면 어떻게 될까? 함수 $f(z) = z^{-1}$을 닫힌 경로 C_1에 대하여 적분할 때 경로가 시계방향으로 회전한다면 편각이 $\theta = 0$에서 $\theta = -2\pi$로 회전한 것이므로 식(3.1.11)을 약간 수정하여 그 결과가

$$\oint_{C_1'}^{-} z^{-1} dz = -2\pi i \tag{3.2.8}$$

가 되는 것을 알 수 있다. 앞서 설명하였듯이 적분 기호 상단의 음의 부호는 시계방향의 적분 경로를 의미한다. 경로 C_2에 대해서도 시계방향으로 적분을 수행하면

$$\oint_{C_2'}^{-} z^{-1} dz = -2\pi i \tag{3.2.9}$$

가 되는 것을 쉽게 알 수 있다. 그러므로 같은 진행 방향이라면 경로의 형태가 달라도 같은 결과가 나온다는 것을 다시 한번 확인할 수 있다.

예제 3.2.1 경로 $C: |z| = 2$에 대하여 다음의 적분을 계산하시오.

(1) $\oint_C e^{i(z-1)} dz$ (2) $\oint_C \frac{1}{z^2 - 2z + 5} dz$

풀이 (1) 피적분함수 $e^{i(z-1)}$은 복소평면의 전 영역에서 해석적이다. 그러므로 경로 C는 단순 연결 영역에 있으며 코시 적분 정리에 따라 적분의 결과는 0이다.

(2) 피적분함수 $1/(z^2 - 2z + 5)$는 점 $z = 1 \pm 2i$에서 해석적이지 않다. 그러나 $|1 \pm 2i| > 2$이므로 경로 C는 단순 연결 영역에 있다. 따라서 적분의 결과는 0이다.

3.2.1 코시 적분 정리의 응용

코시 적분 정리는 단순 연결 영역에서 서술되었지만 다중 연결 영역에 대해서도 생각해 볼 수 있다. 그림 3.2.3에서 빗금 친 영역은 함수 $f(z)$가 해석적이지 않은 곳이다. 그러므로 그림 3.2.3(a)와 같은 다중 연결 영역에서는 닫힌 경로 C에 대해 코시 적분 정리를 적용할 수 없다. 그러나 그림 3.2.3(b)의 경로 C'을 보자. C'은 $1\rightarrow2\rightarrow3\rightarrow4\rightarrow5\rightarrow6\rightarrow1$로 진행하는 경로로서 빗금 친 영역을 영리하게 피해 가고 있다. 즉, 함수는 경로 위와 경로의 내부에서 해석적이며 단순 연결 영역에 있다. 그러므로 경로 C'에 대해서는 코시 적분 정리를 적용하여 다음과 같이 쓸 수 있다.

$$\oint_{C'} f(z)\,dz = 0 \tag{3.2.10}$$

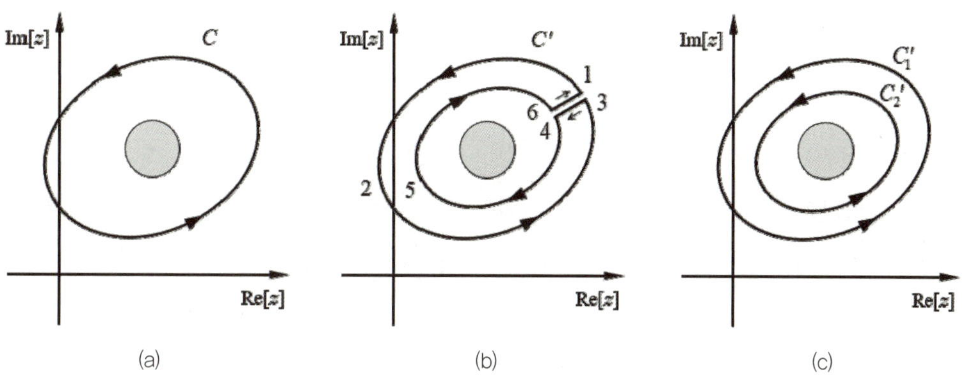

그림 3.2.3 다중 연결 영역에서의 적분 경로와 경로변형

만약에 C'의 부분경로 $6\rightarrow1$과 $3\rightarrow4$가 충분히 가깝게 접근하여 그 틈이 무한히 작게 된다면 이 두 부분경로는 같은 경로를 서로 반대 방향으로 가는 것으로 여길 수 있다. 그렇다면 이 두 경로에 대한 적분값은 크기가 같고 부호는 반대가 된다. 그러므로

$$\int_{6\rightarrow1} f(z)\,dz = -\int_{3\rightarrow4} f(z)\,dz \tag{3.2.11}$$

가 되어 반대 방향으로 향하는 두 경로에 대한 적분값은 서로 상쇄된다. 따라서 C'에 대한 경로적분은 결국

$$\oint_{C'} f(z)\,dz = \int_{1\to2\to3} f(z)\,dz + \int_{4\to5\to6}^{-} f(z)\,dz = 0 \tag{3.2.12}$$

와 같이 된다. 부분경로 6→1과 3→4가 서로 상쇄되므로 경로 C'은 1→2→3의 반시계방향의 닫힌 경로와 4→5→6의 시계방향의 닫힌 경로로 되어있는 것으로 보아도 좋다. 경로 4→5→6은 방향을 반대로 하면 반시계방향의 경로 6→5→4가 되는데, 이렇게 하면 적분의 결과에서 부호가 바뀌게 된다. 이제 경로 1→2→3과 6→5→4를 각각 C_1'과 C_2'이라고 하자. 그러면 식(3.2.12)로부터 다음과 같이 쓸 수 있다.

$$\oint_{C_1'} f(z)\,dz = \oint_{C_2'} f(z)\,dz \tag{3.2.13}$$

경로 C_1'과 C_2'는 그림 3.2.2(c)에서 보듯이 같이 모두 반시계방향의 닫힌 경로이며 경로의 내부에는 해석적이지 않은 영역을 포함하고 있다. 식(3.2.13)은 아주 중요한 의미를 담고 있는데 C_1'과 C_2'는 서로 다른 경로이지만 적분의 결과가 같다는 것이다. 즉, 경로가 해석적이지 않은 영역을 가로질러 가지만 않는다면 적분의 결과는 경로의 형태에 무관한 것이다. 그러므로 그림 3.2.3(a)에 나타난 최초의 적분 경로 C에 대한 적분은 C_1' 또는 C_2'에 대한 적분과 같다. 이처럼 적분의 경로를 변형해 주는 것을 **경로변형**(deformation of contours)이라고 하고, 경로변형을 해주어도 적분의 결과가 달라지지 않는 것을 **경로변형 원리**(principle of contour deformation)라고 한다. 그러므로 그림 3.2.4의 다중 연결 영역에서 경로 C_1, C_2, C_3의 모양은 모두 달라도 이러한 경로에 대한 적분의 결과는 모두 같다. 경로변형 원리를 이용하면 복소함수의 적분을 쉽게 해결할 수 있는 경우가 많으므로 이를 잘 이해하면 적분 계산에 매우 유용할 것이다.

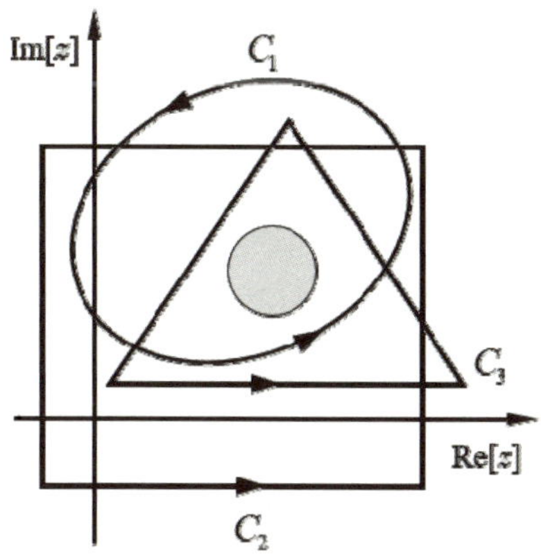

그림 3.2.4 다중 연결 영역에서의 다양한 적분 경로. 음영 부분은 함수가 해석적이지 않은 영역이다.

경로변형을 일반화시켜 보자. 닫힌 경로 내에 해석적이지 않은 영역이나 점이 다수가 있는 다중 연결 영역의 경우에 경로변형은 다음과 같이 할 수 있다. 그림 3.2.5(a)에 나타낸 바와 같이 경로 C의 내부에 해석적이지 않은 영역이나 점이 N개가 있다고 하자. 경로 C의 경로변형을 위하여 그림 3.2.5(b)와 같이 C 위에 N개의 아주 작은 틈을 내어 경로 내부로 들어가는 통로를 만들고, 해석적이지 않은 모든 영역을 시계방향으로 지나간 뒤 다시 빠져나가서 원래의 출발점으로 돌아오는 경로 C'을 생각해 보자. 그러면 해석적이지 않은 모든 점이나 영역은 C'의 외부에 있게 되므로 C'은 단순 연결 영역에 있게 된다. 따라서 함수가 해석적이지 않은 영역은 모두 제거되었으므로 코시 적분 정리를 적용할 수 있다. 이때 해석적이지 않은 영역을 제거하기 위하여 만든 틈과 통로들은 매우 가깝게 접근하도록 할 수 있으므로 각 틈에서 들어가고 나오는 통로상에서의 적분값은 서로 상쇄시킬 수 있다. 그러면 C'의 바깥 경로는 C와 같다고 할 수 있으며 C'의 내부에 있는 시계방향의 경로들을 각각 C_1', C_2',... C_N'이라고 한다면

$$\oint_C f(z)\,dz + \oint_{C_1'}^{-} f(z)\,dz + \oint_{C_1'}^{-} f(z)\,dz + \cdots + \oint_{C_N'}^{-} f(z)\,dz = 0 \qquad (3.2.14)$$

이 성립한다[그림 3.2.5(c)]. 시계방향의 경로 C_1', C_2',... C_N'을 반시계방향으로 바꾸고 이들을 각각 C_1, C_2,... C_N이라고 하면 식(3.2.14)는

$$\oint_C f(z)\,dz = \oint_{C_1} f(z)\,dz + \oint_{C_2} f(z)\,dz + \cdots + \oint_{C_N} f(z)\,dz \qquad (3.2.15)$$

가 된다[그림 3.2.5(d)]. 식(3.2.15)에서 모든 적분 경로는 반시계방향이다. 요약하자면, 코시 적분 정리와 경로변형에 의하여 경로의 내부에 다수의 해석적이지 않은 영역이나 점을 포함하고 있을 때 적분의 결과는 각 영역이나 점을 같은 방향으로 회전하는 경로에 대하여 적분한 값을 모두 더한 것과 같다는 것이다. 이때 경로의 진행 방향은 중요하나, 경로의 형태는 해석적인 영역 내에서 임의로 할 수 있으므로 계산을 쉽게 할 수 있는 모양으로 만들어 주면 좋다. 참고로, 경로변형을 할 때 그림 3.2.5(b)처럼 C에 N개의 통로를 만들지 않고 그림 3.2.6처럼 하나의 통로만 만들고 내부로 들어가서 모든 비해석적 영역을 제거할 수도 있다. 이렇게 하여도 결과는 같다.

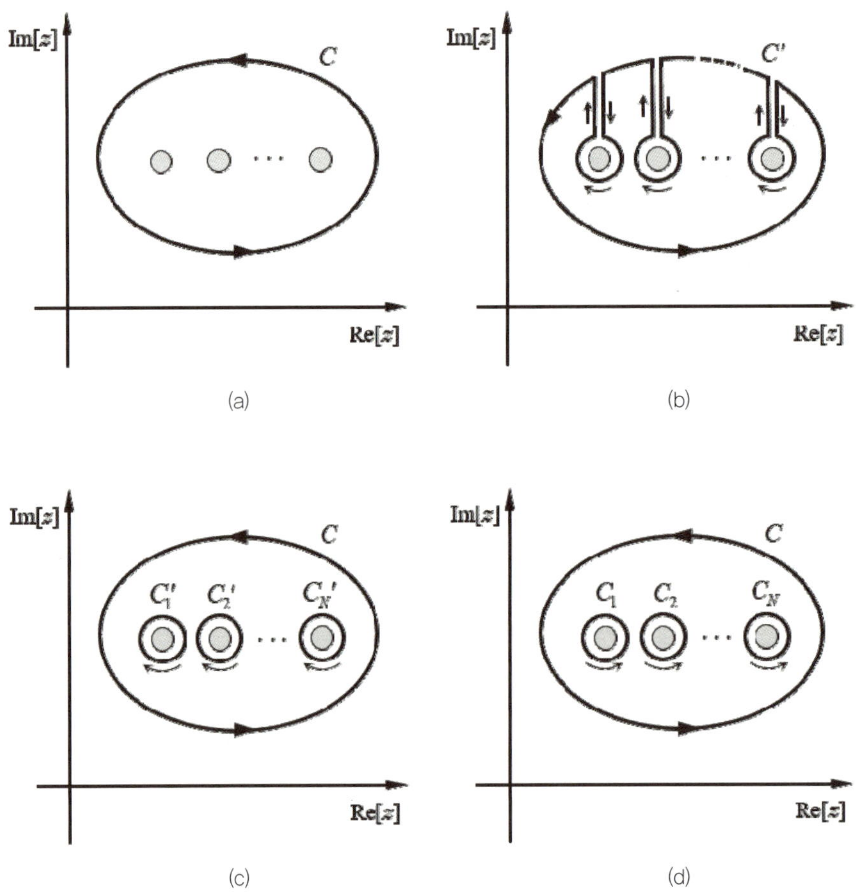

그림 3.2.5 경로변경의 일반화 과정

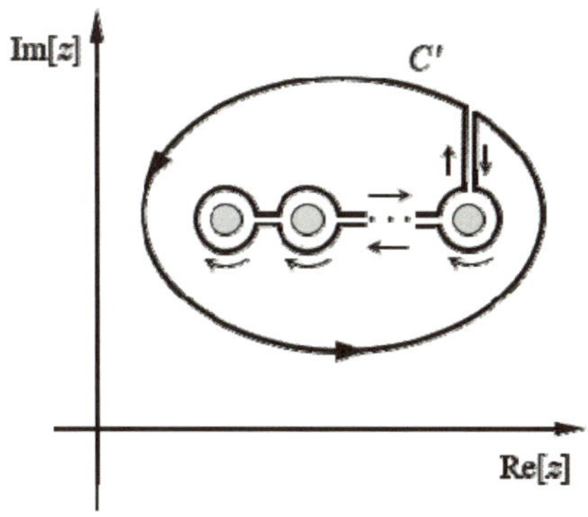

그림 3.2.6 경로변경의 다른 예

예제 3.2.2 경로 C의 내부에 점 a가 있을 때, $n = 2, 3, 4, \ldots$에 대하여 다음의 적분을 계산하시오.

$$\oint_C \frac{1}{(z-a)^n} dz$$

풀이 피적분함수 $1/(z-a)^n$은 경로 내부의 점 $z = a$에서 해석적이지 않으므로 경로변형을 하면

$$\oint_C \frac{1}{(z-a)^n} dz = \oint_{C_1} \frac{1}{(z-a)^n} dz \tag{3.2.16}$$

로 쓸 수 있는데 여기서 $C_1 : |z-a| = 1$이라고 하자. C_1의 반지름이 반드시 1일 필요는 없으나 1로 놓으면 계산이 간단하다. C_1상에서 $z = a + e^{i\theta}$ $(0 \le \theta < 2\pi)$이므로 $n \ge 2$인 정수에 대하여 적분의 계산은

$$\oint_{C_1} \frac{1}{(z-a)^n} dz = \int_0^{2\pi} \frac{1}{e^{in\theta}} i e^{i\theta} d\theta = \left[\frac{e^{i(1-n)\theta}}{(1-n)} \right]_0^{2\pi} = 0 \tag{3.2.17}$$

과 같이 된다.

3.3 코시 적분 공식(Cauchy's integral formula)

함수 $f(z)$가 반시계방향의 닫힌 경로 C와 C의 내부에서 해석적이라고 하자. C의 내부에 점 z_0가 있을 때 $f(z)/(z-z_0)$는 일반적으로 이 점에서 해석적이지 않으며 z_0는 특이점이 된다. 이제 경로 C에 대하여 $f(z)/(z-z_0)$의 적분을 수행해 보자. 경로변형의 원리에 의하여 적분은 원래의 경로 대신에 z_0를 중심으로 하는 반지름 r인 원을 따라 적분을 수행한 것과 같다. 이렇게 변형된 적분 경로를 $C: |z-z_0|=r$이라고 하자. 그러면 적분은 다음과 같이 수행될 수 있다.

$$\oint_C \frac{f(z)}{z-z_0}dz = \int_0^{2\pi} \frac{f(z_0+re^{i\theta})}{z_0+re^{i\theta}-z_0} ire^{i\theta}d\theta = i\int_0^{2\pi} f(z_0+re^{i\theta})\,d\theta \qquad (3.3.1)$$

반지름 r은 임의로 할 수 있으므로 $r \to 0$의 극한을 취하면 다음과 같이 된다.

$$\lim_{r\to 0}\int_0^{2\pi} f(z_0+re^{i\theta})\,d\theta = f(z_0)\int_0^{2\pi} d\theta = 2\pi f(z_0) \qquad (3.3.2)$$

따라서 함수 $f(z)/(z-z_0)$의 적분은

$$\frac{1}{2\pi i}\oint_C \frac{f(z)}{z-z_0}dz = f(z_0) \qquad (3.3.3)$$

와 같이 되는데 이 결과를 **코시 적분 공식**(Cauchy's integral formula)이라고 부른다. 여기서 C는 임의의 경로이지만 $f(z)$가 경로상과 내부에서 해석적이고 z_0는 경로 내부에 있는 점이다. 만약 z_0가 C의 외부에 있다면 피적분함수 $f(z)/(z-z_0)$는 C의 경로상과 내부에서 해석적이므로 코시 적분 정리에 따라 위의 적분 결과는 0이 될 것이다.

✤ **코시 적분 공식(Cauchy's integral formula)**

함수 $f(z)$가 닫힌 경로 C와 내부에서 해석적이며 z_0가 C의 내부에 있다면

$$\frac{1}{2\pi i}\oint_C \frac{f(z)}{z-z_0}\,dz = f(z_0)$$

이 성립한다.

예제 3.3.1 다음의 적분을 경로 C: $|z| = 2$를 따라 직접 적분을 하고 그 결과를 코시 적분 공식을 사용한 것과 비교하시오.

$$\oint_C \frac{z^3}{z+i}\,dz$$

풀이 피적분함수 $z^3/(z+i)$는 점 $z=-i$에서 해석적이지 않다. 그리고 $z=-i$는 경로 C의 내부에 있다. 이 문제의 경우 경로변형을 하여 C를 중심이 $-i$이고 반지름이 1인 경로 $C_1: |z+i| = 1$로 바꾸면 적분을 쉽게 계산할 수 있다. C_1상에서 $z=-i+e^{i\theta}$ $(0 \le \theta < 2\pi)$이므로 적분은

$$\oint_{C_1} \frac{z^3}{z+i}\,dz = \int_0^{2\pi} \frac{(-i+e^{i\theta})^3}{e^{i\theta}}\,i\,e^{i\theta}\,d\theta = i\left[(-i)^3\right]_0^{2\pi} = -2\pi \tag{3.3.4}$$

가 된다. 코시 적분 공식을 이용하면

$$\oint_C \frac{z^3}{z+i}\,dz = 2\pi i f(-i) = 2\pi i(-i^3) = -2\pi \tag{3.3.5}$$

가 되므로 경로적분으로 계산한 결과와 같다.

예제 3.3.2 경로 $C: |z| = 2$에 대하여 코시 적분 공식을 이용하여 다음의 적분을 계산하시오.

$$\oint_C \frac{1}{z(z-1)} dz$$

풀이 경로 내에서 피적분함수가 해석적이지 않은 점은 $z=0$과 $z=1$이다. 피적분함수를 부분분수로 전개하면 다음과 같이 된다.

$$\oint_C \frac{1}{z(z-1)} dz = \oint_C \left(\frac{1}{z-1} - \frac{1}{z} \right) dz = \oint_{C_1} \frac{1}{z-1} dz - \oint_{C_2} \frac{1}{z} dz \tag{3.3.6}$$

여기서 C_1과 C_2는 각각 $z=1$과 $z=0$을 중심으로 하는 반지름 1 미만의 원으로 놓으면 된다. 따라서 코시 적분 공식에 의하여 적분은

$$\oint_{C_1} \frac{1}{z-1} dz - \oint_{C_2} \frac{1}{z} dz = 2\pi i f(1) - 2\pi i g(0) = 2\pi i - 2\pi i = 0 \tag{3.3.7}$$

이 된다.

3.3.1 코시 적분 공식의 응용: 도함수

코시 적분 공식을 이용하면 함수 $f(z)$의 도함수 표현식을 얻을 수 있다. 점 z_0에서 $f(z)$의 도함수는 다음과 같이 정의가 된다.

$$f'(z_0) = \lim_{\delta z_0 \to 0} \frac{f(z_0 + \delta z_0) - f(z_0)}{\delta z_0} \tag{3.3.8}$$

함수 $f(z_0 + \delta z_0)$와 $f(z_0)$에 대한 코시 적분 공식을 이용하면 점 z_0에서 $f(z)$의 도함수 $f(z_0)$는

$$f'(z_0) = \lim_{\delta z_0 \to 0} \frac{1}{\delta z_0}\left[\frac{1}{2\pi i}\oint_C \frac{f(z)}{z-(z_0+\delta z_0)}dz - \frac{1}{2\pi i}\oint_C \frac{f(z)}{z-z_0}dz\right] \quad (3.3.9)$$

$$= \lim_{\delta z_0 \to 0} \frac{1}{2\pi i}\oint_C \frac{f(z)}{[z-(z_0+\delta z_0)](z-z_0)}dz$$

$$= \frac{1}{2\pi i}\oint_C \frac{f(z)}{(z-z_0)^2}dz$$

와 같이 되므로 $f(z)$의 1계 도함수를 얻을 수 있다. 이와 같은 방법으로 하면 점 z_0에서 $f(z)$의 2계 도함수를 다음과 같이 구할 수 있다.

$$f''(z_0) = \frac{2!}{2\pi i}\oint_C \frac{f(z)}{(z-z_0)^3}dz \quad (3.3.10)$$

따라서 $f(z)$를 연속적으로 미분하면 다음과 같은 n계 도함수를 얻을 수 있다.

$$f^{(n)}(z_0) = \frac{n!}{2\pi i}\oint_C \frac{f(z)}{(z-z_0)^{n+1}}dz \quad (3.3.11)$$

그러므로 함수 $f(z)$가 해석적이고 1계 도함수를 얻을 수 있다면 놀랍게도 $f(z)$의 모든 계수의 도함수를 구할 수 있으며 그 도함수들은 모두 해석적이다.

예제 3.3.3 경로 C: $|z| = 2$에 대하여 다음의 적분을 계산하시오.

$$\oint_C \frac{e^z}{(z+1)^3}dz$$

풀이 점 $z = -1$은 경로 C의 내부에 있다. $f(z) = e^z$라고 하면 이 적분은 $f(z)$의 2계 도함수와 관련이 있다. 따라서 문제에 주어진 적분은 다음과 같이 계산된다.

$$\oint_C \frac{e^z}{(z+1)^3}dz = \frac{2\pi i}{2!}f''(-1) = \pi i e^{-1} \quad (3.3.12)$$

3.3.2 코시 적분 공식의 응용: 가우스의 평균값 정리(Gauss' mean value theorem)

복소평면에서 가우스의 평균값 정리는 함수 $f(z)$가 중심이 z_0인 닫힌 원의 경로 위와 내부에서 해석적이면 경로 위에서의 $f(z)$의 평균값은 $f(z_0)$와 같다는 것이다. 닫힌 원 위의 점을 $z = z_0 + re^{i\theta}$라고 쓰면 코시 적분 정리로부터

$$f(z_0) = \frac{1}{2\pi i}\int_0^{2\pi} \frac{f(z_0 + re^{i\theta})}{re^{i\theta}} ire^{i\theta} d\theta = \frac{1}{2\pi}\int_0^{2\pi} f(z_0 + re^{i\theta}) d\theta \qquad (3.3.13)$$

가 된다. 식(3.3.13)에서 적분은 경로 C상에서 미소편각 $d\theta$가 $0 \to 2\pi$로 가는 동안 f의 값과 $d\theta$를 곱하여 모두 합한 것과 같다. 이를 다시 2π로 나누었으므로 $f(z_0)$는 경로상의 f의 평균값이라고 할 수 있다.

3.3.3 코시 적분 공식의 응용: 코시 부등식(Cauchy's inequality)

경로 C상에서 함수 $f(z)$의 절댓값을 생각해 보자. 만약 M이 절댓값의 상한이라면, 즉 $|f(z)| \le M$이라고 할 때, 경로의 C의 길이를 L이라고 하면 다음의 관계가 성립한다.

$$\left| \int_C f(z) dz \right| \le \int_C |f(z)||dz| \le M \int_C d\ell = ML \qquad (3.3.14)$$

여기서 $d\ell$은 경로 C의 길이요소이다. 도함수에 대한 코시 적분 공식인 식(3.3.11)에서 닫힌 경로 C를 반지름 R인 원이라고 하면 다음 부등식이 성립한다.

$$|f^{(n)}(z_0)| = \frac{n!}{2\pi} \left| \oint_C \frac{f(z)}{(z - z_0)^{n+1}} dz \right| \le \frac{n!}{2\pi} \frac{M}{R^{n+1}} 2\pi R \qquad (3.3.15)$$

따라서 다음과 같은 코시 부등식(Cauchy's inequality)이 성립한다.

$$\left|f^{(n)}(z_0)\right| \le \frac{n!M}{R^n} \tag{3.3.16}$$

제4장에서 복소함수의 테일러 전개를 배우면 알게 되겠지만 해석적인 영역에서 함수를 $f(z) = \sum_{n=0}^{\infty} a_n(z-z_0)^n$로 전개하였을 때 전개계수는 $a_n = f^{(n)}(z_0)/n!$가 된다. 그러므로 코시 부등식을 다음과 같이 표현하기도 한다.

$$|a_n|R^n \le M \tag{3.3.17}$$

이 식은 테일러 전개계수의 상한을 보여준다.

코시 부등식을 이용하여 리우빌 정리(Liouville's theorem)를 증명할 수 있다. 리우빌 정리란 만약 $f(z)$가 모든 z에 대해서 해석적이고 유계라면 $f(z)$가 상수라는 것이다. 식(3.3.16)에서 $n=1$일 때 $R\to\infty$이면 $|f'(z_0)| \le 0$이 되므로 $f'(z_0)=0$이다. $f(z)$는 모든 z에 대해서 해석적이므로 z_0는 복소평면의 임의의 점이 될 수 있고, 따라서 $f'(z)=0$이다. 그러므로 $f(z)$는 상수이다.

리우빌 정리를 응용하여 대수학의 기본 정리(fundamental theorem of algebra)를 증명할 수 있다. 이것은 n차의 복소 다항식(complex polynomial)

$$p_n(z) = a_0 + a_1 z + a_2 z^2 + \ldots + a_n z^n, \quad a_n \ne 0 \tag{3.3.18}$$

에 대하여 $p_n(z)=0$은 중근을 포함하여 n개의 복소수 근을 갖는다는 것이다. 이를 증명하기 위하여 $f(z) = 1/p_n(z)$이라고 놓고 $p_n(z) \ne 0$이라고 가정하자. 그러면 $f(z)$는 해석적이 되며 $R\to\infty$일 때 유계가 되고, 리우빌 정리에 의하여 $p_n(z)$는 상수가 되어야 한다. 하지만 복소 다항식은 상수가 아닌 함수이므로 모순이다. 그러므로 $p_n(z)=0$은 적어도 하나의 근을 갖는다. 이 근을 z_1이라 하고 $q_{n-1}(z) = p_n(z)/(z-z_1)$을 정의하자. 그러면 다시 리우빌 정리에 의하여 $q_{n-1}(z)$도 적어도 하나의 근을 갖는다. 이렇게 순차적으로 다항식이 0차가 될 때까지 반복하면 결국 n차의 복소 다항식 $p_n(z)=0$은 정확하게 n개의 복소수 근을 갖는다는 것을 증명할 수 있다. 이와 같은 증명의 과정을 복소해석적 증명이라고 한다. 대수학의 기본 정리의 증명은 달랑베르와 오일러가 시도

하였으나 불완전하였고 가우스와 아르강이 해석적인 증명을 하였다. 그러나 순수한 대수학적인 증명은 현재까지 발견되지 않은 것으로 알려져 있다.

역사노트

오귀스탱-루이 코시(Augustin-Louis Cauchy, 1789–1857)는 19세기 프랑스의 대표적 수학자이다. 프랑스 혁명의 해에 파리에서 태어나 École Polytechnique에서 토목공학을 전공하고 엔지니어가 되었다. 그러나 수학의 추상적인 아름다움에 점점 매력을 느꼈으며 라그랑주(Lagrange)와 라플라스(Laplace)의 영향을 받고 수학자의 길로 들어섰으며 1815년 모교의 교수가 되었다. 코시는 중요한 수학적 논문을 연달아 출판하며 왕성한 연구 활동을 하였으나 새 국왕에게 충성서약을 하지 않았다는 이유로 박해를 받고 1830년에 망명을 떠나 스위스, 이탈리아 등으로 피신하였다. 코시는 1838년에 파리로 돌아왔으나 프랑스의 왕은 어떠한 공직도 인정하지 않았으며 Bureau des Longitudes에 채용되었지만 보수를 받을 수 없었다. 1848년 유럽을 휩쓴 혁명의 여파로 프랑스의 왕이 망명을 하자 충성서약이 폐지되고 코시는 마침내 이듬해에 교수로 복직할 수가 있었다. 코시는 수학자, 과학자, 공학자의 업적을 기리기 위해 파리의 에펠탑에 이름이 새겨진 72인 중의 한 명이다.

코시는 오일러(Euler) 다음으로 많은 논문을 쓴 것으로 알려져 있는데, 이탈리아에 망명해 있는 동안에는 너무 많은 논문을 발표하자 학회에서 논문의 수를 제한하였던 것으로도 유명하다. 그는 일생동안 약 800편의 논문과 5권의 교과서를 저술하였다. 그의 저작들을 하나로 모아서 27권의 책으로 정리하는 데 거의 한 세기가 걸렸다고 한다. 코시의 수학적 업적은 매우 많지만, 가장 큰 공로는 해석학의 엄밀한 기초를 완성한 것이다. 극한, 연속, 급수의 합 등의 개념을 확립함으로써 무한소라는 애매한 개념상에 있던 미적분을 발전시킨 공적도 크다. 또한, 실변수 함수의 정적분 문제를 복수변수 함수의 연구로 확장하여 복소함수론의 기초정리를 확립했다. 복소해석학을 공부하다 보면 코시의 이름이 들어가지 않은 부분을 찾기 힘들 정도이다. 수학에 커다란 업적을 남긴 코시이지만, 프랑스의 또 다른 천재 수학자인 갈루아(1811–1832)로부터 평가 의뢰를 받은 5차방정식의 대수적 불가해법에 대한 독창적인 논문을 분실하는 실수를 저지르기도 했다.

1821년에 École Polytechnique의 학생들을 위해 출판한 교과서 《Cours d'Analyse》(해석학 과정)에서 해석학의 엄격함을 강조하였고 오일러와 라그랑주가 사용하였던 무한급수의 논증 방법을 거부하고 무한소의 명확한 의미를 정의하였다. 이 책에서 그는 극한이 존재하기 위한 필요충분조건을 오늘날에도 여전히 가르쳐지고 있는 형태로 제시하고 있다. 또한 절대 수렴에 대한 코시의 잘 알려진 방법인 코시 응집 판정법(Cauchy condensation test)도 이 책에 소개되어 있다. 1829년에 쓴 교과서 《Leçons sur le calcul différentiel》(미적분학 강의)에서는 처음으로 복소변수의 복소함수를 정의하였다. 코시는 67세의 나이에 기관지염으로 세상을 떠났다.

COURS D'ANALYSE

DE

L'ÉCOLE ROYALE POLYTECHNIQUE;

PAR M. AUGUSTIN-LOUIS CAUCHY,

I.re PARTIE. ANALYSE ALGÉBRIQUE.

DE L'IMPRIMERIE ROYALE.

1821.

1821년 교과서 《Cours d'Analyse》
(해석학 과정)

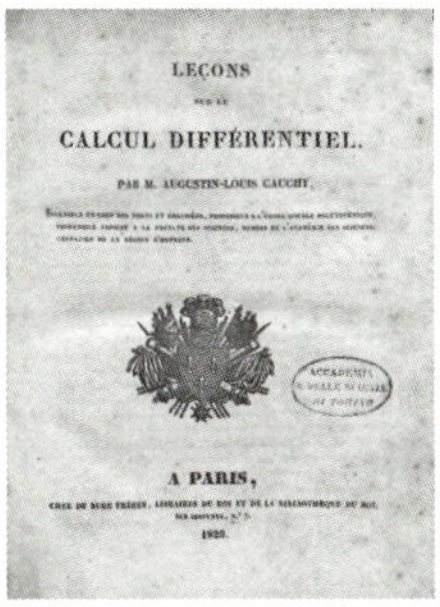

LEÇONS

CALCUL DIFFÉRENTIEL.

PAR M. AUGUSTIN-LOUIS CAUCHY,

A PARIS,

1829년 교과서 《Leçons sur le calcul différentiel》
(미적분학 강의)

연습문제

연습문제에서 닫힌 경로는 특별한 언급이 없으면 모두 반시계방향(양의 방향)으로 진행한다.

3.1 복소함수 $f(z) = 1/z$를 다음의 세 경로에 대하여 각각 적분하시오.

(a) 중심으로부터 반지름 r인 원

(b) 중심으로부터 반지름 r인 반원 $(y \geq 0)$, 반시계방향

(c) 중심으로부터 반지름 r인 반원 $(y \leq 0)$, 시계방향

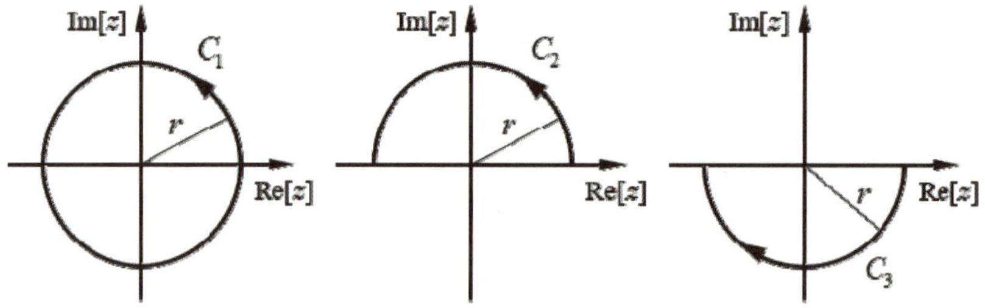

그림 P3.1 연습문제 3.1을 위한 세 개의 경로

3.2 닫힌 경로 $C: |z| = 1$에 대하여 다음의 적분을 계산하시오. 단, n은 양의 정수이다.

(a) $\oint_C (z-2)^n \, dz$

(b) $\oint_C (z-2)^{-n} \, dz$

(c) $\oint_C e^{i(z-2)} \, dz$

3.3 닫힌 경로 $C: |z| = 2$에 대하여 다음의 적분을 계산하시오.

(a) $\oint_C \frac{1}{2z-5} \, dz$

(b) $\oint_C \frac{1}{z^2 - 2z + 5} \, dz$

3.4 닫힌 경로 $C: |z| = 3$에 대하여 $\oint_C \frac{z}{z^2+4}\,dz$를 계산하시오.

3.5 닫힌 경로 $C: |z| = 2$에 대하여 $\oint_C \frac{\sin^6 z}{z-\pi/6}\,dz$를 계산하시오.

3.6 닫힌 경로 $C: |z| = 2$에 대하여 $\oint_C \frac{e^{\pi z}}{z^2+1}\,dz$를 계산하시오.

3.7 닫힌 경로 $C: |z| = 2$에 대하여 $\oint_C \frac{\cos \pi z}{(z-1)^3}\,dz$를 계산하시오.

3.8 닫힌 경로 $C: |z| = 2$에 대하여 $\oint_C \frac{z+1}{(z-1)(z-i)^2}\,dz$를 계산하시오.

3.9 닫힌 경로 $C: |z| = 2$에 대하여 $\oint_C \frac{e^z}{z(z+1)^2}\,dz$를 계산하시오.

3.10 함수 $f(z)$가 닫힌 경로 C와 내부에서 해석적이다. 점 z_0가 경로의 내부에 있을 때 다음의 관계식을 증명하시오.

$$\oint_C \frac{f'(z)}{z-z_0}\,dz = \oint_C \frac{f(z)}{(z-z_0)^2}\,dz$$

Chapter 04

테일러 전개와 로랑 전개

Taylor Expansion and Laurent Expansion

4.1 테일러 전개(Taylor expansion)

테일러 전개(Taylor expansion)는 단순 연결 영역에서 정상점(ordinary point)을 전개의 중심으로 하여 함수를 다항식으로 급수 전개한 것이다.

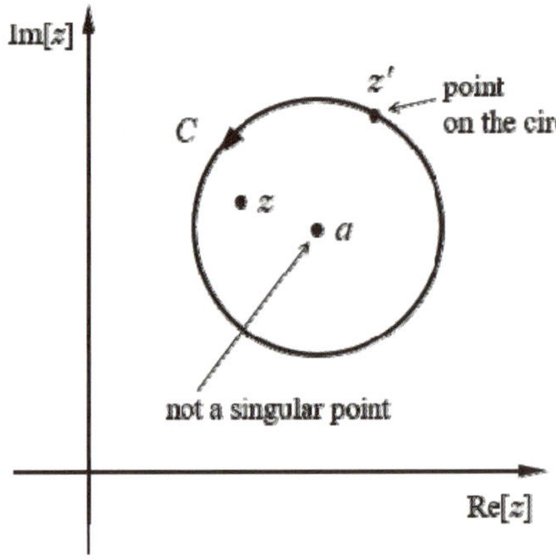

그림 4.1.1 복소평면상에서 정상점 a를 중심으로 하는 단순 연결 영역에서의 닫힌 경로 C

제3장에서 학습한 코시 적분 공식을 다시 적어 보면 다음과 같다.

$$f(z) = \frac{1}{2\pi i}\oint_C \frac{f(z')}{z'-z}dz' \tag{4.1.1}$$

여기서 적분 경로 C는 반시계방향의 경로이다. 그림 4.1.1에 나타냈듯이 복소변수 z'은 적분 경로상에 있는 임의의 점을 나타내고 복소변수 z는 경로 내부에 있는 임의의 점이다. 적분 경로 C를 원의 경로라고 하고 그 중심을 a라고 하자. 단순 연결 영역에 있으므로 경로상과 경로의 내부에는 특이점이 없다. 그리고 이 공식에서 분모의 $z' - z$를 $z' - z = (z' - a) - (z - a)$로 놓으면 코시 적분 공식은 다음과 같이 쓸 수 있다.

$$f(z) = \frac{1}{2\pi i}\oint_C \frac{f(z')}{(z' - a) - (z - a)}dz' \tag{4.1.2}$$
$$= \frac{1}{2\pi i}\oint_C \frac{f(z')}{(z' - a)\left(1 - \dfrac{z - a}{z' - a}\right)}dz'$$

복소변수 z'과 z, 그리고 중심 a에 대하여 $|z' - a| > |z - a|$의 관계가 만족한다. 즉, $\left|\dfrac{z - a}{z' - a}\right| < 1$가 되므로 식(4.1.2)에서 $\left(1 - \dfrac{z - a}{z' - a}\right)^{-1}$ 부분을 기하급수(geometric series)를 이용하여 전개하면

$$\frac{1}{1 - \dfrac{z - a}{z' - a}} = \sum_{n=0}^{\infty}\left(\frac{z - a}{z' - a}\right)^n \tag{4.1.3}$$

과 같이 되며 이것은 수렴하는 급수이다. 여기서 식(4.1.3)을 식(4.1.2)에 대입하여 정리하면 다음과 같다.

$$f(z) = \frac{1}{2\pi i}\oint_C \frac{f(z')}{(z' - a)}\sum_{n=0}^{\infty}\left(\frac{z - a}{z' - a}\right)dz' \tag{4.1.4}$$
$$= \frac{1}{2\pi i}\sum_{n=0}^{\infty}(z - a)^n \oint_C \frac{f(z')}{(z' - a)^{n+1}}dz'$$

여기에 n계 도함수에 대한 코시 적분 공식을 적용하면 $\oint_C \dfrac{f(z')}{(z' - a)^{n+1}}dz' = \dfrac{2\pi i}{n!}f^{(n)}(a)$이므로, 식(4.1.4)는

$$f(z) = \sum_{n=0}^{\infty} \frac{f^{(n)}(a)}{n!}(z-a)^n \qquad (4.1.5)$$

와 같이 쓸 수 있다. 여기서 $f^{(n)}(a)$은 $z=a$에서 함수 $f(z)$의 n계 도함수이다. 즉, $f^{(n)}(a) = \left(d^n f/dz^n\right)_{z=a}$이다. 도함수에 대한 코시 적분 공식은 제3장에서 배웠다. 식 (4.1.5)의 우변이 바로 함수 $f(z)$의 테일러 전개이다. 점 a는 함수의 특이점이 아닌 정상점이며 다시 말하자면 테일러 전개는 비특이점(non-singular point)인 정상점을 전개의 중심으로 하여 전개하는 것이다. 테일러 전개에서 n은 $n \geq 0$인 정수이다.

예제 4.1.1 함수 $f(z) = e^z$을 $z = 0$에 대하여 테일러 전개하시오.

풀이 $f(z)$가 지수함수이므로 n계 도함수는 $f^{(n)}(z) = e^z$이다. 그리고 $f^{(n)}(0) = 1$ 이므로 다음과 같이 테일러 전개된다.

$$e^z = 1 + z + \frac{z^2}{2!} + \frac{z^3}{3!} + \cdots \qquad (4.1.5)$$

$$= \sum_{n=0}^{\infty} \frac{z^n}{n!}$$

4.2 로랑 전개(Laurent expansion)

테일러 전개와는 달리 다중 연결 영역에서 특이점을 전개의 중심으로 하고 전개하고자 하는 경우에는 **로랑 전개**(Laurent expansion)를 할 수 있다.

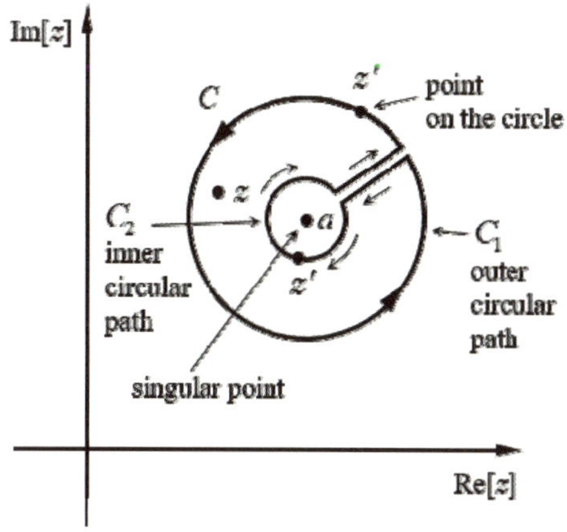

그림 4.2.1 다중 연결 영역에서 특이점 a를 중심으로 하는 닫힌 경로 C를 경로변형하여 C_1과 C_2로 연결하였다.

코시 적분 공식은 그림 4.2.1의 닫힌 경로 C에 대하여서도 다음과 같이 쓸 수 있다.

$$f(z) = \frac{1}{2\pi i}\oint_C \frac{f(z')}{z'-z}dz' \tag{4.2.1}$$

여기서 경로 C는 그림 4.2.1에서 보듯이 반시계방향의 C_1과 시계방향의 C_2가 두 개의 직선 통로에 의해 연결된 닫힌 경로이다. 서로 반대 방향인 두 개의 직선 통로가 충분히 가까이 있다면 적분 과정에서 서로 소거될 수 있다. 그러므로 함수 $f(z)$는 아래와 같이 쓸 수 있다.

$$f(z) = \frac{1}{2\pi i}\oint_{C_1} \frac{f(z')}{z'-z}dz' + \frac{1}{2\pi i}\oint_{C_2}^{-} \frac{f(z')}{z'-z}dz' \tag{4.2.2}$$

이 식에서 경로 C_2는 시계방향인 것을 강조하기 위하여 적분기호 상단에 기호 $-$로 표시를 하였다. 점 z가 경로C_1과 C_2 사이에 있으므로 식(4.2.2) 우변의 첫 번째 적분의 C_1 경로에 대해서는 $|z'-a| > |z-a|$이고, 두 번째 적분의 C_2 경로에 대해서는 $|z-a| > |z'-a|$인 관계가 성립하는 것을 알 수 있다. 이를 이용하여, C_1 경로적분을 할 때 $\frac{1}{z'-z}$를

$$\frac{1}{z'-z} = \frac{1}{(z'-a)-(z-a)} \tag{4.2.3}$$

$$= \frac{1}{z'-a}\frac{1}{1-\dfrac{z-a}{z'-a}}$$

$$= \frac{1}{z'-a}\sum_{n=0}^{\infty}\left(\frac{z-a}{z'-a}\right)^n$$

와 같이 기하급수로 전개한 식을 이용한다. 또한, C_2 경로적분에서도 기하급수를 이용하여 $\frac{1}{z'-z}$을 아래와 같이 바꾸어 줄 수 있다.

$$\frac{1}{z'-z} = \frac{1}{(z'-a)-(z-a)} \tag{4.2.4}$$

$$= -\frac{1}{z-a}\frac{1}{1-\dfrac{z'-a}{z-a}}$$

$$= -\frac{1}{z-a}\sum_{n=0}^{\infty}\left(\frac{z'-a}{z-a}\right)^n$$

식(4.2.3)과 식(4.2.4)를 식(4.2.2)에 대입하여 정리하면

$$f(z) = \frac{1}{2\pi i}\sum_{n=0}^{\infty}(z-a)^n\oint_{C_1}\frac{f(z')}{(z'-a)^{n+1}}dz' - \frac{1}{2\pi i}\sum_{n=0}^{\infty}\frac{1}{(z-a)^{n+1}}\oint^{-}_{C_2}f(z')(z'-a)^n dz'$$

$$= \frac{1}{2\pi i}\sum_{n=0}^{\infty}(z-a)^n\oint_{C_1}\frac{f(z')}{(z'-a)^{n+1}}dz' + \frac{1}{2\pi i}\sum_{n=1}^{\infty}\frac{1}{(z-a)^n}\oint_{C_2}f(z')(z'-a)^{n-1}dz' \tag{4.2.5}$$

과 같이 되는데, 여기서 시계방향인 C_2의 경로가 반시계방향으로 바뀌었다. 이제 경로 변형 원리를 이용하면 C_1 경로와 C_2 경로를 구별할 필요 없이 같은 경로 C로 놓아도 되는데 이렇게 하면 식(4.2.5)의 두 급수는 하나의 급수로 합칠 수가 있다. 이를 정리하면 다음과 같이 된다.

$$f(z) = \sum_{n=-\infty}^{\infty} a_n (z-a)^n \tag{4.2.6}$$

여기서 전개계수 a_n은 아래와 같다.

$$a_n = \frac{1}{2\pi i}\oint_C \frac{f(z')}{(z'-a)^{n+1}}dz' \tag{4.2.7}$$

식(4.2.6)에서 전개중심인 점 a는 n이 음일 때 함수 $f(z)$의 특이점이 되며 이러한 형태로 전개되는 급수를 로랑 전개라고 한다. 식(4.2.6)에서 $n = 0, 1, 2, 3, \cdots, \infty$는 식(4.2.5) 우변의 첫 번째 급수에 해당하고, $n = -1, -2, -3, \cdots, -\infty$는 우변의 두 번째 급수에 해당한다. 로랑 전개에서는 테일러 전개와는 다르게 정수 n의 범위는 $-\infty < n < \infty$인 것을 기억하자.

예제 4.2.1 복소함수 $f(z) = \dfrac{1}{z(z-1)}$을 $0 < |z| < 1$ 영역에서 전개계수 a_n을 구하고 이를 이용하여 $z = 0$에 대하여 로랑 전개하시오.

풀이 식(4.2.7)을 사용하면, 전개의 중심이 $a = 0$이므로 전개계수 a_n은 다음과 같다.

$$\begin{aligned} a_n &= \frac{1}{2\pi i}\oint_C \frac{1}{z'^{n+1}}\frac{1}{z'(z'-1)}dz' \\ &= \frac{1}{2\pi i}\oint_C \frac{1}{z'^{n+2}(z'-1)}dz' \end{aligned} \tag{4.2.8}$$

여기서, $0 < |z'| < 1$ 영역에서 $\dfrac{1}{z'-1}$을 기하급수 전개하면 다음과 같이 된다.

$$\frac{1}{z'-1} = -\frac{1}{1-z'} = -\sum_{m=0}^{\infty} z'^m \tag{4.2.9}$$

식(4.2.9)를 식(4.2.8)에 대입하여 정리하면

$$a_n = \frac{1}{2\pi i} \oint_C \sum_{m=0}^{\infty} \frac{z'^m}{z'^{n+1}} dz' \tag{4.2.10}$$

$$= \frac{1}{2\pi i} \sum_{m=0}^{\infty} \oint_C z'^{(m-n-2)} dz'$$

가 되는데, 여기서 $\oint_C z'^{(m-n-2)} dz' = 2\pi i \delta_{m-n-2,-1} = 2\pi i \delta_{n+2-m,1}$이다. 크로네커 델타의 성질에 의하여 $n+2<1$, 즉 $n<-1$ 일 때, $\sum_{m=0}^{\infty} \delta_{n+2-m,1} = 0$ 이 된다. 그리고 $n+2 \geq 1$, 즉 $n \geq -1$ 일 때, $\sum_{m=0}^{\infty} \delta_{n+2-m,1} = 1$이 된다. 그러므로 전개계수 a_n은 다음과 같다.

$$a_n = -\sum_{m=0}^{\infty} \delta_{n+2-m,1} = \begin{cases} 0 & (n < -1) \\ -1 & (n \geq -1) \end{cases} \tag{4.2.11}$$

식(4.2.11)을 식(4.2.6)에 대입하면, 함수 $f(z) = \frac{1}{z(z-1)}$의 로랑 전개는 다음과 같이 구할 수 있다.

$$f(z) = \sum_{n=-\infty}^{\infty} a_n z^n = -\left(\frac{1}{z} + 1 + z + z^2 + \cdots\right) \tag{4.2.12}$$

예제 4.2.2 복소함수 $f(z) = \frac{1}{z(z-1)}$을 $0 < |z| < 1$ 영역에서 식(4.2.7)의 전개계수 a_n을 사용하지 않고 기하급수만을 이용하여 $z=0$에 대하여 로랑 전개하시오.

풀이 함수 $f(z) = \frac{1}{z(z-1)}$을 부분분수로 나누면 $f(z) = -\frac{1}{z} + \frac{1}{z-1}$이다. 여기서 우변의 첫 번째 항인 $-\frac{1}{z}$은 이미 $z=0$에 대하여 전개가 되어있는 형태로 볼 수 있으며, 두 번째 항인 $\frac{1}{z-1}$ 만을 고려하면 된다. $0 < |z| < 1$ 영역에서 $\frac{1}{z-1}$을 기하급수 전개하면

$$\frac{1}{z-1} = -\frac{1}{1-z} = -\sum_{n=0}^{\infty} z^n \tag{4.2.13}$$

이 된다. 그러므로 함수 $f(z) = \dfrac{1}{z(z-1)}$의 로랑 전개는 다음과 같다.

$$f(z) = -\frac{1}{z} - \sum_{n=0}^{\infty} z^n = -\left(\frac{1}{z} + 1 + z + z^2 + \cdots\right) \tag{4.2.14}$$

4.3 차수가 m인 극점(Pole of order m)

만약에 함수 $f(z)$가 $z = a$에서 차수가 m인 극점을 가지고 있으면 다음과 같이 로랑 전개 할 수 있다.

$$f(z) = \sum_{n=0}^{\infty} a_n(z-a)^n + \frac{a_{-1}}{z-a} + \frac{a_{-2}}{(z-a)^2} + \cdots + \frac{a_{-m}}{(z-a)^m} \tag{4.3.1}$$

여기서 $f(z)$에 $(z-a)^m$을 곱하여 함수 $\phi(z) = f(z)(z-a)^m$을 정의하여 보자. 그러면 함수 $\phi(z)$는

$$\begin{aligned} \phi(z) &= f(z)(z-a)^m \\ &= \left[\sum_{n=0}^{\infty} a_n(z-a)^n + \frac{a_{-1}}{z-a} + \frac{a_{-2}}{(z-a)^2} + \cdots + \frac{a_{-m}}{(z-a)^m}\right](z-a)^m \\ &= a_{-m} + (z-a)a_{-m+1} + \cdots + (z-a)^{m-1}a_{-1} + \sum_{n=0}^{\infty} a_n(z-a)^{n+m} \end{aligned} \tag{4.3.2}$$

이 되므로 특이점이 제거되고 해석적으로 되는 것을 알 수 있다. 식(4.3.2)는

$$\phi(z) = \sum_{n=0}^{\infty} \frac{\phi^{(n)}(a)}{n!}(z-a)^n \tag{4.3.3}$$

과 같이 쓸 수 있는데 이것은 곧 $\phi(z)$의 테일러 전개와 같다. 그러므로 식(4.3.2)을 $(m-1)$번 미분하고 $z=a$를 대입하면 함수 $f(z)$의 로랑 전개에서의 계수 a_{-1}을 다음과 같이 구할 수 있다.

$$\begin{aligned} a_{-1} &= \frac{1}{(m-1)!}\left[\frac{d^{m-1}}{dz^{m-1}}\phi(z)\right]_{z=a} \\ &= \frac{1}{(m-1)!}\left[\frac{d^{m-1}}{dz^{m-1}}\left[f(z)(z-a)^m\right]\right]_{z=a} \end{aligned} \tag{4.3.4}$$

식(4.3.4)에서 $m=1$인 단순극점의 경우는

$$a_{-1} = \lim_{z \to a} f(z)(z-a) \tag{4.3.5}$$

가 되므로 미분할 필요 없이 단지 극한값을 취하면 된다. 차수가 $m=2$인 이중극점의 경우에 계수 a_{-1}은

$$a_{-1} = \lim_{z \to a} \frac{d}{dz}\left[f(z)(z-a)^2\right] \tag{4.3.6}$$

이다. 로랑 전개 계수 a_{-1}는 제5장에 소개된 유수정리와 관련이 있으며 적분 계산을 편리하게 하는 데 유용하다. 특히 단순극점이나 이중극점에서 a_{-1}의 활용도는 매우 높다.

연습문제

4.1 함수 $f(x) = \ln(1+x)$를 $x = 0$에 대하여 테일러 전개하시오.

4.2 함수 $f(x) = e^{ix}$를 $x = 0$에 대하여 테일러 전개하시오.

4.3 함수 $f(z) = \dfrac{1}{z(z-3)}$을 $0 < |z| < 3$ 영역에서 $z = 0$에 대하여 로랑 전개하시오.

4.4 함수 $f(z) = \dfrac{1}{z(z-3)}$을 $3 < |z| < \infty$ 영역에서 $z = 0$에 대하여 로랑 전개하시오.

4.5 함수 $f(z) = \dfrac{3z-2}{z^3+z^2}$을 $0 < |z| < 1$ 영역에서 $z = 0$에 대하여 로랑 전개하시오.

Chapter 05

유수정리와 정적분

Residue Theorem and Definite Integrals

5.1 유수정리(Residue theorem)

복소공간에서의 해석함수는 실공간의 정적분을 계산할 수 있는 강력한 도구를 제공할 수 있다. 코시 적분 정리와 로랑 전개를 잘 활용하면 실공간에서의 어려운 적분을 직접 적분하지 않고도 비교적 쉽게 결과를 얻을 수 있을 때가 많다. 복소함수 $f(z)$가 고립된 특이점인 극점을 제외한 영역에서 해석적이라고 하자. $f(z)$를 점 $z = z_0$에 대해 로랑 전개를 하면 다음과 같다.

$$f(z) = \sum_{n=-\infty}^{\infty} a_n (z - z_0)^n \tag{5.1.1}$$

이 함수를 점 $z = z_0$를 둘러싸고 있고 반시계방향으로 진행하는 닫힌 경로 C에 대하여 적분하여 보자.

$$\oint_C f(z)\,dz = \sum_{n=-\infty}^{\infty} a_n \oint_C (z - z_0)^n\,dz \tag{5.1.2}$$

식(5.1.2)의 우변에서 $n \geq 0$인 경우 피적분함수 $(z - z)^n$는 경로 위와 경로 내부에서 해석적이므로 코시 적분 정리에 따라 적분의 값은 0이 된다. $n \leq -2$인 경우는 직접 계산을 해보면 적분의 결과가 0이 나오는 것을 쉽게 확인할 수 있다. 이것은 제3장의 예제 3.2.2에 잘 나와 있다. $n = -1$인 경우에는 단순극점을 가지며 코시 적분 공식에 의하여 결과는 $2\pi i$이다. 그러므로 $n \neq -1$인 모든 항은 제거되고 식(5.1.2)에서 a_{-1}항만 남게 되며 다음과 같이 쓸 수 있다.

$$\oint_C f(z)\,dz = 2\pi i\, a_{-1} \tag{5.1.3}$$

임의의 함수 $f(z)$를 전개중심 z_0를 포함한 닫힌 경로로 적분하였을 때 그 결과가 항상 $2\pi a_{-1}$이라는 것은 매우 흥미롭다. 함수가 단순극점이 아닌 다중극점을 가지고 있다고 하더라도 로랑 전개를 한 뒤에 적분을 하면 비록 애초에 무수히 많은 항이 있었더라도 유일하게 a_{-1}항만 남아있게 되고 다른 모든 항은 0이 된다. 이렇게 a_{-1}을 제외한 모든 항이 없어지고 유일하게 남아있는 a_{-1}를 **유수**(留數, residue) 또는 **나머지**라고 한다. 이미 앞장에서 살펴본 바와 같이 유수 a_{-1}은 로랑 전개에서 $(z-z_0)^{-1}$항의 전개계수이다.

함수 $f(z)$는 서로 다른 여러 개의 전개 중심으로 로랑 전개가 되는 경우가 있다. 즉, $f(z)$가 다음과 같이 전개된 경우,

$$f(z) = \sum_{n=-\infty}^{\infty} a_{n,1}(z-z_1)^n + \sum_{m=-\infty}^{\infty} a_{m,2}(z-z_2)^m + \sum_{p=-\infty}^{\infty} a_{p,3}(z-z_3)^p \ldots \tag{5.1.4}$$

이를 반시계방향의 닫힌 경로에 대하여 적분을 하면 오로지 $n = m = p = \ldots = -1$인 항들만 남아있게 된다. 그러므로 적분의 결과는 남아있는 항들만 더하면 되며 다음과 같이 된다.

$$\oint_C f(z)\,dz = 2\pi i(a_{-1,1} + a_{-1,2} + a_{-1,3} + \ldots) \tag{5.1.5}$$

여기서 $a_{-1,1}$, $a_{-1,2}$, $a_{-1,3}$... 등은 경로 C 내에 포함된 극점 z_1, z_2, z_3,...에서의 유수들이다. 이것은 그림 5.1.1에서와 같이 경로 C에 대한 $f(z)$의 적분은 경로 내에 포함된 극점 z_i를 둘러싼 경로 C_i에 대한 적분의 합과 같다는 경로변형 원리를 이용한 결과이다. 식(5.1.5)를 일반적으로 다음과 같은 형태로 쓰고 이를 **유수정리**(留数定理)라고 한다.

$$\oint_C f(z)\,dz = 2\pi i \sum_j (a_{-1})_j \tag{5.1.6}$$

유수정리는 **레지듀 정리**(residue theorem) 또는 **나머지 정리**라고 부르기도 한다. 유수정리를 이용하면 적분을 직접 수행하지 않고서도 값을 구할 수 있어서 편리하다.

✤ 유수정리(residue theorem)

어떤 함수의 로랑 전개가

$$f(z) = \sum_{n=-\infty}^{\infty} a_{n,1}(z-z_1)^n + \sum_{m=-\infty}^{\infty} a_{m,2}(z-z_2)^m + \sum_{p=-\infty}^{\infty} a_{p,3}(z-z_3)^p \cdots$$

와 같을 때, 고립된 특이점 z_1, z_2, z_3,...를 둘러싸는 반시계방향의 닫힌 경로 C에 대하여 다음을 얻는다.

$$\oint_C f(z)\,dz = 2\pi i \sum_j (a_{-1})_j$$

여기서 $(a_{-1})_j$는 로랑 전개에서 $(z-z_j)^{-1}$항의 계수이다.

함수를 로랑 전개하였을 때 중요한 결과를 또 하나 얻을 수 있다. $f(z)$가 점 z_0에서 단순극점을 가지고 있으면 $f(z)$는

$$f(z) = a_{-1}(z-z_0)^{-1} + g(z) \tag{5.1.7}$$

의 형태가 되는데, 여기서 $g(z)$는 점 z_0와 그 근방에서 해석적이라고 하자. 이제 경로가 닫힌 경로가 아닌 열린 경로가 되면 적분이 어떻게 되는지 알아보고자 한다. 열린 경로의 예로서 z_0를 중심으로 하고 반지름이 r인 원호를 생각해 보자. 이를 C라고 하면 다음과 같이 쓸 수 있다.

$$C: |z-z_0| = \delta, \quad \theta_1 \le \mathrm{arc}(z-z_0) \le \theta_2 \tag{5.1.8}$$

반지름 δ는 $f(z)$가 발산하지 않는 범위에서 충분히 작게 할 수 있다. 경로 C에 대한 적분은 다음과 같다.

$$\int_C f(z)\,dz = a_{-1}\int_C (z-z_0)^{-1}\,dz + \int_C g(z)\,dz \tag{5.1.9}$$

만약 경로 C의 반지름이 0에 가까워진다면 경로의 길이도 점점 0으로 향해 갈 것이다. $g(z)$는 해석적이므로 경로 위에서 연속 함수이고 경로의 길이가 0으로 간다면 $g(z)$의 적분값도 0으로 갈 것이다. 경로 위에서 $z=\delta e^{i\theta}$이므로 식(5.1.9)는 다음과 같이 계산된다.

$$\lim_{\delta\to 0}\int_C f(z)\,dz = \lim_{\delta\to 0} a_{-1}\int_{\theta_1}^{\theta_2}\frac{1}{\delta e^{i\theta}}\, i\delta e^{i\theta}\,d\theta = i(\theta_2-\theta_1)a_{-1} \tag{5.1.10}$$

만약 경로 C가 1회전 하는 원이라면 $\theta_2=\theta_1+2\pi$가 되고 식(5.1.10)은 유수정리인 식(5.1.3)과 동일한 식이 된다.

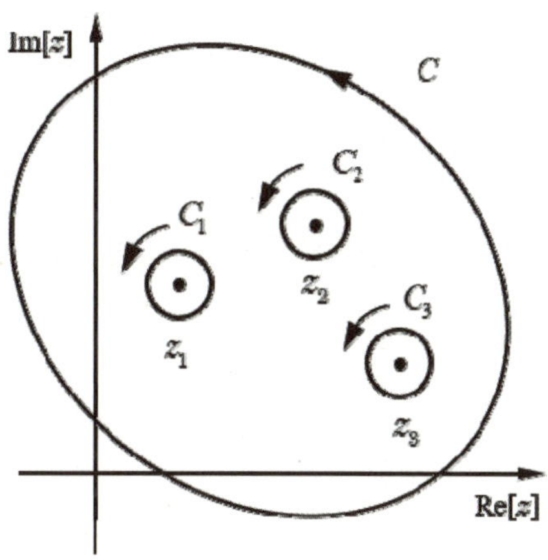

그림 5.1.1 닫힌 경로 C와 극점(고립된 특이점)을 둘러싼 경로 C_i

예제 5.1.1 (1) 복소함수 $f(z)=e^{1/z}$의 유수를 구하시오.

(2) 유수를 이용하여 다음의 적분을 계산하시오.

$$\oint_{C:\,|z|=1} e^{1/z}\,dz$$

풀이 (1) $f(z)=e^{1/z}$을 로랑 전개를 하면 다음과 같다.

$$e^{1/z}=1+\frac{1}{z}+\frac{1}{2!\,z^2}+\frac{1}{3!\,z^3}+\cdots \tag{5.1.11}$$

따라서 유수 a_{-1}는 z^{-1}항의 계수이므로 1이다.

(2) 유수정리를 이용하면 적분은 다음과 같이 계산된다.

$$\oint_{C:\,|z|=1} e^{1/z}\,dz=2\pi i\,a_{-1}=2\pi i \tag{5.1.12}$$

예제 5.1.2 (1) 복소함수 $f(z)=z^{-2}e^{1/z}$의 유수를 구하시오.

(2) 유수를 이용하여 다음의 적분을 계산하시오.

$$\oint_{C:\,|z|=1} \frac{e^{1/z}}{z^2}\,dz$$

풀이 (1) $f(z)=z^{-2}e^{1/z}$을 로랑 전개를 하면 다음과 같다.

$$z^{-2}e^{1/z}=\frac{1}{z^2}+\frac{1}{z^3}+\frac{1}{2!\,z^4}+\frac{1}{3!\,z^5}+\cdots \tag{5.1.13}$$

따라서 유수는 $a_{-1}=0$이다.

(2) 유수정리를 이용하면 적분은 다음과 같이 계산된다.

$$\oint_{C:\,|z|=1} e^{1/z}\,dz=2\pi i\,a_{-1}=0 \tag{5.1.14}$$

예제 5.1.3 경로 $C: |z| = 1$에 대하여 다음의 적분을 계산하시오.

$$\oint_C z^2 \sin\frac{1}{z}\, dz$$

풀이 먼저 피적분함수의 극점을 구하기 위하여 다음과 같이 전개하여 보자.

$$z^2 \sin\frac{1}{z} = z^2\left(\frac{1}{z} - \frac{1}{3!\,z^3} + \frac{1}{5!\,z^5} - \cdots\right) = z - \frac{1}{3!\,z} + \frac{1}{5!\,z^3} - \cdots \tag{5.1.15}$$

위의 식으로부터 유수는 $-1/3!$인 것을 알 수 있다. 그러므로 적분은 다음과 같이 계산된다.

$$\oint_C z^2 \sin\frac{1}{z}\, dz = 2\pi a_{-1} = -\frac{\pi i}{3} \tag{5.1.16}$$

예제 5.1.4 경로 $C: |z| = 1$에 대하여 다음의 적분을 계산하시오.

$$\oint_C e^{z+\frac{1}{z}}\, dz$$

풀이 피적분함수를 전개하여 유수를 찾아보자.

$$e^{z+\frac{1}{z}} = e^z e^{\frac{1}{z}} = \left(1 + z + \frac{z^2}{2!} + \frac{z^3}{3!} + \cdots\right)\left(1 + \frac{1}{z} + \frac{1}{2!\,z^2} + \frac{1}{3!\,z^3} + \cdots\right) \tag{5.1.17}$$

유수는 z^{-1}항의 계수이므로 다음과 같이 된다.

$$\sum_j (a_{-1})_j = 1 + \frac{1}{2!} + \frac{1}{2!\,3!} + \frac{1}{3!\,4!} + \cdots = \sum_{n=0}^{\infty} \frac{1}{n!\,(n+1)!} \tag{5.1.18}$$

그러므로 적분은 다음과 같이 계산된다.

$$\oint_C e^{z+\frac{1}{z}}\, dz = 2\pi i \sum_{n=0}^{\infty} \frac{1}{n!\,(n+1)!} \tag{5.1.19}$$

5.2 유수의 계산(Calculation of the residue)

앞의 절에서 유수 a_{-1}를 구하기 위하여 함수 $f(z)$를 로랑 전개를 하였다. 그러나 로랑 전개를 직접 하지 않고 유수를 구할 수 있는 방법이 있다. 만약 $f(z)$의 특이점이 단순극점이라고 하면

$$f(z) = a_{-1}(z-z_0)^{-1} + a_0 + a_1(z-z_0) + a_2(z-z_0)^2 + \dots \qquad (5.2.1)$$

와 같이 전개할 수 있는데 여기에 $z - z_0$를 곱하여 보자. 그러면

$$(z-z_0)f(z) = a_{-1} + a_0(z-z_0) + a_1(z-z_0)^2 + \dots \qquad (5.2.2)$$

가 되어서, $z \to z_0$가 되는 극한에서 유수는 다음과 같이 얻을 수 있다.

$$a_{-1} = \lim_{z \to z_0}[(z-z_0)f(z)] \qquad (5.2.3)$$

따라서 $f(z)$를 직접 전개하지 않고서도 전개계수 a_{-1}를 알 수 있다. 이 극한을 $a_{-1} = [(z-z_0)f(z)]_{z=z_o}$와 같이 쓰자. 만약 $f(z)$가 이중극점을 가지는 경우라면 $(z-z_0)^2$을 곱하여

$$(z-z_0)^2 f(z) = a_{-2} + a_{-1}(z-z_0) + a_0(z-z_0)^2 + a_1(z-z_0)^3 + \cdots \qquad (5.2.4)$$

을 얻을 수 있다. 양변을 z에 대하여 미분하면

$$\frac{d}{dz}[(z-z_0)^2 f(z)] = a_{-1} + 2a_0(z-z_0) + 3a_1(z-z_0)^2 + \cdots \qquad (5.2.5)$$

이 되는데, $z \to z_0$가 되는 극한에서 유수를 다음과 같이 구할 수 있다.

$$a_{-1} = \frac{d}{dz}\left[(z-z_0)^2 f(z)\right]_{z=z_0} \tag{5.2.6}$$

일반적으로 $m > 0$일 때 $\ell < -m < 0$인 모든 ℓ에 대하여 $a_\ell = 0$이고 $a_{-m} \neq 0$이면 $f(z)$는 m차의 극점을 가지며 유수는

$$a_{-1} = \frac{1}{(m-1)!}\left(\frac{d}{dz}\right)^{m-1}\left[(z-z_0)^m f(z)\right]_{z=z_0} \tag{5.2.7}$$

의 형태가 된다. 유수는 위의 식으로부터 구할 수 있지만, 만약에 로랑 전개가 더 쉽다면 로랑 전개로부터 바로 구해도 된다.

함수 $f(z)$가 단순극점을 갖는 경우 유수는 다음과 같이 구할 수도 있다. 점 z_0가 단순극점이라고 하자. $f(z)$는

$$f(z) = \frac{p(z)}{q(z)} \tag{5.2.8}$$

의 형태로 쓸 수 있는데, $p(z)$와 $q(z)$는 각각 z_0를 전개 중심으로 하여 테일러 전개를 할 수 있으며 $p(z)$를 $q(z)$로 나누면 로랑 전개를 얻을 수 있다.

$$f(z) = \frac{p(z_0) + p'(z_0)(z-z_0) + p''(z_0)(z-z_0)^2 + \cdots}{q(z_0) + q'(z_0)(z-z_0) + q''(z_0)(z-z_0)^2 + \cdots} \tag{5.2.9}$$

$f(z)$가 단순극점을 갖는다고 했으므로 $p(z)$는 z_0와 그 근방에서 해석적이고 $q(z)$는 c를 상수라고 할 때 $q(z) = c(z-z_0)$로 놓을 수 있다. 그러므로 식(5.2.9)에서 $q(z_0) = 0$이고 $q(z)$의 이차 미분 이상은 모두 0이 되므로 다음과 같이 로랑 전개를 할 수 있다.

$$f(z)=\frac{p(z_0)+p'(z_0)(z-z_0)+p''(z_0)(z-z_0)^2+\cdots}{q'(z_0)(z-z_0)} \tag{5.2.10}$$

$$=\frac{p(z_0)}{q'(z_0)}(z-z)^{-1}+\frac{p'(z_0)}{q'(z_0)}+\frac{p''(z_0)}{q'(z_0)}(z-z)+\cdots$$

그러므로 단순극점을 가지는 경우 함수 $f(z)=\dfrac{p(z)}{q(z)}$의 유수는

$$a_{-1}=\frac{p(z_0)}{q'(z_0)} \tag{5.2.11}$$

가 된다. 예를 들어, 만약

$$f(z)=\frac{z}{\sqrt{z}-1} \tag{5.2.12}$$

가 주어졌다면, 이 함수는 $f(z)=z(\sqrt{z}+1)/(z-1)$와 같으므로 $z=1$에 단순 극점을 가지고 있으며, $p(z)=z(\sqrt{z}+1)$, $q(z)=z-1$이므로 $f(z)$의 유수는

$$a_{-1}=\left[\frac{z(\sqrt{z}+1)}{(z-1)'}\right]_{z=1}=\left[\frac{z(\sqrt{z}+1)}{1}\right]_{z=1}=2 \tag{5.2.13}$$

가 된다.

예제 5.2.1 복소함수 $f(z)=\dfrac{z+3}{z(z+1)}$의 유수를 구하시오.

풀이 $f(z)$는 $z=0$과 $z=-1$에 단순극점을 가지고 있다. 각 극점에서의 유수는 다음과 같이 계산된다.

$$a_{-1}(z=0)=\left[(z-0)\frac{z+3}{z(z+1)}\right]_{z=0}=3 \tag{5.2.14}$$

$$a_{-1}(z=-1) = \left[(z+1)\frac{z+3}{z(z+1)}\right]_{z=-1} = -2 \tag{5.2.15}$$

유수는 다음과 같이 구해도 된다. 극점 $z=0$에 대해서는 $p(z)=(z+3)/(z+1)$, $q(z)=z$로 놓으면

$$a_{-1} = \left[\frac{(z+3)/(z+1)}{z'}\right]_{z=0} = 3 \tag{5.2.16}$$

이고, 극점 $z=-1$에 대해서는 $p(z)=(z+3)/z$, $q(z)=z+1$이므로

$$a_{-1} = \left[\frac{(z+3)/z}{(z+1)'}\right]_{z=-1} = -2 \tag{5.2.17}$$

가 된다. 이것은 앞의 계산 결과와 같다.

예제 5.2.2 복소함수 $f(z)=\dfrac{1}{(z^2+1)^2}$의 유수를 구하시오.

풀이 $f(z)$는 $z=i$와 $z=-i$에 이중극점을 가지고 있다. 각 극점에서의 유수는 다음과 같이 계산된다.

$$a_{-1}(z=i) = \frac{d}{dz}\left[(z-i)^2\frac{1}{(z^2+1)^2}\right]_{z=i} = \left[\frac{-2}{(z+i)^3}\right]_{z=i} = -\frac{i}{4} \tag{5.2.18}$$

$$a_{-1}(z=-i) = \frac{d}{dz}\left[(z+i)^2\frac{1}{(z^2+1)^2}\right]_{z=-i} = \left[\frac{-2}{(z-i)^3}\right]_{z=-i} = \frac{i}{4} \tag{5.2.19}$$

예제 5.2.3 경로 $C: |z-\pi|=1$에 대하여 다음의 적분을 계산하시오.

$$\oint_C \frac{z}{e^{iz}+1}dz$$

풀이 $q(z)=e^{iz}+1$로 놓으면 $q(z)$는 경로 C 위와 내부에서 해석적이며 경로 내부의 점 $z=\pi$에서 $q(\pi)=0$이지만 $z\neq\pi$이면 $q(z)\neq 0$이다. $z/q(z)$는 단순극점을 가지며 유수는 다음과 같다.

$$a_{-1}\left[\frac{z}{q(z)}\right]_{z=\pi} = \frac{\pi}{q'(\pi)} = \pi i \tag{5.2.18}$$

그러므로 적분은 다음과 같이 계산된다.

$$\oint_C \frac{z}{e^{iz}+1}\,dz = -2\pi^2 \tag{5.2.19}$$

5.3 코시 주요값(Cauchy principal value)

복소공간에서 적분을 수행할 때 적분 경로상에 고립된 극점이 있으면 적분의 수행이 곤란해진다. 실함수를 적분할 때 경로상에 함수가 정의되지 않는 고립된 극점이 있으면 적분을 수행할 수가 없는 것과 같은 이유이다. 그러나 이러한 어려움을 피할 수 있는 경우가 있다.

실함수 $f(x)$가 $x \neq x_0$인 곳에서 연속이고 $x = x_0$에서 발산한다고 하자. 이러한 경우에 x_0를 포함하는 적분 구간에서는 일반적인 리만 적분(Riemann integral)이나 르베그 적분(Lebesgue integral)이 존재하지 않는다. 그러나 발산하는 점 x_0를 제외하면 적분이 가능한 경우에 대해서 보자. 구간 $[a, b]$에 대하여 $a < x_0 < b$일 때 점 x_0를 제외한 구간에서의 정적분을 다음과 같이 정의하자.

$$P\int_a^b f(x)\,dx = \lim_{\delta \to 0^+}\left[\int_a^{x_0-\delta} f(x)\,dx + \int_{x_0+\delta}^b f(x)\,dx\right] \tag{5.3.1}$$

이러한 방법으로 얻은 적분값을 **코시 주요값**(Cauchy principal value)라고 한다. 주요값이란 전체 적분 구간에서 점 x_0를 제외한 모든 구간에서 계산하였다는 의미이다. 식 (5.3.1)의 좌변과 같이 적분 기호 앞에 P를 붙여서 주요값을 계산하였다는 것을 표현하며 책에 따라서는 PV로 표시하는 곳도 있다. 코시 주요값을 계산할 때 구간 $[a, x_0-\delta]$와 $[x_0+\delta, b]$에서 적분은 수렴하여야 한다. 다수의 고립된 극점이 있는 경우, 즉 구간

$[a, b]$ 내에 n개의 고립된 극점이 있고 이를 $x_1 < x_2 < \cdots < x_n$이라고 하면 이때의 코시 주요값은 다음과 같이 쓸 수 있다.

$$P\int_a^b f(x)\,dx = \lim_{\delta_1, \delta_2, \ldots \delta_n \to 0^+}\left[\int_a^{x_1 - \delta_1} f(x)\,dx + \int_{x_1 + \delta_1}^{x_2 - \delta_2} f(x)\,dx + \cdots + \int_{x_n + \delta_n}^{b} f(x)\,dx\right] \tag{5.3.2}$$

코시 주요값은 복소공간에서 복소함수 $f(z)$의 경로적분에 대해서도 정의할 수 있다. 적분 경로 C상에 극점이 있는 경우, 극점을 중심으로 하는 반지름 δ인 원을 제외한 경로를 $C(\delta)$라고 하자. $f(z)$가 극점을 제외한 경로에서 해석적이라고 하면 코시 주요값은 다음과 같이 정의된다.

$$P\int_C f(z)\,dz = \lim_{\delta \to 0^+}\int_{C(\delta)} f(z)\,dz \tag{5.3.3}$$

이제 코시 주요값 계산의 예를 들어보자. $a, b > 0$일 때 실함수 $f(x) = 1/x$을 구간 $[-a, b]$에 대하여 적분한다고 하자. 함수 $f(x)$는 $x = 0$에서 발산하므로 적분은 코시 주요값을 이용하여 계산할 수 있으며 다음과 같이 된다.

$$P\int_{-a}^{b} \frac{1}{x}\,dx = \lim_{\delta \to 0^+}\left[\int_{-a}^{-\delta} \frac{1}{x}dx + \int_{\delta}^{b} \frac{1}{x}dx\right] \tag{5.3.4}$$

적분 경로에서 $x = 0$을 제외하였으므로 식(5.3.4)의 우변의 두 적분은 모두 수렴한다. $x > 0$일 때 $1/x$의 부정적분은 $\ln x$이므로 결과는 다음과 같다.

$$P\int_{-a}^{b} \frac{1}{x}\,dx = \lim_{\delta \to 0^+}[\ln\delta - \ln a + \ln b - \ln\delta] = \ln\left(\frac{b}{a}\right) \tag{5.3.5}$$

이 결과를 코시 주요값이라고 한다. 코시 주요값을 계산할 때 주의할 점은 고립된 극점을 제거하기 위한 구간의 크기를 극점 양쪽에서 서로 다르게 하면 안된다는 것이다. 만약에 $x = 0$을 제거하는 양쪽 구간의 크기가 서로 다르다고 하고 이를 각각 δ_1,

$\delta_2(\neq \delta_1)$라고 놓자. 그리하면 δ_1, $\delta_2 \to 0$일 때 적분의 결과가 유일하지 않게 되므로 주의하여야 한다. 예를 들어 $\delta_2 = 2\delta_1$이라고 하자. 그러면 구간 $[-a, b]$에서 $1/x$의 코시 주요값은 식(5.3.5)의 결과와 달리 다음과 같이 된다.

$$\lim_{\delta_1,\, \delta_2 \to 0^+} \left[\int_{-a}^{-\delta_1} \frac{1}{x} dx + \int_{\delta_2}^{b} \frac{1}{x} dx \right] = \ln\left(\frac{b}{a}\right) - \ln 2 \tag{5.3.6}$$

이것은 $\delta_1 \neq \delta_2$이면 비록 δ_1과 δ_2가 0으로 접근하더라도 구간 $[-\delta_1, 0]$에서의 적분과 구간 $[0, \delta_2]$에서의 적분이 서로 상쇄되지 않기 때문이다. 이에 대해서는 그림 5.3.1을 참조하면 쉽게 이해가 될 것이다.

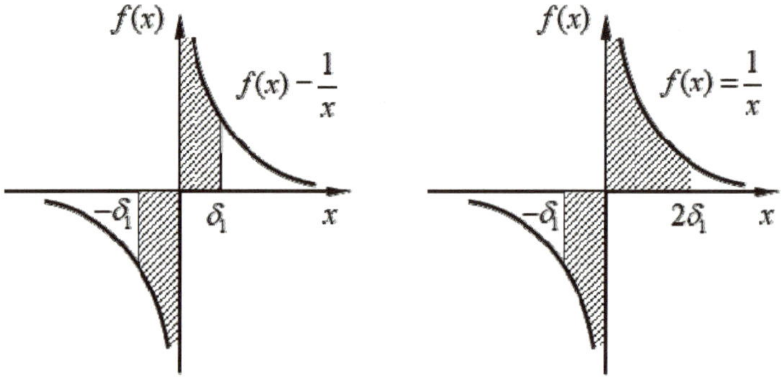

(a) (b)

그림 5.3.1 함수 $f(x) = 1/x$의 그래프 (a) 빗금 친 영역은 서로 상쇄된다.
(b) 빗금 친 영역은 서로 상쇄되지 않는다.

예제 5.3.1 다음 적분의 코시 주요값을 계산하시오.

$$\int_{-1}^{2} \frac{1}{x^3} dx$$

풀이 $x = 0$에서 발산하므로 코시 주요값은 다음과 같이 계산할 수 있다.

$$P\int_{-1}^{2}\frac{1}{x^3}\,dx = \lim_{\delta\to 0^+}\left[\int_{-1}^{-\delta}\frac{1}{x^3}\,dx + \int_{\delta}^{2}\frac{1}{x^3}\,dx\right] \tag{5.3.7}$$

$$= \lim_{\delta\to 0^+}\left[-\frac{1}{2\delta^2} + \frac{1}{2} - \frac{1}{8} + \frac{1}{2\delta^2}\right]$$

$$= \frac{3}{8}$$

만약에 $x = 0$ 양쪽에 서로 다른 크기의 δ를 사용하면 코시 주요값을 얻을 수 없다.

$$P\int_{-1}^{2}\frac{1}{x^3}\,dx = \lim_{\delta_1,\delta_2\to 0^+}\left[\int_{-1}^{-\delta_1}\frac{1}{x^3}\,dx + \int_{\delta_2}^{2}\frac{1}{x^3}\,dx\right] \tag{5.3.8}$$

$$= \frac{3}{8} + \lim_{\delta_1,\delta_2\to 0^+}\left[-\frac{1}{2\delta_1^2} + \frac{1}{2\delta_2^2}\right] \neq \frac{3}{8}$$

코시 주요값은 함수가 발산하는 특이점을 제거하고 계산하는 것이므로 적분 경로가 불연속적이다. 연속적인 적분 구간에 대하여 적분할 필요가 있을 때는 복소평면을 이용하여 불연속 구간을 연속이 되도록 연결해 줄 수 있다. 복소함수 $f(z)$가 $z = x_0$에서 단순극점을 가진다고 하자. 적분 구간이 특이점 x_0를 포함하는 x축 상의 구간이라면 특이점의 양쪽에서 적분 구간이 끊기게 된다. 그림 5.3.2는 x축 상에서 끊어진 x_0 주위를 연결하는 두 가지 방법을 보여주고 있는데, (a)는 x_0 위로 반지름 δ의 반원이 시계방향으로 지나가며 불연속 구간을 연결한 것이고 (b)는 x_0 아래로 반지름 δ의 반원이 반시계방향으로 지나가며 연결한 것이다. 시계방향의 반원 경로를 C_1, 반시계방향의 반원 경로를 C_2라고 하자. 그렇다면 $f(z)$를 로랑 전개를 하고 시계방향의 반원 C_1 상에서 $z = x_0 + \delta e^{i\theta}$로 놓으면 $f(z)$의 적분은 다음과 같이 된다.

$$\int_{C_1} f(z)\,dz = \int_{C_1}\left[\frac{a_{-1}}{(z-x_0)} + a_0 + a_1(z-x_0) + \cdots\right]dz \tag{5.3.9}$$

$$= \int_{\pi}^{0}\left[\frac{a_{-1}}{\delta e^{i\theta}} + a_0 + a_1\delta e^{i\theta} + \cdots\right] i\delta e^{i\theta}d\theta$$

$\delta \to 0^+$인 극한에서 a_{-1}항을 제외한 모든 항이 0으로 수렴하므로 적분의 결과는 다음과 같다.

$$\int_{C_1} f(z)\,dz = ia_{-1}\int_{\pi}^{0} d\theta = -\pi i a_{-1} \tag{5.3.10}$$

한편, 반시계방향의 경로 C_2에 대한 적분은 다음과 같이 된다.

$$\int_{C_2} f(z)\,dz = ia_{-1}\int_{\pi}^{2\pi} d\theta = \pi i a_{-1} \tag{5.3.11}$$

만약에 C_1의 경로 방향을 반대로 하면, 즉 C_1이 반시계방향이면, 적분의 결과는 $\pi i a_{-1}$이 된다. 따라서 특이점 x_0를 중심으로 반시계방향으로 1회전을 하면 이것은 $-C_1 + C_2$와 같으므로 적분의 결과는 $\pi i a_{-1} + \pi i a_{-1} = 2\pi i a_{-1}$가 되어서 코시 적분 공식을 만족한다.

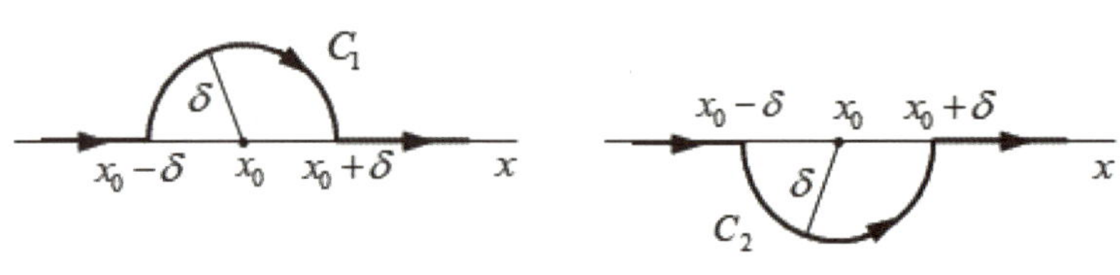

그림 5.3.2 특이점 x_0 근처의 끊어진 경로를 연결하는 두 종류의 반원 경로

적분 경로상에 단순극점이 있는 경우 코시 주요값을 이용하여 직접 적분을 계산할 수도 있지만, 코시 주요값 적분 경로가 포함된 닫힌 경로를 만들어 주면 유수정리를 이용하여 적분을 직접 계산하지 않고 주요값을 얻을 수 있어서 편리할 때가 많다. 실함수 $f(x)$를 실구간 $(-\infty, \infty)$에서 적분하고자 한다. 이때 $x = x_0$에 단순극점이 있다고 하면 코시 주요값을 포함하는 닫힌 경로를 그림 5.3.3처럼 할 수 있다. 이 그림은 하나의 예시이다. 그림에서 경로 C_1은 반지름 r의 시계방향 반원이며, 경로 C_2는 반지름 R의 반시계방향 반원이다. $r \to 0$, $R \to \infty$인 극한에서, 구간 $(x_0 - r, x_0 + r)$을 제외한 x축이 코시 주요값을 계산하는 적분 경로가 된다. 실함수 $f(x)$를 복소함수 $f(z)$로 확장하여

경로적분을 하여보자. 닫힌 경로 전체를 C라고 하면 유수정리에 의하여

$$\oint_C f(z)\,dz = P\int_{-\infty}^{\infty} f(x)\,dx + \int_{C_1(r\to 0)} f(z)\,dz + \int_{C_2(R\to\infty)} f(z)\,dz = 2\pi i \sum_j a_{-1}(z_j) \qquad (5.3.12)$$

가 된다. 우변의 유수 합은 경로 C의 내부에 있는 $f(z)$의 극점 $z = z_j$에서의 유수들을 더한 것이다. 반원 경로 C_1에 대한 적분은 이미 앞에서 구하였으며 결과는 점 x_0에서의 유수를 이용하여 $-\pi i\, a_{-1}(x_0)$이 된다. 만약에 경로 C_2에서 $f(z)$가 해석적이고 $R\to\infty$일 때 $1/z$보다 빠르게 0으로 간다면 C_2에서의 적분은 0이 된다. C_2에서의 적분이 왜 0이 되는지는 다음 절에서 자세히 배울 것이다. 따라서 코시 주요값은 다음과 같이 구할 수 있다.

$$P\int_{-\infty}^{\infty} f(x)\,dx = 2\pi i \sum_j a_{-1}(z_j) + \pi i\, a_{-1}(x_0) \qquad (5.3.13)$$

극점 x_0의 불연속 구간을 아래로 가는 반원으로 연결할 수도 있는데 이렇게 하면 경로 C_1의 기여는 $\pi i\, a_{-1}(x_0)$가 되고, x_0가 닫힌 경로의 내부에 있으므로 유수정리를 쓸 때 이를 반영해 주면 된다. 그러므로 C_1을 반시계방향의 아래 반원으로 선택한다면 코시 주요값은 다음과 같다.

$$P\int_{-\infty}^{\infty} f(x)\,dx = 2\pi i \sum_j a_{-1}(z_j) - \pi i\, a_{-1}(x_0) \qquad (5.3.14)$$

여기서 우변의 합(summation) 기호의 계산은 극점 x_0의 유수를 포함하고 있으므로 결국 식(5.3.13)과 식(5.3.14)의 결과는 같다. 코시 주요값을 계산할 때 경로의 선택은 임의로 할 수 있으며, 선택과 관계없이 동일한 값을 얻어야 한다.

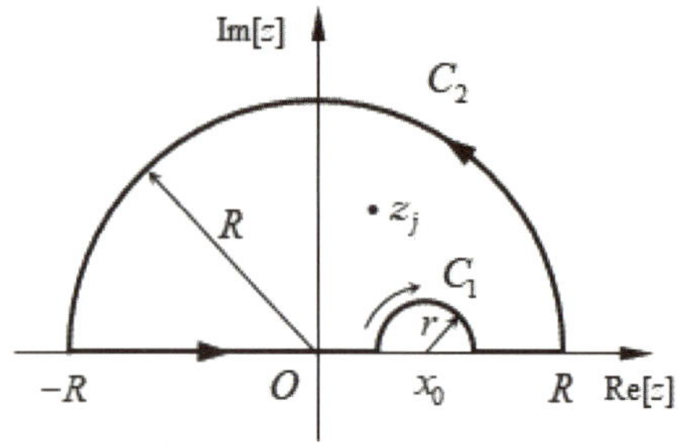

그림 5.3.3 코시 주요값을 계산하기 위한 닫힌 경로

코시 주요값을 이용하여 계산할 수 있는 예를 하나 들어보자. 아래와 같은 적분은 광학 분야에서 중요하게 쓰인다.

$$I = \int_0^\infty \frac{\sin x}{x} dx \tag{5.3.15}$$

$f(x) = \sin x / x$의 그래프는 그림 5.3.4에 나타나 있다. 이 적분을 계산하는 방법은 여러 가지가 있지만 코시 주요값을 학습하기 위하여 $\sin x = (e^{ix} - e^{-ix})/2ix$의 관계식을 이용하여 I를 다음과 같이 바꾸어 보자.

$$I = \int_0^\infty \frac{\sin x}{x} dx = \int_0^\infty \frac{e^{ix}}{2ix} dx - \int_0^\infty \frac{e^{-ix}}{2ix} dx = \int_{-\infty}^\infty \frac{e^{ix}}{2ix} dx \tag{5.3.16}$$

복소공간에서 실적분 경로 $(-\infty, \infty)$를 포함하는 닫힌 경로를 만들고 실함수를 복소함수로 확장해 보자. 복소함수 e^{iz}/z는 $z=0$에 단순극점을 가지므로 그림 5.3.5에 나타낸 것과 같은 닫힌 경로를 생각해 보자. 이 경로의 내부에는 극점이 없으므로 경로적분은 유수정리에 의하여 0이 된다. 이를 다음과 같이 쓸 수 있다.

$$\oint_C \frac{e^{iz}}{2iz} dz = P\int_{-\infty}^\infty \frac{e^{ix}}{2ix} dx - \pi i a_{-1} + \int_{C_2 : R \to \infty} \frac{e^{iz}}{2iz} dz = 0 \tag{5.3.17}$$

경로 C_2는 반시계방향의 반원이며 $R \to \infty$일 때 조르당의 보조정리(Jordan's lemma)에 의하여 $e^{iz}/z \to 0$이 되므로 식(5.3.17)로부터 코시 주요값을 다음과 같이 얻을 수 있다.

$$P\int_{-\infty}^{\infty} \frac{e^{ix}}{2ix}dx = \pi i\, a_{-1}(z=0) = \frac{\pi}{2} \tag{5.3.18}$$

조르당의 보조정리에 대해서는 5.9절에서 자세히 배울 것이다.

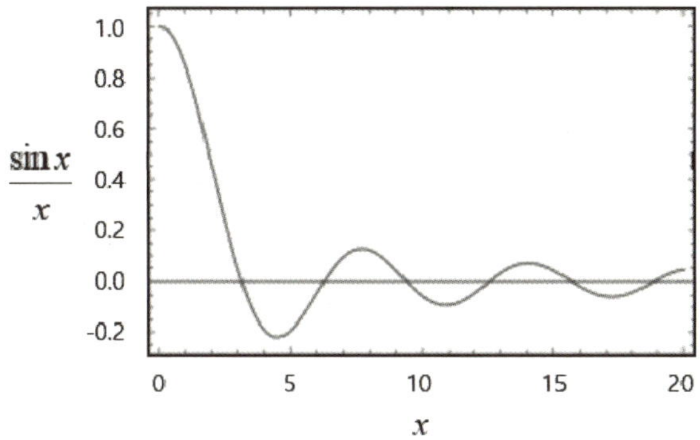

그림 5.3.4 $f(x) = \sin x/x$의 그래프

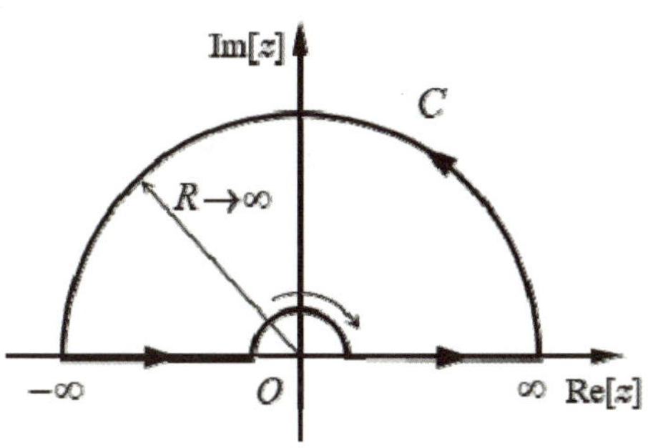

그림 5.3.5 극점이 $z=0$에 있는 경우의 닫힌 경로의 예

식(5.3.15)에 주어진 적분은 실적분이며 본 책에서는 이를 복소공간으로 확장하여 적분을 수행하는 과정을 소개하였다. 그러나 실변수 공간에서도 적분을 할 수 있는 흥미로운 방법이 하나 있는데, 파인만 방법(Feynman's technique)로 알려진 방법이다. 복소공간에서의 적분과 비교하고 참고가 될 수 있도록 여기서 소개하고자 한다. 매개변수 $\alpha(>0)$를 도입하여 다음의 실적분을 고려해 보자.

$$J(\alpha) = \int_0^{\infty} e^{-\alpha x}\frac{\sin x}{x}dx \tag{5.3.19}$$

$J(\alpha)$를 α로 미분하면

$$\frac{d}{d\alpha}J(\alpha) = \int_0^\infty \left(\frac{d}{d\alpha}e^{-\alpha x}\right)\frac{\sin x}{x}\,dx = -\int_0^\infty e^{-\alpha x}\sin x\,dx \tag{5.3.20}$$

가 된다. 위 적분에 대해 부분적분을 수행하여 보자.

$$\frac{d}{d\alpha}J(\alpha) = -\left[e^{-\alpha x}\cos x\right]_0^\infty - \alpha\int_0^\infty e^{-\alpha x}\cos x\,dx \tag{5.3.21}$$

$$= 1 - \alpha\int_0^\infty e^{-\alpha x}\cos x\,dx$$

여기서 부분적분을 한 번 더 수행하면 다음과 같은 결과를 얻는다.

$$\frac{d}{d\alpha}J(\alpha) = -\frac{1}{1+\alpha^2} \tag{5.3.22}$$

그러므로 식(5.3.22)의 양변을 α에 대하여 적분하면

$$\int_0^\infty \frac{d}{d\alpha}J(\alpha)\,d\alpha = -\int_0^\infty \frac{1}{1+\alpha^2}\,d\alpha \tag{5.3.23}$$

가 되는데 우변의 결과는 $-\left[\tan^{-1}\alpha\right]_0^\infty = -\tan^{-1}(\infty) = -\pi/2$이다. 즉,

$$J(\infty) - J(0) = -\frac{\pi}{2} \tag{5.3.24}$$

인데, $\alpha\to\infty$의 극한에서 J의 피적분함수가 0이 되므로 다음의 결과를 얻는다.

$$J(0) = \int_0^\infty \frac{\sin x}{x}\,dx = \frac{\pi}{2} \tag{5.3.25}$$

이 결과는 앞서 복소공간에서 계산한 것과 같다.

5.4 미타그-레플레르 정리(Mittag-Leffler's theorem)

유리형 함수(meromorphic function)는 오직 고립된 극점만을 가지고 있으며 $p(z)$, $q(z)$를 다항식이라고 할 때 $f(z) = p(z)/q(z)$의 형태를 하고 있다. 유리형 함수의 예로 탄젠트 함수 $\tan z = \sin z/\cos z$를 들 수 있는데 여기서 사인 함수와 코사인 함수는 각각 z의 다항식으로 전개된다. $\tan z$의 극점은 $\cos z = 0$을 만족하는 점에 있으며 단일 극점이면서 그 수가 무한히 많다. $\tan z$는 모든 단일극점에서 유수가 존재하는데, 극점과 유수를 이용하여 $\tan z$를 부분 분수들의 합으로 전개할 수 있다. 이를 살펴보자.

함수 $\tan z$의 극점을 z_n이라고 하면 다음과 같이 쓸 수 있다.

$$z_n = \pm\left(n + \frac{1}{2}\right)\pi \quad (n = 0, 1, 2, \ldots) \tag{5.4.1}$$

극점 z_n에서 $\tan z$의 유수를 b_n이라고 하면 유수는

$$\begin{aligned} b_n &= \left[(z - z_n)\frac{\sin z}{\cos z}\right]_{z = z_n} \\ &= \left[\frac{\sin z + (z - z_n)\cos z}{-\sin z}\right]_{z = z_n} \\ &= -1 \end{aligned} \tag{5.4.2}$$

와 같이 계산된다. 즉, 모든 z_n에 대하여 유수는 같은 값을 가지며 그 값은 -1이다. 이제 복소변수 ζ에 대하여 다음의 적분을 고려해 보자.

$$I_N = \oint_{C_N} \frac{\tan\zeta}{\zeta(\zeta - z)}\, d\zeta \tag{5.4.3}$$

닫힌 경로 C_N은 그림 5.4.1에 나타낸 바와 같이 원점을 중심으로 하고 정수 N에 대하여 반지름이 $(N+1)\pi$인 원이라고 하자. 그러면 경로 C_N 내에 포함된 피적분함수의 극점은 $\zeta = 0, z, z_n$이 된다.

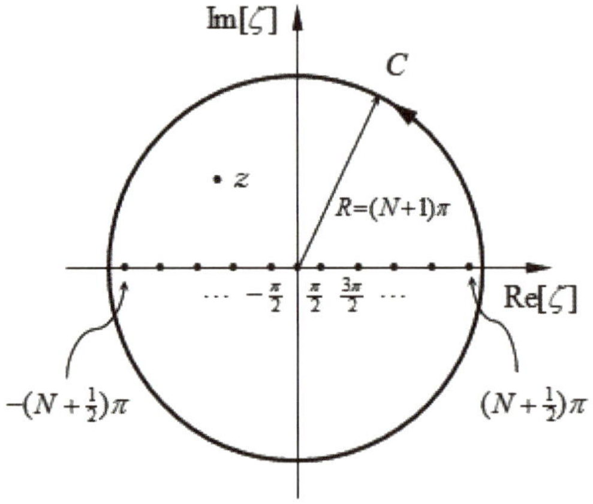

그림 5.4.1 닫힌 경로 C_N: $|\zeta| = (N+1)\pi$ 내부의 단순극점은 $\zeta = 0, z, z_n$이다.

적분 I_N은 유수정리를 이용하여 다음과 같이 계산할 수 있다. $\tan z$의 극점을 $z_{n+} = (n+1/2)\pi$와 $z_{n-} = -(n+1/2)\pi$로 분리하여 생각하는 것이 편리하다.

$$I_N = 2\pi i \sum_j (a_{-1})_j \tag{5.4.4}$$

$$= 2\pi i \left[a_{-1}(0) + a_{-1}(z) + \sum_{n=0}^{N} a_{-1}(z_{n+}) + \sum_{n=0}^{N} a_{-1}(z_{n-}) \right]$$

$$= 2\pi i \left[\frac{\tan 0}{-z} + \frac{\tan z}{z} + \sum_{n=0}^{N} \frac{b_n}{z_{n+}(z_{n+}-z)} + \sum_{n=0}^{N} \frac{b_n}{z_{n-}(z_{n-}-z)} \right]$$

$$= 2\pi i \left[\frac{\tan z}{z} - \frac{1}{z} \sum_{n=0}^{N} \left(\frac{1}{z_{n+}-z} - \frac{1}{z_{n+}} \right) - \frac{1}{z} \sum_{n=0}^{N} \left(\frac{1}{z_{n-}-z} - \frac{1}{z_{n-}} \right) \right]$$

여기서 $z_{n+} = -z_{n-}$이므로 I_N은 다음과 같이 된다.

$$I_N = 2\pi i \left[\frac{\tan z}{z} - 2 \sum_{n=0}^{N} \left(\frac{1}{z_{n+}^2 - z^2} \right) \right] \tag{5.4.5}$$

경로의 반지름이 무한대로 커지면 I_N의 피적분함수의 절댓값은 0으로 수렴하므로 $R \to \infty$인 극한에서 $I_N(R \to \infty) = 0$이 되어서 다음의 결과를 얻는다.

$$\tan z = 2z \sum_{n=0}^{\infty} \frac{1}{z_{n+}^2 - z^2} \tag{5.4.6}$$

$$= 2z \left[\frac{1}{(\pi/2)^2 - z^2} + \frac{1}{(3\pi/2)^2 - z^2} + \cdots \right]$$

이와 같이 유리형 함수는 극점과 유수를 이용하여 부분 분수로 전개할 수 있다.

✤ 미타그-레플레르 정리(Mittag-Leffler's theorem)

유리형 함수 $f(z)$는 고립된 단순극점 $z = z_1, z_2, z_3, \ldots$을 가지고 있다. 함수 $f(z)$는 극점을 제외한 유한한 공간에서 해석적이며 $|z| \to \infty$일 때 $|f(z)/z| \to 0$이라고 하자. 극점을 $0 < |z_1| \le |z_2| \le |z_3| \le \cdots$와 같이 크기 순서로 배열하였을 때 z_n의 유수를 b_n이라고 하면 다음의 식이 성립한다.

$$f(z) = f(0) + \sum_{n=1}^{\infty} b_n \left(\frac{1}{z - z_n} + \frac{1}{z_n} \right) \tag{5.4.7}$$

이것을 미타그-레플레르 정리 또는 미타그-레플레르 전개정리(Mittag-Leffler's expansion theorem)라고 한다.

미타그-레플레르 정리는 극점을 이용한 부분 분수들의 합으로 유리형 함수를 표현하는 데에 사용할 수 있으며 스웨덴의 수학자 미타그-레플레르(1846-1927)가 정립하였다. 정리의 증명은 앞에서 보인 예를 일반화하여 얻을 수 있다. 함수 $f(z)$를 이용하여 적분

$$I_N = \oint_{C_N} \frac{f(\zeta)}{\zeta(\zeta - z)} d\zeta \tag{5.4.8}$$

를 고려하고 적분 경로를 $C_N : |\zeta| = (N+1)\pi$이라고 할 때 $\lim_{N\to\infty} I_N = 0$이 되는 조건으로부터 다음의 식을 얻을 수 있다.

$$I_{N\to\infty} = 2\pi i \left[\frac{f(0)}{-z} + \frac{f(z)}{z} + \sum_{n=1}^{\infty} \frac{b_n}{z_n(z_n - z)} \right] = 0 \tag{5.4.9}$$

이러한 극점 전개에서 $\lim_{|z|\to\infty} |f(z)/z| \to 0$을 만족한다면 급수는 수렴한다. 여기서 z_n은 단순극점이며 b_n은 z_n에서 $f(z)$의 유수이다.

미타그-레플레르 정리를 이용하여 몇몇 삼각함수와 쌍곡선함수의 극점 전개를 다음과 같이 구할 수 있다.

$$\tan z = \sum_{n=0}^{\infty} \frac{8z}{(2n+1)^2\pi^2 - 4z^2} \tag{5.4.10}$$

$$\cot z = \frac{1}{z} + \sum_{n=1}^{\infty} \frac{2z}{z^2 - (n\pi)^2} \tag{5.4.11}$$

$$\tanh z = i \sum_{n=0}^{\infty} \frac{8iz}{(2n+1)^2\pi^2 + 4z^2} \tag{5.4.12}$$

$$\coth z = -\frac{1}{z} - \sum_{n=1}^{\infty} \frac{2z}{z^2 + (n\pi)^2} \tag{5.4.13}$$

예제 5.4.1 미타그-레플레르 정리를 이용하여 $\cot z$를 극점 전개하시오.

풀이 $\cot z$의 극점은 $z_n = \pm n\pi \ (n = 0, 1, 2, \ldots)$이다. 그러나 미타그-레플레르 정리를 이용하기 위해서는 $|z_n| > 0$이어야한다. 따라서 $z = 0$에서의 특이점을 제거하기 위하여 $\cot z$ 대신에 $\cot z - 1/z$를 고려하여 전개하여 보자. $\cot z - 1/z$의 극점은 $z_n = \pm n\pi \ (n = 1, 2, \ldots)$이며 극점에서의 유수는 다음과 같다.

$$b_n = \left[(z \mp n\pi)\left(\cot z - \frac{1}{z}\right)\right]_{n = \pm n\pi} \qquad (n = 1, 2, 3, \cdots) \tag{5.4.13}$$

$$= \left[\frac{(z \mp n\pi)(z\cos z - \sin z)}{z \sin z} \right]_{n = \pm n\pi}$$

$$= 1$$

즉, 모든 극점에서의 유수는 1이다. 위 계산의 마지막 단계에서 로피탈의 정리를 적용하였다. 따라서 미타그-레플레르의 정리에 따라 $\cot z - 1/z$의 극점 전개는

$$\cot z - \frac{1}{z} = \left(\cot z - \frac{1}{z}\right)_{z=0} + \sum_{n=1}^{\infty}\left(\frac{1}{z - z_n} - \frac{1}{z_n}\right) \tag{5.4.14}$$

$$= (-z\csc^2 z)_{z=0} + \sum_{n=1}^{\infty}\left(\frac{1}{z + \pi n} - \frac{1}{\pi n} + \frac{1}{z - \pi n} - \frac{1}{-\pi n}\right)$$

$$= 0 + \sum_{n=1}^{\infty}\left(\frac{1}{z + \pi n} + \frac{1}{z - \pi n}\right)$$

이 되므로 $\cot z$는 다음과 같이 전개된다.

$$\cot z = \frac{1}{z} + \sum_{n=1}^{\infty} \frac{2z}{z^2 - \pi^2 n^2} \tag{5.4.15}$$

5.4.1 완전함수의 곱 전개(Product expansion of entire functions)

제2장에서 유한한 공간의 모든 z에 대하여 $f(z)$가 해석적이면 이러한 함수를 완전함수라고 부른다고 하였다. 미타그-레플레르 정리를 이용하면 완전함수를 곱 전개(product expansion)할 수 있다. $f(z)$가 해석적이면 $g(z) = f'(z)/f(z)$는 유리형 함수가 되는데 $f(z) = 0$이 되는 $z = z_n$는 $g(z)$의 극점이 된다. z_n이 단순극점이고 z_n에

서의 유수를 b_n이라고 하면 다음이 성립한다.

$$\frac{f'(z)}{f(z)} = \frac{f'(0)}{f(0)} + \sum_{n=1}^{\infty} b_n\left(\frac{1}{z-z_n} + \frac{1}{z_n}\right) \tag{5.4.16}$$

이 식을 적분하여 보자.

$$\int_0^z \frac{f'(z)}{f(z)}dz = \frac{f'(0)}{f(0)}z + \sum_{n=1}^{\infty} b_n\left(\int_0^z \frac{1}{z-z_n}dz + \frac{z}{z_n}\right) \tag{5.4.17}$$

이 식의 좌변은 $\ln[f(z)/f(0)]$이므로 $f(z)$는 곧 다음과 같이 된다.

$$f(z) = f(0)\exp\left[\frac{f'(0)}{f(0)}z\right]\exp\left\{\sum_{n=1}^{\infty} b_n\left[\ln\left(1-\frac{z}{z_n}\right)+\frac{z}{z_n}\right]\right\} \tag{5.4.18}$$

지수함수의 성질에 의하여 멱에 있는 합 기호는 지수함수의 곱으로 나타낼 수 있으므로

$$\begin{aligned}
&\exp\left\{\sum_{n=1}^{\infty} b_n\left[\ln\left(1-\frac{z}{z_n}\right)+\frac{z}{z_n}\right]\right\} \qquad (5.4.19)\\
&= \exp\left[\ln\left(1-\frac{z}{z_1}\right)^{b_1}+b_1\frac{z}{z_1}\right]\exp\left[\ln\left(1-\frac{z}{z_2}\right)^{b_2}+b_2\frac{z}{z_2}\right]\\
&\quad\times\exp\left[\ln\left(1-\frac{z}{z_3}\right)^{b_3}+b_3\frac{z}{z_3}\right]\cdots\\
&= \left(1-\frac{z}{z_1}\right)^{b_1}\exp\left(b_1\frac{z}{z_1}\right)\times\left(1-\frac{z}{z_2}\right)^{b_2}\exp\left(b_2\frac{z}{z_2}\right)\times\cdots
\end{aligned}$$

와 같이 된다. 따라서 완전함수 $f(z)$는 다음과 같이 곱 전개된다.

$$f(z) = f(0)\exp\left[\frac{f'(0)}{f(0)}z\right]\prod_{n=1}^{\infty}\left(1-\frac{z}{z_n}\right)^{b_n}\exp\left(b_n\frac{z}{z_n}\right) \tag{5.4.20}$$

곱 전개의 예로 완전함수 $f(z)=\cos z$를 전개하여 보자. 코사인함수는 정수 $n=1, 2, 3, \cdots$에 대하여 $z=\pm(n-1/2)\pi$일 때 영이 되므로 극점 $z=z_n$에서 $g(z)=f'(z)/f(z)$의 유수 b_n은

$$b_n=\left\{\left[z\mp\left(n-\frac{1}{2}\right)\pi\right]\frac{-\sin z}{\cos z}\right\}_{z=\pm(n-1/2)\pi}=1 \tag{5.4.21}$$

이 된다. 또한 $f(0)=1$, $f'(0)=0$이므로 $f(z)=\cos z$는

$$\cos z=\prod_{n=1}^{\infty}\left(1-\frac{z}{z_n}\right)\exp\left(\frac{z}{z_n}\right) \tag{5.4.22}$$

가 되는데 z_n을 $z_{n+}=(n-1/2)\pi$와 $z_{n-}=-(n-1/2)\pi$로 나누어 생각하면

$$\cos z=\left\{\prod_{n=1}^{\infty}\left(1-\frac{z}{z_{n+}}\right)\exp\left(\frac{z}{z_{n+}}\right)\right\}\left\{\prod_{n=1}^{\infty}\left(1-\frac{z}{z_{n-}}\right)\exp\left(\frac{z}{z_{n-}}\right)\right\} \tag{5.4.23}$$

와 같이 쓸 수 있다. z_{n+}와 z_{n-}의 값을 대입하면

$$\begin{aligned}\cos z&=\prod_{n=1}^{\infty}\left[1-\frac{z}{(n-1/2)\pi}\right]\left[1+\frac{z}{(n-1/2)\pi}\right]\\&=\prod_{n=1}^{\infty}\left[1-\frac{z^2}{(n-1/2)^2\pi^2}\right]\end{aligned} \tag{5.4.20}$$

가 된다. 이 결과는 식(5.4.20)에서 극점을 $z_n=(n-1/2)\pi$라고 놓고 모든 정수 $(n=0, \pm1, \pm2, \cdots)$에 대하여 곱을 한 것으로도 볼 수 있다. 그러므로 $\cos z$를 다음과 같이 곱 전개할 수 있다.

$$\cos z=\prod_{n=-\infty}^{\infty}\left[1-\frac{z}{(n-1/2)\pi}\right]\exp\left[\frac{z}{(n-1/2)\pi}\right] \tag{5.4.21}$$

예제 5.4.2 함수 $f(z) = \sin z$를 극점 전개하시오.

풀이 이 문제의 경우에는 $f(0) = 0$이 되므로 $f'(z)/f(z)$의 형태를 이용할 수가 없다. 대신에 $h(z) = f(z)/z = \sin z/z$를 고려하여 보자. 그러면 $h(0) = 1$ (로피탈의 정리 이용)이 되고 $h'(0) = 0$이 된다. 또한 $g(z) = h'(z)/h(z)$는 $z = \pm n\pi (= z_n)$ $(n = 1, 2, 3, \cdots)$에 극점을 가지고 있다. 로피탈의 정리를 이용하여 극점 z_n에서 $g(z)$의 유수는 다음과 같이 구할 수 있다.

$$b_n = \left[(z \mp n\pi)\frac{z\cos z - \sin z}{z\sin z}\right]_{z = \pm n\pi} = 1 \tag{5.4.22}$$

그러므로 미타그-레플레르 정리에 따라

$$\frac{\sin z}{z} = \prod_{n=1}^{\infty}\left(1 - \frac{z}{n\pi}\right)\exp\left(\frac{z}{n\pi}\right)\left(1 + \frac{z}{n\pi}\right)\exp\left(-\frac{z}{n\pi}\right) \tag{5.2.23}$$

와 같이 되므로 $\sin z$는 다음과 같이 곱 전개된다.

$$\sin z = z\prod_{n=1}^{\infty}\left(1 - \frac{z^2}{n^2\pi^2}\right) \tag{5.4.24}$$

이 결과는 다음과 같이 써도 된다.

$$\sin z = z\prod_{\substack{n=-\infty \\ n\neq 0}}^{\infty}\left(1 - \frac{z}{n\pi}\right)\exp\left(\frac{z}{n\pi}\right) \tag{5.4.25}$$

완전함수의 곱 전개 표현은 흥미롭게도 푸리에 급수(Fourier series)를 이용하여 구할 수 있다. 다음의 코사인 함수를 생각해 보자.

$$f(x) = \cos\alpha x \quad (-\pi \le x \le \pi) \tag{5.4.26}$$

여기서 α는 정수가 아닌 실수라고 하자. 일반적으로 함수 $f(x)$의 푸리에 급수 전개는

$$f(x) = \frac{A_0}{2} + \sum_{n=1}^{\infty}(A_n\cos nx + B_n\sin nx) \tag{5.4.27}$$

가 되는데 여기서 푸리에 계수는 다음과 같다.

$$A_n = \frac{1}{\pi}\int_{-\pi}^{\pi} f(x)\cos nx\, dx \tag{5.4.28}$$

$$B_n = \frac{1}{\pi}\int_{-\pi}^{\pi} f(x)\sin nx\, dx \tag{5.4.29}$$

$f(x) = \cos \alpha x$의 경우에 적분 구간에서 $f(x)\sin nx$가 홀함수이므로 모든 n에 대하여 $B_n = 0$이 된다. 푸리에 계수 A_n은 다음과 같이 계산할 수 있다.

$$\begin{aligned} A_n &= \frac{1}{\pi}\int_{-\pi}^{\pi} \cos \alpha x \cos nx\, dx \\ &= \frac{1}{\pi}\int_{-\pi}^{\pi} \frac{1}{2}[\cos(\alpha+n)x + \cos(\alpha-n)x]\, dx \\ &= \frac{1}{\pi}\left[\frac{\sin(\alpha+n)\pi}{\alpha+n} + \frac{\sin(\alpha-n)\pi}{\alpha-n}\right] \end{aligned} \tag{5.4.30}$$

삼각함수의 덧셈정리를 이용하면 $\sin(\alpha \pm n)\pi = (-1)^n \sin \alpha\pi$이므로 계수 A_n은

$$A_n = (-1)^n \frac{2\alpha \sin \alpha\pi}{\pi(\alpha^2 - n^2)} \tag{5.4.31}$$

가 된다. 따라서 $\cos \alpha x$는 다음과 같이 전개할 수 있다.

$$\cos \alpha x = \frac{\sin \alpha\pi}{\alpha\pi} + \frac{2\alpha \sin \alpha\pi}{\pi}\sum_{n=1}^{\infty}(-1)^n \frac{\cos nx}{\alpha^2 - n^2} \tag{5.4.32}$$

여기서 $x = \pi$라고 놓고 양변을 $\sin \alpha\pi$로 나누면

$$\cot \alpha\pi = \frac{1}{\alpha\pi} + \frac{2\alpha}{\pi}\sum_{n=1}^{\infty}\frac{1}{\alpha^2 - n^2} \tag{5.4.33}$$

가 된다. 우변의 급수는 $0 \le \alpha < 1$에 대하여 항상 수렴한다. 양변을 α에 대하여 적분

하고 정리를 하면

$$\ln\frac{\sin\alpha\pi}{\alpha} = \sum_{n=1}^{\infty}\ln\left(1-\frac{\alpha^2}{n^2}\right)+C \tag{5.4.34}$$

가 되는데 C는 적분상수이다. $\alpha\to0$인 극한에서 좌변은 $\ln\pi$가 되고 우변은 C만 남게 되므로 $C=\ln\pi$가 됨을 알 수 있다. 그러므로 다음의 결과를 얻는다.

$$\ln\frac{\sin\alpha\pi}{\alpha\pi} = \sum_{n=1}^{\infty}\ln\left(1-\frac{\alpha^2}{n^2}\right) = \ln\prod_{n=1}^{\infty}\left(1-\frac{\alpha^2}{n^2}\right) \tag{5.3.35}$$

양변의 로그 안의 값은 같으므로 $\alpha\pi=x$로 놓으면

$$\sin x = x\prod_{n=1}^{\infty}\left(1-\frac{x^2}{n^2\pi^2}\right) \tag{5.3.36}$$

이 되며 이것은 x를 z로 놓으면 예제 5.4.2의 식(5.2.24)와 같은 형태이다.

5.5 편각의 원리와 루셰 정리(Argument principle and Rouche's theorem)

함수 $f(z)$가 닫힌 경로 C의 내부 $z=\alpha_1$에서 p차의 극점을 가지고 있고 극점 외의 영역에서는 해석적이라고 하자. $f(z)$는 다음과 같이 쓸 수 있다.

$$f(z) = (z-\alpha_1)^{-p}g(z) \tag{5.5.1}$$

여기서 $g(z)$는 경로 내부와 경로상에서 해석적이며 $g(\alpha_1)\neq 0$이라고 하자. 이제 f'/f를 경로적분 하여보자. f'/f는

$$\frac{f'(z)}{f(z)} = \frac{-p(z-\alpha_1)^{-p-1}g(z) + (z-\alpha_1)^{-p}g'(z)}{(z-\alpha_1)^{-p}g(z)} = \frac{-p}{z-\alpha_1} + \frac{g'(z)}{g(z)} \tag{5.5.2}$$

가 되는데 $g(\alpha_1) \neq 0$이므로 g'/g는 해석적이다. 그러므로 경로적분은 유수정리에 의하여

$$\oint_C \frac{f'(z)}{f(z)} dz = -p \oint_C \frac{1}{z-\alpha_1} dz = -2\pi i p \tag{5.5.3}$$

가 된다. 만약 $f(z)$가 점 $z = \beta_1$에서 n차의 영점(zero of order n)을 가지고 있으면 $f(z) = (z-\beta_1)^n h(z)$로 쓸 수 있고 $h(z)$는 해석적이며 $h(\beta_1) \neq 0$이다. 그러므로

$$\oint_C \frac{f'(z)}{f(z)} dz = n \oint_C \frac{1}{z-\beta_1} dz = 2\pi i n \tag{5.5.4}$$

이 된다. 따라서 $f(z)$가 n차의 영점과 p차의 극점을 가지고 있다면 다음과 같이 쓸 수 있다.

$$\oint_C \frac{f'(z)}{f(z)} dz = 2\pi i (n-p) \tag{5.5.5}$$

닫힌 경로 C내에 함수 $f(z)$가 $z = \beta_j$ 위치에 n_j차의 영점과 $z = \alpha_j$ 위치에 p_j차의 극점을 가지고 있는 경우 $N = \sum_j n_j$, $P = \sum_j p_j$라고 하면 식(5.5.5)는 다음과 같이 된다.

$$\oint_C \frac{f'(z)}{f(z)} dz = 2\pi i (N-P) \tag{5.5.6}$$

이 결과를 **편각의 원리**(argument principle) 또는 **편각정리**(argument theorem)라고 한다. 편각은 복소변수를 극좌표계에서 표현하였을 때의 위상각을 의미한다. 위의 식에서 피적분함수는 $f(z)$에 로그를 취하고 미분한 것과 같으므로

$$\oint_C \frac{f'(z)}{f(z)} dz = \ln f(z)\Big|_C = \ln Re^{i\theta}\Big|_C = [\ln R + i\theta]_C \tag{5.5.7}$$

와 같이 된다. 여기서 $R = |f(z)|$이다. $\ln f(z)$는 다중값을 가지는 함수이지만 $\ln R$은 단일값을 가진다. 그러므로 $\ln R$은 닫힌 경로 C에서 적분할 때 경로의 시작점과 끝점에서 값이 같으므로 적분 결과는 0이 된다. 편각은 시작점과 끝점의 값이 다르므로 경로를 한 바퀴 돌아도 0이 아니다. 식(5.5.6)에 이러한 결과를 적용하면

$$N - P = \frac{1}{2\pi} \arg[f(z)] \tag{5.5.8}$$

가 되고 $\theta = \arg[f(z)]$는 적분경로 C를 따라 한 바퀴 도는 동안 $f(z)$의 편각의 변화이다. 즉, $N - P$는 C의 1회전(반시계방향) 동안 $f(z)$의 편각 회전수와 같다는 것을 알 수 있다. 이것이 식(5.5.6)을 편각의 원리라고 부르는 이유이다. 편각의 원리는 주어진 공간에서 함수가 얼마나 많은 영점과 극점을 가지고 있는지 찾아보는 데 유용하게 쓰인다. 영점의 위치는 역학 등의 문제에서 선형계의 안정성을 결정하는 데 중요하게 응용된다.

닫힌 경로 C의 경로와 내부에서 해석적인 두 함수 $f(z)$와 $g(z)$가 같은 개수의 영점을 가질 조건을 알아보자. 편각의 원리로부터

$$\oint_C \frac{f'(z)}{f(z)} dz = 2\pi i N_f \tag{5.5.9}$$

$$\oint_C \frac{f'(z) + g'(z)}{f(z) + g(z)} dz = 2\pi i N_{f+g} \tag{5.5.10}$$

와 같이 되는데 N_f는 경로 C의 내부에 있는 $f(z)$의 영점의 수이고 N_{f+g}는 $f(z) + g(z)$의 영점의 수이다. 두 함수의 곱의 편각은 각각의 편각을 더한 것과 같으므로 $f + g = f(1 + g/f)$로부터

$$\arg(f + g) = \arg(f) + \arg\left(1 + \frac{g}{f}\right) \tag{5.5.11}$$

와 같이 쓸 수 있다. 식(5.5.9)-(5.5.11)로부터

$$N_{f+g} = \frac{1}{2\pi}\arg(f+g) = \frac{1}{2\pi}\arg(f) + \frac{1}{2\pi}\arg(1+g/f) \tag{5.5.12}$$

$$= N_f + \frac{1}{2\pi}\arg(1+g/f)$$

가 되는데 만약에 경로 C 위에서 $|g(z)| < |f(z)|$라고 하면, $1+g/f$는 항상 중심이 $z=1$인 단위원 안에 존재하므로 $1+g/f$의 편각은 $-\pi/2 < \arg(1+g/f) < \pi/2$ 범위 안에 있게 된다(그림 5.5.1 참조). 즉, $\arg(1+g/f)$는 결코 2π의 회전을 할 수가 없으므로 식(5.5.12)의 우변에서 마지막 항은 0이 되어야 한다. 이것은 f와 $f+g$의 편각이 C 내부에서 같은 수의 회전을 해야 한다는 의미이다. 이것을 **루셰 정리**(Rouche's theorem)라고 한다.

> **✤ 루셰 정리(Rouche's theorem)**
> 함수 $f(z)$와 $g(z)$가 닫힌 경로 C와 그 내부에서 해석적이고 경로 C 위에서 $|g(z)| < |f(z)|$라고 하면, $f(z)$와 $f(z)+g(z)$는 C의 내부에서 같은 수의 영점을 가진다.

루셰 정리는 적절한 적분 경로가 주어졌을 때 하나의 항만 조사하면 되는 다항식과 같은 함수의 영점의 수를 조사하는데 편리하다. 예를 들어 $f(z)+g(z) = \sum_{i=0}^{N} a_i z^i$이라고 하자. 가장 큰 지수를 가진 z^N 항을 $f(z)$로 놓고 닫힌 경로의 반지름 R이 충분히 커서 경로상에서 가장 큰 지수를 가진 항의 크기인 $|a_N R^N|$이 나머지 모든 항의 크기를 다 더한 것보다 크다고 하자. 이때 $f(z) = a_N z^N$은 $|z| = R$의 경로 내부에서 N개의 영점을 가지고 있는 것이 분명하다. 사실, 이 경우에는 원점에 N개의 중근을 갖는다. 그러므로 $f(z)+g(z)$도 같은 경로 내에 N개의 영점을 가지고 있다.

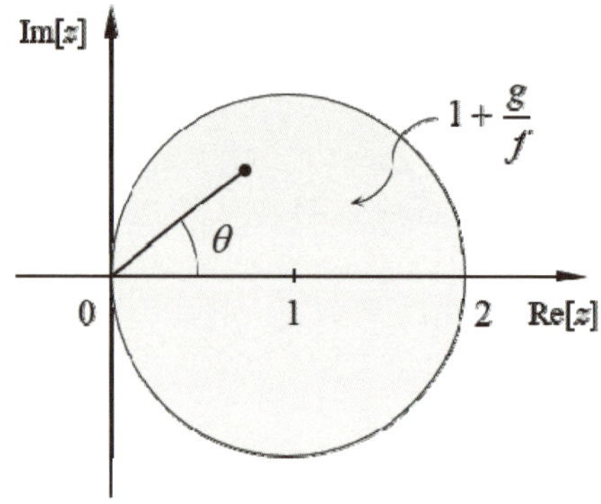

그림 5.5.1 $|g(z)| < |f(z)|$인 경우 $1+g/f$은 $-\pi/2$와 $\pi/2$ 사이의 편각을 갖는다.

예제 5.5.1 닫힌 경로 C: $|z| = 2$ 내부에서 다항식 $z^4 + z^3 + z^2 + 1$의 영점의 수는 얼마인가?

풀이 $f(z) = z^4$이라고 하자. 경로 C 위에서 $|f(z)| = 16$이다. $g(z) = z^3 + z^2 + 1$이라고 하면 $|g(z)| \le |2|^3 + |2|^2 + 1 = 13$이므로 경로상에서 $|g(z)| < |f(z)|$를 만족한다. $f(z) = z^4$는 C의 내부에서 4개의 영점(사중근)을 가지므로 같은 영역에서 $f(z) + g(z) = z^4 + z^3 + z^2 + 1$도 4개의 영점을 가진다.

예제 5.5.2 영역 $1 < |z| < 2$ 에서 다항식 $z^4 - 6z + 3$의 영점의 수를 구하시오.

풀이 먼저 $|z| < 2$인 영역을 조사하자. $f(z) = z^4$, $g(z) = -6z + 3$이라고 놓으면 경로 $|z| = 2$ 위에서 $|f(z)| = 16$이고 $|g(z)| = |-6z + 3| \le 6|z| + 3 = 15$이다. 그러므로 $|g(z)| < |f(z)|$를 만족한다. $|z| < 2$에서 z^4의 영점은 4개이므로 $z^4 - 6z + 3$의 영점도 4개이다.

이제 $|z| < 1$인 영역에 영점이 있는지를 조사하자. 앞의 경우와 영역이 다르므로 $|z| = 1$인 경로에서 $|g| < |f|$가 되도록 f와 g를 다르게 정의하는 것이 필요하다. 이 경우에 $f(z) = -6z$, $g(z) = z^4 + 3$이라고 하자. 그러면 경로 $|z| = 1$ 위에서 $|f(z)| = 6$, $|g(z)| = |z^4 + 3| \le |z|^4 + 3 = 4$이다. 그러므로 $|z| < 1$인 영역에서 $f(z) = -6z$의 영점은 1개이므로 $z^4 - 6z + 3$의 영점도 1개이다. 물론 경로 $|z| = 1$ 상에서도 영점은 없다. 그러므로 $|z| \le 1$ 영역에서 $z^4 - 6z + 3$의 영점은 1개이다. 따라서 $1 < |z| < 2$ 영역에서 $z^4 - 6z + 3$은 3개의 영점을 가진다.

5.6 급수의 합(Summation of series)

유수정리는 급수의 합을 구하는 데에도 응용될 수 있다. 함수 $f(z)$가 $z = z_j$에 고립된 특이점을 가지고 있지만 z_j가 정수는 아니라고 하자. N이 양의 정수일 때 닫힌 경로 $C_N : |z| = N + 1/2$을 따라 적분하는 다음의 식을 고려하여 보자.

$$I_N = \oint_{C_N} f(z) g(z)\, dz \tag{5.6.1}$$

$f(z)$의 극점 $z = z_j$는 경로 C_N 내부에 있다. 여기서 $g(z) = \pi \cot \pi z$라고 하자. 그림 5.6.1에 경로 C_N과 피적분함수의 극점을 나타내었다. $\cot \pi z$는 모든 정수 n에 대하여 $z = n$에서 단순극점을 가지므로 $g(z)$의 유수는 로피탈의 정리를 이용하여

$$\begin{aligned} a_{-1}(n) &= [(z-n)\pi \cot \pi z]_{z=n} \\ &= \left[\frac{\pi \cos \pi z - (z-n)\pi^2 \sin \pi z}{\pi \cos \pi z} \right]_{z=n} \\ &= 1 \end{aligned} \tag{5.6.2}$$

와 같이 된다. 따라서 모든 정수 n에 대하여 $g(z)$의 유수는 1이다. $f(z)$와 $g(z)$의 특이점이 겹치지 않으므로 적분 I_N은 유수정리에 의해 다음과 같이 계산할 수 있다.

$$\begin{aligned} I_N &= \oint_{C_N} f(z) \pi \cot \pi z\, dz \\ &= 2\pi i \left[\sum_{n=-N}^{N} (a_{-1})_{z=n} + \sum_j (a_{-1})_{z=z_j} \right] \\ &= 2\pi i \left\{ \sum_{n=-N}^{N} [(z-n) f(z) \pi \cot \pi z]_{z=n} + \sum_j (a_{-1})_{z=z_j} \right\} \\ &= 2\pi i \left[\sum_{n=-N}^{N} f(n) + \sum_j (a_{-1})_{z=z_j} \right] \end{aligned} \tag{5.6.3}$$

만약에 $|z| \to \infty$ 일 때, $f(z)$가 $1/z$보다 더욱 빨리 감소한다면, 즉 $zf(z) \to 0$이라면, $N \to \infty$ 일 때 C_N에서 경로적분은 $I_N \to 0$이 된다. 그러므로 다음과 같은 결과를 얻는다.

$$\sum_{n=-\infty}^{\infty} f(n) = -\sum_j [\text{residue of } f(z)\pi\cot\pi z \text{ at the pole}(z_j) \text{ of } f(z)] \tag{5.6.4}$$

$f(n)$의 형태를 가진 급수의 해(합)를 구하는 예시를 예제 5.6.1에 보였으니 잘 풀어보기를 바란다.

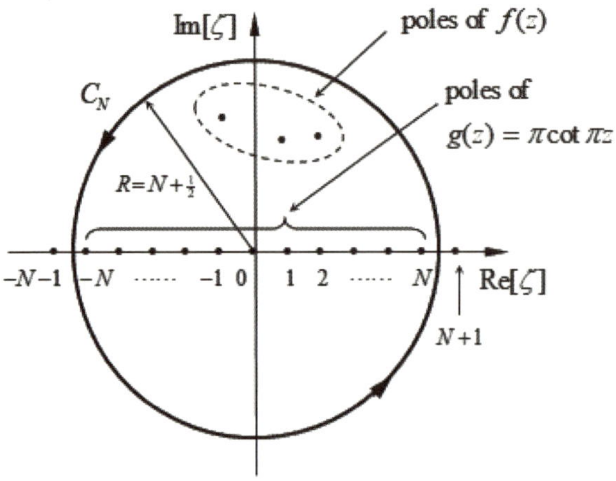

그림 5.6.1 경로 C_N과 $f(z)\pi\cot\pi z$의 극점

이제 $g(z) = \pi\csc\pi z$라고 하자. 이 경우에도 $\sin\pi z = 0$이 되는 점, 즉 $z = n$이 $g(z)$의 단순극점이 된다. 이 경우에 유수를 구해보면 n이 짝수일 때와 홀수일 때 부호가 번갈아 바뀌면서 나온다. 즉, $g(z)$의 유수는 다음과 같이 계산된다.

$$\begin{aligned} a_{-1}(n) &= [(z-n)\pi\csc\pi z]_{z=n} \\ &= \left[(z-n)\frac{\pi}{\pi\sin\pi z}\right]_{z=n} \\ &= \begin{cases} 1 & (n = 0, \pm 2, \pm 4, \cdots) \\ -1 & (n = \pm 1, \pm 3, \cdots) \end{cases} \\ &= (-1)^n \end{aligned} \tag{5.6.5}$$

이 결과는 식(5.6.4)의 급수에서 $f(n)$의 부호가 번갈아 바뀌는 경우, 즉 $(-1)^n f(n)$의 급수를 구할 때 유용하다. 따라서 $N \to \infty$일 때 유수정리를 이용하여 다음의 결과를 얻을 수 있다.

$$\sum_{n=-\infty}^{\infty} (-1)^n f(n) = -\sum_j [\text{residue of } f(z)\pi \csc \pi z \text{ at the pole}(z_j) \text{ of } f(z)] \tag{5.6.6}$$

한편, $g(z) = \pi \tan \pi z$라고 하면 $g(z)$의 극점은 $z = n + 1/2$이므로 유수는 모든 n에 대해서 $a_{-1} = 1$이 되고 $f(n+1/2)$의 급수를 다음과 같이 구할 수 있다.

$$\sum_{n=-\infty}^{\infty} f\left(n + \frac{1}{2}\right) = \sum_j [\text{residue of } f(z)\pi \tan \pi z \text{ at the pole}(z_j) \text{ of } f(z)] \tag{5.6.7}$$

만약 $g(z) = \pi \sec \pi z$이라면 $g(z)$의 극점은 $z = n + 1/2$이지만 이 경우에 유수는 1과 -1이 번갈아 나온다. 그러므로 $(-1)^n f(n+1/2)$의 급수를 다음과 같이 얻을 수 있다.

$$\sum_{n=-\infty}^{\infty} (-1)^n f\left(n + \frac{1}{2}\right) = \sum_j [\text{residue of } f(z)\pi \sec \pi z \text{ at the pole}(z_j) \text{ of } f(z)] \tag{5.6.8}$$

위에서 보여준 네 가지 형태의 급수는 모두 함수 $f(z)$의 극점이 정수가 아닌 경우에 대한 것이다. 만약 $f(z)$의 극점이 정수가 되면 어떻게 해야 할까? 다음의 예를 통해 정수의 극점을 가지고 있는 경우에 대하여 학습을 하여보자. 급수 S가 다음과 같이 주어졌다.

$$S = \sum_{n=1}^{\infty} \frac{1}{n(n+1)} \tag{5.6.9}$$

이 형태는 $f(n) = 1/n(n+1)$의 수열 합이므로 식(5.6.4)의 $g(z) = \pi \cot \pi z$를 이용할 수 있다. 그러나 함수 $f(z) = 1/z(z+1)$은 $z = -1, 0$인 곳에 극점을 가지고 있으므

로 $g(z)$의 극점과 중복이 된다. 그러므로 적분 I_N을 유수정리를 이용하여 계산할 때 $z=-1, 0$은 이중극점이 된다. 적분 I_N은 다음과 같이 계산된다.

$$I_N = \oint_{C_N} \frac{1}{z(z+1)} \pi \cot \pi z \, dz \tag{5.6.10}$$

$$= 2\pi i \left[\sum_{n=-N}^{-2} (a_{-1})_{z=n} + \sum_{n=1}^{N} (a_{-1})_{z=n} + (a_{-1})_{z=-1} + (a_{-1})_{z=0} \right]$$

이중극점 $z=-1$과 $z=0$에서의 유수는 모두 -1이다. 따라서 $N \to \infty$일 때 $I_{N\to\infty}=0$이 되므로 다음과 같이 쓸 수 있다.

$$\sum_{n=-\infty}^{-2} (a_{-1})_{z=n} + \sum_{n=1}^{\infty} (a_{-1})_{z=n} = 2 \tag{5.6.11}$$

여기서 $n=1$에서 $n=\infty$까지의 급수는

$$\sum_{n=1}^{\infty} (a_{-1})_{z=n} = \sum_{n=1}^{\infty} \left[(z-n) \frac{\pi \cot \pi z}{z(z+1)} \right]_{z=n} = \sum_{n=1}^{\infty} \frac{1}{n(n+1)} = S \tag{5.6.12}$$

와 같이 계산된다. $n=-\infty$에서 $n=-2$까지의 급수는 다음과 같이 계산할 수 있다.

$$\sum_{n=-\infty}^{-2} (a_{-1})_{z=n} = \sum_{n=-\infty}^{-2} \left[(z-n) \frac{\pi \cot \pi z}{z(z+1)} \right]_{z=n} = \sum_{n=-\infty}^{-2} \frac{1}{n(n+1)} \tag{5.6.13}$$

$$= \sum_{n=-\infty}^{-1} \frac{1}{(n-1)n} = \sum_{n=\infty}^{1} \frac{1}{(-n-1)(-n)}$$

$$= \sum_{n=1}^{\infty} \frac{1}{n(n+1)} = S$$

그러므로 $S=1$이 되므로 다음의 결과를 얻는다.

$$\sum_{n=1}^{\infty}\frac{1}{n(n+1)}=1 \tag{5.6.14}$$

예제 5.6.1 급수 $S=\sum_{n=1}^{\infty}\frac{1}{n^2+a^2}$을 계산하시오. 단, a는 정수가 아니다.

풀이 문제에서 주어진 S는 $n=1$부터 ∞까지의 합이므로 다음과 같이 쓸 수 있다.

$$\begin{aligned}\sum_{n=-\infty}^{\infty}\frac{1}{n^2+a^2}&=\sum_{n=-\infty}^{-1}\frac{1}{n^2+a^2}+\frac{1}{a^2}+\sum_{n=1}^{\infty}\frac{1}{n^2+a^2}\\&=2S+\frac{1}{a^2}\end{aligned} \tag{5.6.15}$$

이제 함수 $f(z)=\frac{1}{z^2+a^2}$을 고려해 보자. $f(z)$는 $z=\pm ia$에 극점을 가지고 있고 $|z|\to\infty$일 때 $zf(z)\to 0$이 된다. $f(n)=1/(n^2+a^2)$이므로 식(5.6.4)를 이용할 수 있다.

$$\begin{aligned}\sum_{n=-\infty}^{\infty}\frac{1}{n^2+a^2}&=-\sum_{j}\left[\text{residue of }\frac{\pi\cot\pi z}{z^2+a^2}\text{ at the poles }z_j=\pm ia\right]\\&=-\left[(z-ia)\frac{\pi\cot\pi z}{z^2+a^2}\right]_{z=ia}-\left[(z+ia)\frac{\pi\cot\pi z}{z^2+a^2}\right]_{z=-ia}\\&=-\left[\frac{\pi\cot(i\pi a)}{2ia}+\frac{\pi\cot(-i\pi a)}{-2ia}\right]\\&=\frac{\pi\coth\pi a}{a}\end{aligned} \tag{5.6.16}$$

그러므로 a가 정수가 아닐 때 S는 다음과 같이 계산된다.

$$S=\sum_{n=1}^{\infty}\frac{1}{n^2+a^2}=\frac{\pi\coth\pi a}{2a}-\frac{1}{2a^2} \tag{5.6.17}$$

5.7 정적분 응용: 유리함수와 적분구간 $(-\infty, \infty)$ [Definite integrals: rational functions and the integration range $(-\infty, \infty)$]

복소함수의 적분 경로가 실수축을 포함하고 있다면 몇 가지 조건을 충족할 때, 유수정리를 이용하여 다음과 같은 형태의 정적분을 수행할 수 있다.

$$\int_{-\infty}^{\infty} f(x)\,dx \tag{5.7.1}$$

그림 5.7.1과 같이 실수축을 포함하고 있고 반지름 R의 상반원(upper half-circle)으로 닫힌 경로 C를 생각해 보자. 복소함수 $f(z)$는 다음의 조건을 가지고 있다고 하자.

a. $f(z)$는 경로상에서 해석적이다.
b. $f(z)$는 경로 내에 유한개의 극점을 제외한 영역에서 해석적이다.
c. $f(z)$는 $|z| \to \infty$일 때 상반원에서 $1/z$보다 빠르게 0으로 접근한다.
d. 적분 $\int_0^{\infty} f(x)\,dx$와 $\int_{-\infty}^{0} f(x)\,dx$가 모두 존재한다.

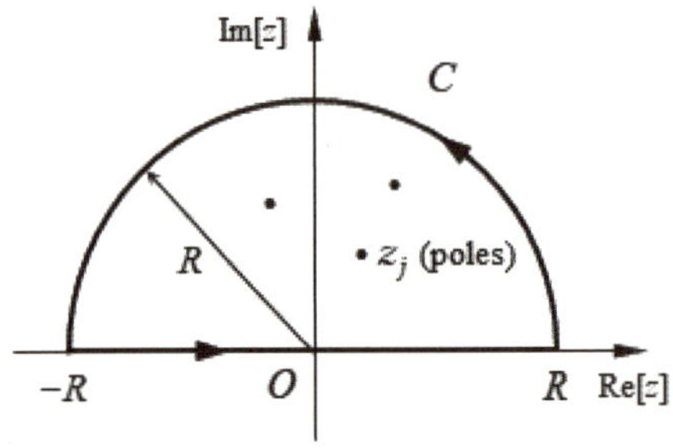

그림 5.7.1 실수축과 상반원으로 된 닫힌 경로 C

닫힌 경로 C의 경로를 $C = C_1 + C_2$라고 하자. C_1은 $-R$에서 R까지의 실수축 경로이고 C_2는 반시계방향으로 진행하는 상반원 경로이다. 경로 C에 대한 $f(z)$의 적분은 유수정리를 써서 다음과 같이 된다.

$$I_C = \oint_C f(z)\,dz = \int_{C_1} f(x)\,dx + \int_{C_2} f(z)\,dz \tag{5.7.2}$$
$$= 2\pi i \sum_j (a_{-1})_j$$

상반원 경로 C_2 상에서 $z = Re^{i\theta}$라고 놓으면 조건 c에 의하여 $R \to \infty$일 때 C_2의 경로적분은 0이 된다. 이를 증명하여 보자. 상반원 원호의 각도 $\theta_1 \leq \theta \leq \theta_2$에 대하여

$$\lim_{R\to\infty} \left| \int_{C_2} f(z)\,dz \right| \leq \lim_{R\to\infty} \int_{\theta_1}^{\theta_2} |f(Re^{i\theta})\,iRe^{i\theta}|\,d\theta \tag{5.7.3}$$
$$= \lim_{R\to\infty} \int_{\theta_1}^{\theta_2} |f(Re^{i\theta})\,R|\,d\theta$$

가 되며, $R \to \infty$일 때 $|f(Re^{i\theta})R| \to 0$이 되므로

$$\lim_{R\to\infty} \int_{C_2} f(z)\,dz = 0 \tag{5.7.4}$$

이 된다. 그림 5.7.1과 같은 반원에서 원호의 각도는 $\theta_1 = 0$, $\theta_2 = \pi/2$이다. 그러므로 $R \to \infty$일 때, 경로 C_1은 $(-\infty, \infty)$가 되고 경로 C에 대한 적분의 결과는 유수의 합과 같으므로 식(5.7.1)은 다음과 같이 된다.

$$\int_{-\infty}^{\infty} f(x)\,dx = 2\pi i \sum_j (a_{-1})_j \tag{5.7.5}$$

여기서 a_{-1}는 상반평면(upper half-plane)에서 $f(z)$의 극점 $z = z_j$에서의 유수이다.

만약에 $f(z)$가 $|z| \to \infty$일 때 하반원(lower half-circle)의 경로에서 $1/z$보다 빠르게 0으로 접근한다면 적분의 경로를 그림 5.7.2와 같이 시계방향으로 닫혀있는 경로를 만들 수 있다. 이 경우에 $(-\infty, \infty)$ 구간에 대한 적분은

$$\int_{-\infty}^{\infty} f(x)\,dx = -2\pi i \sum_j (a_{-1})_j \tag{5.7.6}$$

가 되고, a_{-1}는 하반평면(lower-half plane)에 있는 극점의 유수이다.

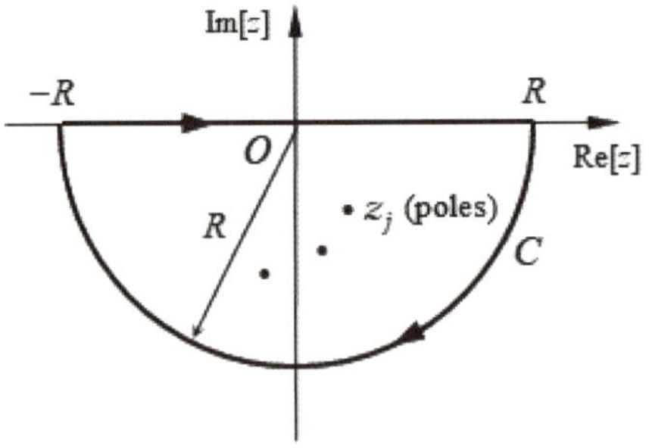

그림 5.7.2 실수축과 하반원으로 된 닫힌 경로 C

다음의 적분을 예로 들어보자.

$$I = \int_{-\infty}^{\infty} \frac{1}{1+x^2}\,dx \tag{5.7.7}$$

이 적분을 수행하기 위하여 그림 5.7.1과 같은 경로를 고려해 보자. 함수 $f(z) = 1/(1+z^2)$는 $z = i, -i$에 단순극점을 가지고 있으며 상반평면을 지나가는 경로에서는 $z = i$에서의 유수를 구하면 된다. 유수는 다음과 같이 계산된다.

$$a_{-1} = \left[(z-i)\frac{1}{(z-i)(z+i)}\right]_{z=i} = \frac{1}{2i} \tag{5.7.8}$$

함수 $f(z)$는 $|z| \to \infty$일 때 상반평면에서 $zf(z) \to 0$이 되므로 적분 I는 다음과 같이 계산할 수 있다.

$$I = \oint_C \frac{1}{1+z^2}dz = \int_{-\infty}^{\infty} \frac{1}{1+x^2}\,dx = 2\pi i\, a_{-1} = \frac{1}{\pi} \tag{5.7.9}$$

함수 $f(z)$는 $|z| \to \infty$일 때 하반평면에서도 $zf(z) \to 0$이 되므로 경로를 그림 5.7.2와 같이 시계방향으로 해도 된다. 이 경우에는 극점 $z = -i$에서의 유수가 $a_{-1} = -1/2i$이므로

$$I = \int_{-\infty}^{\infty} \frac{1}{1+x^2}\,dx = -2\pi i\, a_{-1} = \frac{1}{\pi} \tag{5.7.10}$$

가 되어서 경로의 선택과 관계없이 같은 결과를 얻는다.

적분의 구간이 $(0, \infty)$이고 피적분함수가 짝함수(even function)이면 적분의 구간을 (∞, ∞)로 확대하여 계산하고 결과를 반으로 나누어 주면 된다. 이에 대해서는 예제 5.7.2를 참고하기를 바란다. 원점을 중심으로 대칭이 아닌 경우에는 일반적으로 $(0, \infty)$의 구간과 $(-\infty, 0)$의 구간에서 적분의 결과가 다르거나 어느 한쪽 구간에서 적분이 존재하지 않을 수 있으므로 주의하여야 한다. 그러므로 $(0, \infty)$ 또는 $(-\infty, 0)$ 구간에 대하여 적분하기 위하여 복소공간에서 닫힌 경로를 만들 때는 상당한 주의를 기울여야 한다. 이와 관련한 학습은 5.10절에서 소개되어 있다.

예제 5.7.1 다음의 적분을 계산하시오.

$$I = \int_{-\infty}^{\infty} \frac{x}{(x^2+1)(x^2+2x+2)}\,dx \tag{5.7.11}$$

풀이 적분 I는 본문에서 기술한 조건 c와 d를 만족한다. 실수축과 상반평면을 지나는 반시계방향의 닫힌 경로를 선택한다면 경로 내의 극점은 $z = i$와 $z = -1+i$이며 모두 단순극점이다. 각 극점에서의 유수는 다음과 같이 계산된다.

$$a_{-1}(i) = \left[\frac{(z-i)z}{(z-i)(z+i)(z^2+2z+2)}\right]_{z=i} = \frac{1-2i}{10} \tag{5.7.12}$$

$$a_{-1}(-1+i) = \left[\frac{(z+1-i)z}{(z^2+1)(z+1-i)(z+1+i)}\right]_{z=-1+i} = \frac{-1+3i}{10} \tag{5.7.13}$$

따라서 문제에 주어진 적분의 결과는 다음과 같다.

$$I = 2\pi i\left[a_{-1}(i) + a_{-1}(-1+i)\right] = -\frac{\pi}{5} \tag{5.7.14}$$

예제 5.7.2 다음의 적분을 계산하시오.

$$I=\int_0^\infty \frac{dx}{(x^2+1)^4} \tag{5.7.15}$$

풀이 적분 I의 피적분함수는 $x=0$을 중심으로 좌우 대칭인 짝함수이다. 그러므로 실수축과 상반평면을 반시계방향으로 지나는 닫힌 경로를 선택한다면 적분은

$$I=\int_0^\infty \frac{dx}{(x^2+1)^4}=\frac{1}{2}\int_{-\infty}^\infty \frac{dx}{(x^2+1)^4}=\pi i a_{-1}(z=i) \tag{5.7.16}$$

가 된다. 극점 $z=i$에서의 유수는 다음과 같다.

$$a_{-1}=\frac{1}{3!}\left\{\frac{d^3}{dz^3}\left[\frac{(z-i)^4}{(z-i)^4(z+i)^4}\right]\right\}_{z=i}=\frac{5}{2^7 i} \tag{5.7.17}$$

그러므로 I는 다음과 같다.

$$I=\frac{5\pi}{32} \tag{5.7.18}$$

5.8 정적분 응용: 적분구간이 $(0,\ 2\pi)$인 정현파함수 [Definite integrals: sinusoidal functions with the integration range $(0,\ 2\pi)$]

적분이 다음과 같은 형태를 가지고 있는 경우에 대해서 알아보자.

$$\int_0^{2\pi} f(\sin\theta,\ \cos\theta)\,d\theta \tag{5.8.1}$$

피적분함수 f는 적분 구간에서 유한하고 $\sin\theta$와 $\cos\theta$의 유리함수로 되어있으며 단일값을 갖고 있는 정현파함수라고 하자. 이러한 적분을 수행하기 위하여 복소공간에서 반

지름이 1인 단위원 경로 $C: |z| = 1$을 생각해 보자. 경로상에서 $z = e^{i\theta}$이므로 편각 θ가 0에서 2π까지 진행하면 이것은 곧 $|z| = 1$인 단위원을 반시계방향으로 1회전 한 것과 같다. 이제 θ의 함수인 f를 복소변수 z의 함수로 바꾸어 보자. $z = e^{i\theta}$로부터 $d\theta = -iz^{-1}dz$가 되고 사인함수와 코사인함수는 다음과 같이 z의 함수로 바꿀 수 있다.

$$\sin\theta = \frac{z - z^{-1}}{2i}, \quad \cos\theta = \frac{z + z^{-1}}{2} \tag{5.8.2}$$

따라서 식(5.8.1)의 적분은 다음과 같은 형태로 바꿀 수 있다.

$$\int_0^{2\pi} f(\sin\theta, \cos\theta)\, d\theta = -i\oint f\left(\frac{z - z^{-1}}{2i}, \frac{z + z^{-1}}{2}\right)\frac{dz}{z} \tag{5.8.3}$$

만약에 f가 $\sin n\theta$ 또는 $\cos n\theta$의 함수라면 $z^n = e^{in\theta}$임을 이용하여 다음과 같이 해주면 된다.

$$\sin n\theta = \frac{z^n - z^{-n}}{2i}, \quad \cos n\theta = \frac{z^n + z^{-n}}{2} \tag{5.8.4}$$

이제 f가 정현파함수이고 적분의 범위가 $(0, 2\pi)$인 경우의 예를 들어보자. 실수 a가 $0 < |a| < 1$인 조건에서 다음의 적분이 주어졌다.

$$I = \int_0^{2\pi} \frac{d\theta}{1 + a\cos\theta}, \quad 0 < |a| < 1 \tag{5.8.5}$$

식(5.8.3)에 의해 I는 다음과 변형하여 쓸 수 있다.

$$I = -\frac{2i}{a}\oint_C \frac{dz}{z^2 + \dfrac{2}{a}z + 1} \tag{5.8.6}$$

여기서 $|a| < 1$이므로 극점은 $z_1 = -\left(1 + \sqrt{1 - a^2}\right)/a$와 $z_2 = -\left(1 - \sqrt{1 - a^2}\right)/a$인

데 $|z_1| > 1$, $|z_2| < 1$이므로 단위원 경로에 대하여 경로적분을 할 때 경로 내부에 있는 극점 z_2의 유수만 계산하면 된다. 그러므로

$$I = -\frac{2i}{a} \times 2\pi i\, a_{-1}(z_1) = \frac{4\pi}{a}\frac{1}{z_2 - z_1} \tag{5.8.7}$$

$$= \frac{2\pi}{\sqrt{1-a^2}}$$

와 같이 적분을 수행할 수 있다. 만약에 식(5.8.5)에서 $|a| \geq 1$이면 결과가 어떻게 달라질까? a의 크기가 1보다 크거나 같다면 피적분함수의 극점은 $z_1 = -\left(1 + \sqrt{a^2-1}\,i\right)/a$ 및 $z_2 = -\left(1 - \sqrt{a^2-1}\,i\right)/a$이 될 것이다. 이 경우에 극점의 크기는 $|z_1| = |z_2| = 1$이 되므로 모두 경로상에 존재하게 된다. 따라서 이 경우에는 적분은 수렴하지 않는다.

일반적으로 실수 a, b에 대하여 $a > |b|$인 경우 다음과 같은 결과를 얻을 수 있으니 연습을 해보기 바란다.

$$\int_0^{2\pi} \frac{d\theta}{a \pm b\sin\theta} = \frac{2\pi}{\sqrt{a^2-b^2}} \tag{5.8.8}$$

$$\int_0^{2\pi} \frac{d\theta}{a \pm b\cos\theta} = \frac{2\pi}{\sqrt{a^2-b^2}} \tag{5.8.9}$$

$$\int_0^{2\pi} \frac{d\theta}{(a \pm b\sin\theta)^2} = \frac{2\pi a}{\left(a^2-b^2\right)^{3/2}} \tag{5.8.10}$$

$$\int_0^{2\pi} \frac{d\theta}{(a \pm b\cos\theta)^2} = \frac{2\pi a}{\left(a^2-b^2\right)^{3/2}} \tag{5.8.11}$$

양의 정수 n에 대하여 다음과 같은 형태의 적분을 고려해 보자.

$$I = \int_0^{2\pi} (\cos\theta)^{2n}\, d\theta \tag{5.8.12}$$

이 경우에도 마찬가지로 $z = e^{i\theta}$라고 하면 I는 다음과 같이 된다.

$$I = -\, i \frac{1}{2^{2n}} \oint_C \frac{(z^2+1)^{2n}}{z^{2n+1}}\, dz \tag{5.8.13}$$

이 적분은 $z = 0$에 $2n+1$차의 극점을 가지고 있다. 그러므로 유수정리를 이용하여 I를 다음과 같이 계산할 수 있다.

$$\begin{aligned} I &= 2\pi i(-i)\frac{1}{2^{2n}(2n)!}\left\{\frac{d^{2n}}{dz^{2n}}\left[z^{2n+1}\frac{(z^2+1)^{2n}}{z^{2n+1}}\right]\right\}_{z=0} \\ &= \frac{\pi}{2^{2n-1}(2n)!}\left\{\frac{d^{2n}}{dz^{2n}}\left[\binom{2n}{0}(z^2)^{2n} + \binom{2n}{1}(z^2)^{2n-1} + \cdots + \binom{2n}{2n}\right]\right\}_{z=0} \\ &= \frac{\pi}{2^{2n-1}(2n)!}\left\{\frac{d^{2n}}{dz^{2n}}\left[\binom{2n}{0}z^{4n} + \cdots + \binom{2n}{n}z^{2n} + \cdots + \binom{2n}{2n}\right]\right\}_{z=0} \\ &= \frac{\pi}{2^{2n-1}(2n)!}\left[\binom{2n}{n}(2n)(2n-1)(2n-2)\cdots 3\cdot 2\cdot 1\right] \\ &= \frac{\pi}{2^{2n-1}}\binom{2n}{n} \end{aligned} \tag{5.8.14}$$

그러므로 적분은

$$\int_0^{2\pi} (\cos\theta)^{2n}\, d\theta = \frac{\pi}{2^{2n-1}}\binom{2n}{n} \tag{5.8.15}$$

이 되는데 여기서 우변의 이항계수는 다음과 같이 정의되어 있음을 상기하기 바란다.

$$\binom{p}{q} = \frac{p!}{q!\,(p-q)!} \quad (\text{단}, 0 \le q \le p) \tag{5.8.16}$$

이항계수의 정의를 이용하여 적분의 결과를 다음과 같이 쓸 수 있다.

$$\int_0^{2\pi} (\cos\theta)^{2n} d\theta = 2\pi \frac{(2n-1)!!}{(2n)!!} \tag{5.8.17}$$

이제 또 다른 예로 다음 형태의 적분을 살펴보자.

$$I = \int_0^{2\pi} e^{2\cos\theta} d\theta \tag{5.8.18}$$

지금까지 한 것과 마찬가지 방법으로 $\cos\theta = (z + z^{-1})/2$를 이용하여 위의 적분 I를

$$I = -i \oint_C \frac{1}{z} e^{z} e^{z^{-1}} dz \tag{5.8.19}$$

와 같이 쓸 수 있다. 적분 안의 지수함수를 멱급수로 전개하면 I는 다음과 같이 된다.

$$\begin{aligned} I &= -i \oint_C \frac{1}{z}\left(1 + z + \frac{z^2}{2!} + \cdots\right)\left(1 + \frac{1}{z} + \frac{1}{2!\,z^2} + \cdots\right) dz \\ &= -i \oint_C \left(1 + \frac{1}{1!\,1!} + \frac{1}{2!\,2!} + \frac{1}{3!\,3!} + \cdots\right)\frac{1}{z} dz \\ &\quad - i \oint_C [\text{terms with powers other than } z^{-1}]\, dz \end{aligned} \tag{5.8.20}$$

제3장에서 이미 배웠듯이 코시 적분 공식을 이용하면 z^{-1} 항을 제외한 모든 적분은 0이 된다는 것을 알 수 있다. 그러므로 위의 적분은 z^{-1} 항만 계산을 해주면 되며 유수정리를 이용하면 그 결과는 다음과 같이 된다.

$$\int_0^{2\pi} e^{2\cos\theta} d\theta = 2\pi\left(1 + \frac{1}{1!\,1!} + \frac{1}{2!\,2!} + \frac{1}{3!\,3!} + \cdots\right) \tag{5.8.21}$$

이 결과는 합 기호를 써서 다음과 같이 써도 된다.

$$\int_0^{2\pi} e^{2\cos\theta}\,d\theta = 2\pi \sum_{n=0}^{\infty} \frac{1}{(n!)^2} \tag{5.8.22}$$

예제 5.8.1 실수 a와 b에 대하여 $a > |b|$일 때 다음의 적분을 수행하시오.

$$I = \int_0^{2\pi} \frac{d\theta}{a + b\sin\theta}, \quad a > |b| \tag{5.8.23}$$

풀이 θ의 경로가 $(0, 2\pi)$이므로 반시계방향의 단위원 경로 $C: |z| = 1$를 생각해 보자. $z = e^{i\theta}$라고 놓으면 $d\theta = -iz^{-1}dz$가 되므로 문제에서 주어진 적분은 z에 대한 적분으로 바꿀 수 있다. 즉, I는 다음과 같이 쓸 수 있다.

$$I = \oint_C \frac{2\,dz}{bz^2 + 2aiz - b} \tag{5.8.24}$$

여기서 $a > |b|$이므로 피적분함수의 극점은

$$z_1 = \frac{-a + \sqrt{a^2 - b^2}}{b}\,i, \quad z_2 = \frac{-a - \sqrt{a^2 - b^2}}{b}\,i \tag{5.8.25}$$

이다. 이 중에 오직 z_1만이 경로 C의 내부에 존재한다. 이것은 다음을 생각해 보면 바로 알 수 있다.

$$|z_1| = \left| \frac{-a + \sqrt{a^2 - b^2}}{b} \frac{a + \sqrt{a^2 - b^2}}{a + \sqrt{a^2 - b^2}} \right| = \left| \frac{b}{a + \sqrt{a^2 - b^2}} \right| < 1 \tag{5.8.26}$$

극점 z_1에서 유수는 다음과 같이 계산된다.

$$a_{-1}(z_1) = \left[\frac{(z - z_1)\,2}{b(z - z_1)(z - z_2)} \right]_{z = z_1} = \frac{2}{b(z_1 - z_2)} = \frac{-i}{\sqrt{a^2 - b^2}} \tag{5.8.27}$$

따라서 적분의 결과는 다음과 같다.

$$\int_0^{2\pi} \frac{d\theta}{a + b\sin\theta} = \frac{2\pi}{\sqrt{a^2 - b^2}} \tag{5.8.28}$$

예제 5.8.2 앞의 예제 5.8.1에서 주어진 다음의 적분에서 만약 $|a| < b$이면 적분은 어떻게 되는가?

$$I = \int_0^{2\pi} \frac{d\theta}{a + b\sin\theta} \tag{5.8.29}$$

풀이 예제 5.8.1의 풀이에서 $I = \oint_C \frac{2dz}{bz^2 + 2aiz - b}$가 되는 것을 보였다. 만약에 $|a| < b$이면 극점은

$$z_{1,2} = \frac{-ai \pm \sqrt{a^2 - b^2}\, i}{b} = \frac{-ai \mp \sqrt{b^2 - a^2}}{b} \tag{5.8.30}$$

가 된다. 극점의 크기를 구하면 모두 1이다. 따라서 극점이 경로상에 있으므로 적분은 수렴하지 않는다.

예제 5.8.3 다음을 증명하시오.

$$\int_0^{2\pi} \frac{d\theta}{(a + b\sin\theta)^2} = \frac{2\pi a}{(a^2 - b^2)^{3/2}} \tag{5.8.31}$$

풀이 예제 5.8.1에서 $\int_0^{2\pi} \frac{d\theta}{a + b\sin\theta} = 2\pi/\sqrt{a^2 - b^2}$임을 증명하였다. 이 식의 양변을 a로 미분하여 보자. 좌변으로부터

$$\int_0^{2\pi} \frac{d}{da}\left(\frac{1}{a + b\sin\theta}\right) d\theta = -\int_0^{2\pi} \frac{d\theta}{(a + b\sin\theta)^2} \tag{5.8.32}$$

를 얻고, 우변으로부터

$$\frac{d}{da}\frac{2\pi}{\sqrt{a^2 - b^2}} = -\frac{2\pi a}{(a^2 - b^2)^{3/2}} \tag{5.8.33}$$

를 얻는다. 그러므로 식(5.8.31)이 증명되었다.

5.9 정적분 응용: 복소 지수함수(Definite integrals: complex exponential)

실함수에 복소 지수함수가 곱해져 있는 피적분함수를 $(-\infty, \infty)$ 구간에서 적분하는 경우에 대하여 살펴보고자 한다. 실수 $a > 0$에 대하여 다음 형태의 적분을 고려해 보자.

$$\int_{-\infty}^{\infty} f(x)\, e^{iax}\, dx \tag{5.9.1}$$

복소함수 $f(z)$는 그림 5.7.1과 같이 상반평면을 지나는 경로에 대하여 다음의 조건을 만족한다고 하자.

a. $f(z)$는 적분 경로상에서 해석적이다.
b. $f(z)$는 경로 내에서 유한개의 극점을 제외한 영역에서 해석적이다.
c. $f(z)$는 $|z| \to \infty$일 때 상반원의 경로에서 0으로 접근한다.
d. 적분 $\int_{0}^{\infty} f(x)\, e^{iax}\, dx$와 $\int_{-\infty}^{0} f(x)\, e^{iax}\, dx$가 모두 존재한다.

여기서 조건 c는 5.7절에서 논의한 $\int_{-\infty}^{\infty} f(x)\, dx$의 적분의 조건 보다 완화된 것이다. 이제 실축을 지나고 상반평면에서 닫힌 경로 C에 대하여 적분을 수행할 때 $|z| \to \infty$의 극한에서 함수 $f(z)\, e^{iaz}$의 적분이 0이 되는 것을 보이고자 한다. 그림 5.7.1에 주어진 경로에 대하여 다음의 적분을 생각해 보자.

$$I_C = \int_C f(z)\, e^{iaz}\, dz = \int_{-\infty}^{\infty} f(x)\, e^{iaz}\, dx + \lim_{R \to \infty} I_R \tag{5.9.2}$$

위의 식에서 I_R은 상반평면에서 반시계방향으로 진행하는 반지름 R의 반원 경로이다. 반원 경로상에서 $z = Re^{i\theta}$이므로 I_R은 다음과 같이 쓸 수 있다.

$$I_R = \int_R f(z)e^{iaz}dz = \int_0^{\pi} f(Re^{i\theta})e^{iaR(\cos\theta + i\sin\theta)}iRe^{i\theta}d\theta \tag{5.9.3}$$

반지름 R이 충분히 크다면 조건 c에 의하여 모든 θ에 대해 $|f(Re^{i\theta})| < \varepsilon$를 만족하는 ε이 존재하며, $R \to \infty$인 경우 $\varepsilon \to 0$이 된다. 그러므로 충분히 큰 R에 대하여

$$\begin{aligned} |I_R| &= \left| \int_0^{\pi} f(Re^{i\theta})e^{iaR\cos\theta}e^{-a\sin\theta}iRe^{i\theta}d\theta \right| \\ &= R\left| \int_0^{\pi} f(Re^{i\theta})\,e^{-a\sin\theta}d\theta \right| \\ &\leq R\int_0^{\pi} |f(Re^{i\theta})|\,e^{-a\sin\theta}d\theta \\ &\leq \varepsilon R\int_0^{\pi} e^{-a\sin\theta}d\theta \end{aligned} \tag{5.9.4}$$

가 성립한다. 식(5.9.4)의 마지막 적분에서 $e^{-aR\sin\theta}$는 그림 5.9.1에서 알 수 있듯이 $\theta = \pi/2$에 대하여 대칭이다. 그러므로 다음과 같이 된다.

$$|I_R| \leq 2\varepsilon R\int_0^{\pi/2} e^{-a\sin\theta}d\theta \tag{5.9.5}$$

한편, 그림 5.9.2에서 보는 바와 같이 $[0, \pi/2]$의 범위에서 $\sin\theta \geq 2\theta/\pi$이므로 $a > 0$일 때 $-aR\sin\theta \leq -aR(2\theta/\pi)$가 성립한다. 즉,

$$e^{-aR\sin\theta} \leq e^{-aR(2\theta/\pi)} \tag{5.9.6}$$

가 되므로 $|I_R|$의 적분은 다음과 같이 수행될 수 있다.

$$
\begin{aligned}
|I_R| &\leq 2\varepsilon R\int_0^{\pi/2} e^{-2aR\theta/\pi}\,d\theta \\
&= 2\varepsilon R\left(-\frac{\pi}{2aR}\right)e^{-2aR\theta/\pi}\Big|_0^{\pi/2} \\
&= \frac{\pi}{a}\varepsilon\left(1-e^{-aR}\right) \\
&\leq \frac{\pi}{a}\varepsilon
\end{aligned}
\tag{5.9.7}
$$

그러므로 $R\to\infty$인 경우 $\varepsilon\to 0$이 되어서

$$\lim_{R\to\infty} I_R = 0 \tag{5.9.8}$$

이 된다. 이와 같이 반원 경로에서 R이 무한히 커질 때 I_R이 영이 되는 것을 **조르당의 보조정리**(Jordan's lemma)라고 한다. 함수 f가 위의 조건 a부터 d까지 만족할 때 식 (5.9.2)로부터 $(-\infty, \infty)$ 구간의 적분은

$$\int_{-\infty}^{\infty} f(x)e^{iax}\,dx = 2\pi i\sum_j (a_{-1})_j \tag{5.9.9}$$

와 같이 계산될 수 있음을 알 수 있다. 여기서 $(a_{-1})_j$는 $f(z)e^{iaz}$의 극점 z_j에서의 유수이다.

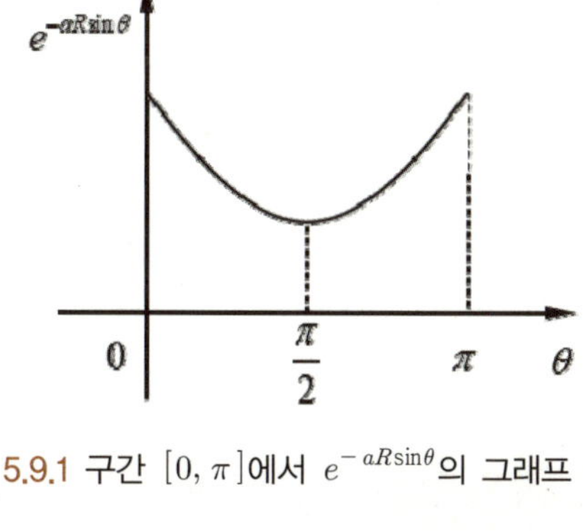

그림 5.9.1 구간 $[0, \pi]$에서 $e^{-aR\sin\theta}$의 그래프 $(a > 0)$

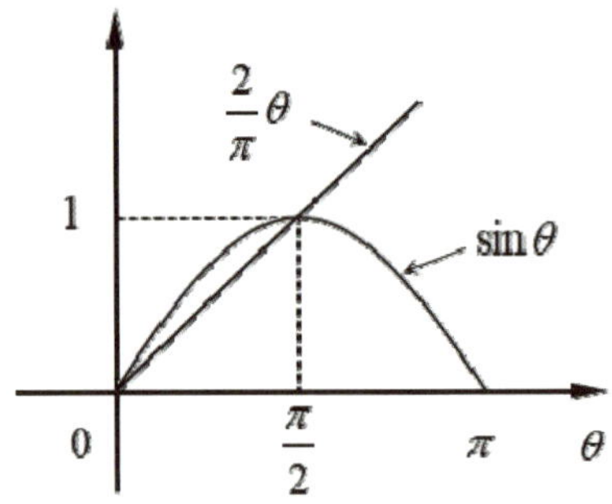

그림 5.9.2 구간 $[0, \pi]$에서 $2\theta/\pi$와 $\sin\theta$의 그래프

✤ 조르당의 보조정리(Jordan's lemma)

구간 $0 \le \theta \le \pi$에서 $z = Re^{i\theta}$에 대해 $\lim_{R\to\infty} f(z) = 0$이 된다면 $a > 0$일 경우에 상반평면의 반지름 R인 반원에서 다음의 식이 성립한다.

$$\lim_{R\to\infty}\int_R f(z)e^{iaz}\,dz = 0 \tag{5.9.10}$$

만약에 $a < 0$이라면, 하반평면을 반지름 R의 반원으로 지나가는 적분 경로에 대하여 조르당의 보조정리가 성립하는 것을 보여줄 수 있다.

조르당의 보조정리를 이용할 수 있는 적분의 예를 들어보자. $a > 0$에 대하여 다음의 적분을 수행하고자 한다.

$$I = \int_{-\infty}^{\infty}\frac{e^{iax}}{x+i}\,dx \tag{5.9.11}$$

실수축과 상반평면을 반시계방향으로 지나는 반지름 R인 반원으로 된 닫힌 경로 C에 대하여

$$I_C = \oint_C \frac{e^{iaz}}{z+i}\,dz \tag{5.9.12}$$

를 고려해 보자. 그러면 $R \to \infty$일 때 $I_C = I + I_{R(\to\infty)}$로 놓을 수 있고 $I_{R(\to\infty)}$은

$$I_{R(\to\infty)} = \lim_{R\to\infty} \int_R \frac{e^{iaz}}{z+i}\, dz \tag{5.9.13}$$

가 된다. 반지름 R이 무한히 커지면, 경로상에서 $|z| \to \infty$이므로, $1/|z+i| \to 0$이 된다. 따라서 조르당의 보조정리에 의하여 $I_{R(\to\infty)} = 0$이 된다. 그런데 피적분함수의 극점은 $z = -i$이므로 상반평면의 경로 내에 있지 않다. 그러므로 적분 I는 곧바로 다음과 같이 됨을 알 수 있다.

$$I = \int_{-\infty}^{\infty} \frac{e^{iax}}{x+i}\, dx = 0 \tag{5.9.14}$$

적분 I에 대하여 실수축과 하반평면의 반원을 시계방향으로 지나는 경로를 생각한다면 $|z| \to \infty$일 때 반원의 경로에서 e^{iaz}가 발산하므로 적분을 수행할 수가 없다.

만약에 $a < 0$라면 적분 I의 결과는 어떻게 될까? a가 음이면 $R \to \infty$일 때 상반평면에서 e^{iaz}가 발산하므로 그림 5.9.3과 같이 반드시 하반평면을 지나는 경로에 대하여 적분을 수행하여야 한다. 이 경우에 적분 경로의 진행 방향은 시계방향이고 극점 $z = -i$는 경로 내에 들어있다. 그러므로 적분은 조르당의 보조정리와 유수정리를 이용하여 다음과 같이 계산할 수 있다.

$$I = \int_{-\infty}^{\infty} \frac{e^{iax}}{x+i}\, dx = -2\pi i a_{-1}(-i) = -2\pi i e^{-a} \tag{5.9.15}$$

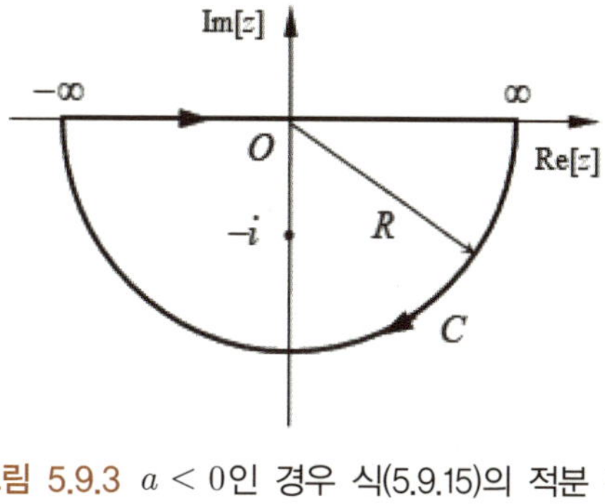

그림 5.9.3 $a < 0$인 경우 식(5.9.15)의 적분 경로

피적분함수가 사인 함수나 코사인 함수를 포함하는 경우에는 $\sin ax = \operatorname{Im}[e^{iax}]$, $\cos ax = \operatorname{Re}[e^{iax}]$인 것을 이용하여 다음과 같이 쓰고 조르당의 보조정리를 적용할 수 있다.

$$\int_{-\infty}^{\infty} f(x)\sin ax\,dx = \operatorname{Im}\int_{-\infty}^{\infty} f(x)e^{iax}\,dx \tag{5.9.16}$$

$$\int_{-\infty}^{\infty} f(x)\cos ax\,dx = \operatorname{Re}\int_{-\infty}^{\infty} f(x)e^{iax}\,dx \tag{5.9.17}$$

또한 $\sin ax = (e^{iax} - e^{-iax})/2i$, $\cos ax = (e^{iax} + e^{-iax})/2$이므로 다음과 같이 해도 된다.

$$\int_{-\infty}^{\infty} f(x)\sin ax\,dx = \frac{1}{2i}\left[\int_{-\infty}^{\infty} f(x)e^{iax}\,dx - \int_{-\infty}^{\infty} f(x)e^{-iax}\,dx\right] \tag{5.9.18}$$

$$\int_{-\infty}^{\infty} f(x)\cos ax\,dx = \frac{1}{2}\left[\int_{-\infty}^{\infty} f(x)e^{iax}\,dx + \int_{-\infty}^{\infty} f(x)e^{-iax}\,dx\right] \tag{5.9.19}$$

예제 5.9.1 실수 a, b에 대하여 다음의 적분을 수행하시오. 단, $b > 0$이다.

$$\int_{-\infty}^{\infty} \frac{e^{iax}}{x^2 + b^2}\,dx \tag{5.9.20}$$

풀이 $|z| \to \infty$일 때, $1/|z^2 + b^2| \to 0$이 되므로 조르당의 보조정리를 이용할 수 있다. 만약 $a > 0$라면 상반평면에서 반시계방향으로 적분을 수행하여야 한다. $b > 0$이므로 경로 내의 극점은 $z = ib$이며 $R \to \infty$인 상반원 경로에서는 조르당의 보조정리에 의하여 적분이 0이 되므로 다음과 같이 계산된다.

$$\int_C \frac{e^{iaz}}{z^2 + b^2}\,dz = \int_{-\infty}^{\infty} \frac{e^{iax}}{x^2 + b^2}\,dx + \int_{R\to\infty} \frac{e^{iaz}}{z^2 + b^2}\,dz \tag{5.9.21}$$

$$= 2\pi i\, a_{-1}(ib) = \frac{\pi}{b}e^{-ab} \quad (a > 0)$$

$a < 0$인 경우에는 하반평면에서 시계방향으로 적분을 수행하여야 한다. 경로 내의 극점은 $z = -ib$이므로 적분은 다음과 같이 된다.

$$\int_{-\infty}^{\infty} \frac{e^{iax}}{x^2+b^2}\,dx = -2\pi i\, a_{-1}(-ib) = \frac{\pi}{b}e^{ab} \quad (a < 0) \tag{5.9.22}$$

모든 a에 대하여 다음과 같이 쓸 수 있다.

$$\int_{-\infty}^{\infty} \frac{e^{iax}}{x^2+b^2}\,dx = \frac{\pi}{b}e^{-|a|b} \tag{5.9.23}$$

예제 5.9.2 실수 a, b에 대하여 다음의 적분을 수행하시오. 단, $b > 0$이다.

$$(1)\ \int_{-\infty}^{\infty} \frac{\cos ax}{x^2+b^2}\,dx \qquad (2)\ \int_{-\infty}^{\infty} \frac{\sin ax}{x^2+b^2}\,dx \tag{5.9.24}$$

풀이 (1) $|z| \to \infty$일 때, $1/|z^2+b^2| \to 0$이 되므로 조르당의 보조정리를 적용할 수 있다.
$\displaystyle\int_{-\infty}^{\infty} \frac{\cos ax}{x^2+b^2}\,dx = \mathrm{Re}\int_{-\infty}^{\infty} \frac{e^{iax}}{x^2+b^2}\,dx$ 이므로 예제 5.9.1의 결과에 따라

$$\int_{-\infty}^{\infty} \frac{\cos ax}{x^2+b^2}\,dx = \frac{\pi}{b}e^{-|a|b} \tag{5.9.25}$$

가 된다. 식(5.9.19)를 이용하여도 결과는 같다.
(2) 예제 5.9.1의 결과에 허수부가 없으므로 다음의 결과를 얻는다.

$$\int_{-\infty}^{\infty} \frac{\sin ax}{x^2+b^2}\,dx = 0 \tag{5.9.26}$$

이 결과는 식(5.9.18)로부터도 확인할 수 있다.

5.9.1 경로상에 극점이 있는 경우: 코시 주요값의 응용

적분의 경로상에 유한한 극점이 있는 경우의 계산은 주의를 하여야 한다. 실수 $a > 0$, $b > 0$에 대하여 다음의 적분을 생각해 보자.

$$I = \int_{-\infty}^{\infty} \frac{e^{iax}}{x^2 - b^2} dx \tag{5.9.27}$$

이 적분은 예제 5.9.1에 나온 적분과 비슷하지만, 분모에 음의 부호를 가지고 있는 것이 다르다. 따라서 위의 적분은 경로 위의 점 $x = \pm b$에서 극점을 가지고 있다. 이러한 경우에는 코시 주요값을 적용할 수 있다. 그림 5.9.4와 같이 닫힌 경로 C가 두 극점 주변에서 바로 위로 지나가도록 하게 하면 적분 경로 내부에는 극점이 없으므로 C에 대한 적분은 0이 된다. 이를 코시 주요값과 유수를 써서 표현하면 다음과 같이 된다.

$$\oint_C \frac{e^{iaz}}{z^2 - b^2} dz = P\int_{-\infty}^{\infty} \frac{e^{iax}}{x^2 - b^2} dx - \pi i\, a_{-1}(b) - \pi i\, a_{-1}(-b) = 0 \tag{5.9.28}$$

유수정리를 이용하면 적분 I는

$$I = \pi i \left[(z-b) \frac{e^{iaz}}{(z-b)(z+b)} \right]_{z=b} + \pi i \left[(z+b) \frac{e^{iaz}}{(z-b)(z+b)} \right]_{z=-b} \tag{5.9.29}$$

$$= \pi i \left(\frac{e^{iab}}{2b} - \frac{e^{-iab}}{2b} \right) = -\frac{\pi}{b} \sin ab$$

와 같이 계산된다. 이 결과로부터 다음의 식도 얻을 수 있다.

$$\int_{-\infty}^{\infty} \frac{\cos ax}{x^2 - b^2} dx = -\frac{\pi}{b} \sin ab \tag{5.9.30}$$

$$\int_{-\infty}^{\infty} \frac{\sin ax}{x^2 - b^2} dx = 0 \tag{5.9.31}$$

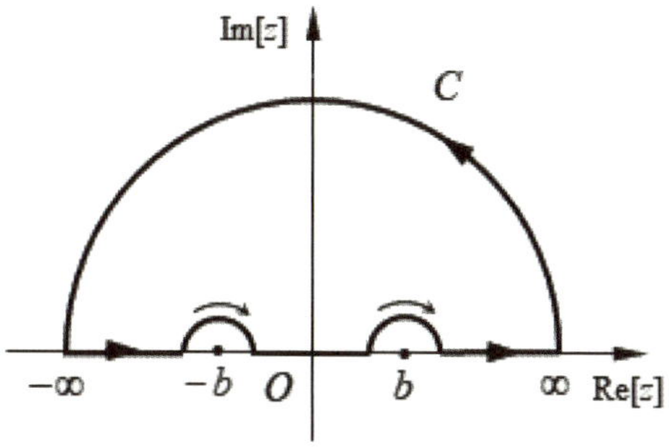

그림 5.9.4 식(5.9.27)의 적분을 위해 제시된 경로

예제 5.9.3 $a > 0,\ b > 0$일 때 다음의 적분을 그림 5.9.5에 주어진 적분 경로 C에 대하여 수행하시오.

$$I = \int_{-\infty}^{\infty} \frac{e^{-iax}}{x^2 - b^2}\, dx \tag{5.9.32}$$

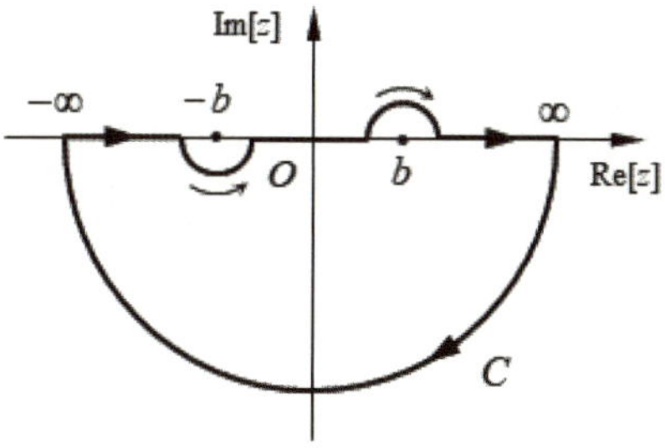

그림 5.9.5 하반평면을 지나는 적분 경로

풀이 그림에서 주어진 경로 C는 경로 내부에 극점 $z = b$가 포함되어 있다. 그러므로 코시 주요값을 이용하여 경로 C에 대한 적분을 다음과 같이 할 수 있다.

$$\oint_C \frac{e^{-iaz}}{z^2 - b^2}\, dz \tag{5.9.33}$$

$$= P\int_{-\infty}^{\infty} \frac{e^{-iax}}{x^2 - b^2}\, dx + \int_{R\to\infty} \frac{e^{-iaz}}{z^2 - b^2}\, dz + \pi i a_{-1}(-b) - \pi i a_{-1}(b)$$

$$= -2\pi i a_{-1}(b)$$

하반평면에서 $R \to \infty$일 때의 적분은 조르당 보조정리에 의하여 0이 된다. 따라서

$$I = P\int_{-\infty}^{\infty} \frac{e^{-iax}}{x^2 - b^2}\,dx = -\pi i a_{-1}(-b) - \pi i a_{-1}(b) \tag{5.9.34}$$

$$= -\pi i\left(\frac{e^{iab}}{-2b} + \frac{e^{-iab}}{2b}\right) = -\frac{\pi}{b}\sin ab$$

가 되며, 다른 적분 경로를 이용하여 계산한 식(5.9.29)의 결과와 같다.

역사노트

마리 에느몽 카미유 조르당(Marie Ennemond Camille Jordan, 1838–1922년)은 프랑스의 수학자이며 대수학, 군론, 해석학, 갈루아 이론의 연구로 유명하다. 1855년 수학을 공부하기 위하여 École Polytechnique에 입학하였지만 졸업 후에는 코시(Cauchy)가 걸었던 길처럼 기술직에서 일을 시작하였다. 기술자로서의 일을 하는 동안 시간을 내어 연구를 하며 중요한 수학적 연구 결과를 출판하였고 박사학위를 받았다. 1873년에 École Polytechnique의 조사관이 되었고 1876년에는 이 학교의 교수가 되었다. 또한 1883년부터 Collège de France의 교수가 되었지만 직업적으로는 여전히 기술자였다. 그러나 이 시기 동안에 조르당의 대부분의 수학적 업적이 시작되었으며, 유한군(finite groups), 선형 및 다중선형대수(linear and multilinear algebra), 수론(theory of numbers), 다면체의 위상수학(topology of polyhedra), 미분방정식, 역학 등 당시에 연구된 수학적 주제의 대부분에 실질적인 중요한 기여를 하였다.

조르당은 1870년에 군론에 관한 최초의 책으로 여겨지는 《대입 및 대수방정식에 대한 논문(Traité des substitutions et des équations algebraique)》을 출판하였으며 여기서 갈루아 이론을 자세히 다루었다. 또한 이 책에서 행렬의 조르당 표준형(Jordan normal form)이 최초로 등장하였다. 1882년–1887년 동안 École Polytechnique의 학생들을 위한 교과서로 총 3권의 《에콜 폴리테크니크 해석학 과정(Cours d'analyse de l'École Polytechnique)》을 출판하였는데 이 책은 코시가 확립한 해석학의 엄밀한 분석에 기반을 두었다. 이 책의 3판이 1905년–1915년에 출판되었는데 3판에서 유명한 조르당 곡선 정리(Jordan curve theorem)가 최초로 등장한다. 조르당의 많은 업적 중에서도 푸리에 급수의 수렴성 판정에 대한 일반화도 특기할 만하다.

1890년에 프랑스에서 가장 명예로운 레지옹 도뇌르 훈장을 받았다. 조르당은 리우빌(Liouville)이 창간하였고 19세기 전반에 수학의 발전에 매우 중요한 역할을 한 수학저널 Journal de Mathématiques Pure et Appliquées의 편집자 직책을 1885년부터 사망할 때까지 35년 넘게 맡았다. 그러나 그의 인생 후반에는 제1차 세계대전으로 인해 여섯 명의 아들 중 세 명이 전사하는 슬픔도 있었다. 조르당은 파리에서 1922년에 사망하였다.

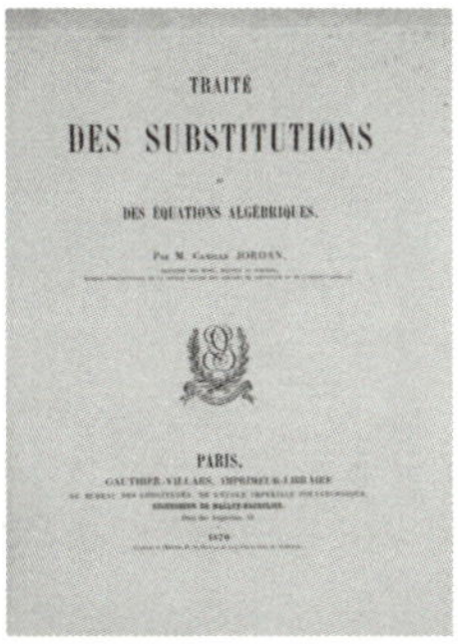

1870년에 출판된 《Traité des substitutions et des équations algebraique》

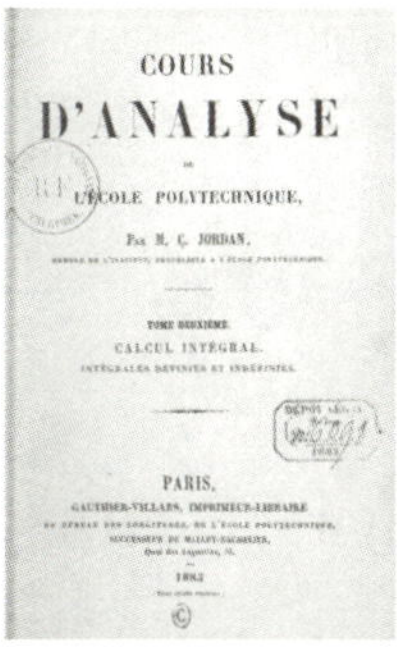

1883년에 출판된《Cours d'analyse de l'École Polytechnique》

5.10 정적분 응용: 그 외의 경우(Definite integrals: some other integrals)

앞의 5.7절부터 5.9절에서 논의한 세 가지 형태의 적분이 유수정리를 이용하여 수행할 수 있는 적분의 전부가 아니다. 그 외에도 다양한 형태의 적분이 있으며, 물리적인 문제에서 종종 등장하는 비대칭 형태의 적분, 피적분함수가 가지점을 가지고 있는 경우, 또는 무한히 많은 주기적인 극점이 있는 경우 등등이 있다. 이런 경우에 경로를 현명하게 잘 선택하면 적분을 어렵지 않게 수행할 수가 있는데 몇 가지 예를 보자.

5.10.1 경로가 $(0, \infty)$인 경우의 적분

적분의 경로가 $(0, \infty)$인 경우에, $x = 0$을 중심으로 좌우 대칭이면 적분의 경로를 $(-\infty, \infty)$로 확장하여 문제를 풀 수가 있었다. 예를 들어 예제 5.7.2에서 식(5.7.15)에 주어진 적분을 수행하기 위하여 적분 경로를 모든 실수 영역으로 확장한 뒤에 그 결과를 반으로 나누면 옳은 답을 얻을 수 있음을 보여주었다. 앞서 5.9절의 식(5.9.24)에서 (1)번 적분의 경우에 피적분함수가 좌우 대칭이므로 적분의 영역이 $(-\infty, \infty)$ 대신에

$(0, \infty)$로 주어졌다면 $(-\infty, 0)$ 영역에서도 같은 값을 가질 것이다. 따라서 $(0, \infty)$ 구간의 적분을 다음과 같이 구할 수 있다.

$$\int_0^\infty \frac{\cos ax}{x^2+b^2}dx = \frac{1}{2}\left(\int_{-\infty}^0 \frac{\cos ax}{x^2+b^2}dx + \int_0^\infty \frac{\cos ax}{x^2+b^2}dx\right) = \frac{\pi}{2b}e^{-|a|b} \qquad (5.10.1)$$

그러나 식(5.9.24)의 (2)번 적분의 경우에는 $(-\infty, 0)$와 $(0, \infty)$에서 적분의 결과가 다르므로 단순히 $(-\infty, \infty)$로 확장하여 계산할 수가 없다.

$$\int_0^\infty \frac{\sin ax}{x^2+b^2}dx \neq \frac{1}{2}\left(\int_{-\infty}^0 \frac{\sin ax}{x^2+b^2}dx + \int_0^\infty \frac{\sin ax}{x^2+b^2}dx\right) \qquad (5.10.2)$$

그러므로 대칭성이 결여된 경우의 적분은 단순히 경로를 $(-\infty, \infty)$로 확장하는 것보다는 피적분함수의 특성에 따라 경로를 영리하게 잘 만들어 주어야 원하는 적분의 결과를 얻을 수 있을 것이다. 다음의 예를 보자.

$$I = \int_0^\infty \frac{1}{x^3+1}dx \qquad (5.10.3)$$

위의 적분은 적분 영역을 $(-\infty, \infty)$로 확장하더라도 적분 I를 얻기가 힘들다. I의 피적분함수는 그림 5.10.1에 나타낸 것과 같은데, 극점 $x=-1$에 대해 코시 주요값 정리를 이용한다고 하더라도 함수가 좌우 비대칭이므로 I를 얻을 수 없다.

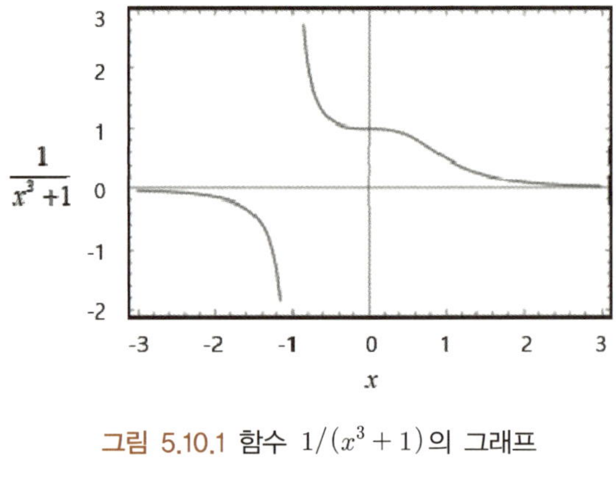

그림 5.10.1 함수 $1/(x^3+1)$의 그래프

복소공간을 이용하여 I를 구하고자 할 때는 앞서 해왔던 것처럼 $x \to z$로 바꾸어 복소함수 $1/(z^3+1)$을 적분하는 것을 고려해 볼 수 있는데, 이때 주의할 점은 닫힌 경로가 양의 실수축 구간 $(0, \infty)$을 지나면서 구간의 양쪽 끝을 피적분함수의 특성에 따라 잘 연결해 주어야 한다는 것이다. 복소변수를 $z = re^{i\theta}$라고 하면 $z^3 = r^3 e^{3i\theta}$이므로 편각이 $\theta = 2\pi/3$일 때에는 $z^3 = r^3$이 된다. 이러한 편각을 가지는 경로 위에서의 적분은 마치 실수 공간에서 적분을 하는 것과 같다. 그러므로 I를 계산하기 위하여 그림 5.10.2와 같이 양의 실수축(C_A), 반지름이 무한대인 원호(C_R), 그리고 편각 $\theta = 2\pi/3$일 때 무한대에서 원점으로 가는 직선 경로(C_B)로 구성된 반시계방향의 부채꼴 모양의 닫힌 경로 C를 생각해 보자. I는 C_A에서의 적분이다. C_R 경로에서 반지름 $R \to \infty$이면 피적분함수가 빠르게 0으로 접근하므로 C_R의 기여는 없다고 보아도 좋다. C_B의 경로는 r이 ∞에서 0으로 향하므로 경로적분은 다음과 같이 된다.

$$\oint_C \frac{1}{z^3+1}\,dz = I + \int_\infty^0 \frac{e^{2\pi i/3}}{r^3+1}\,dr = 2\pi i \sum_j (a_{-1})_j \tag{5.10.4}$$

위의 식에서 r 적분은 실수축에서의 적분으로 생각하여도 되므로

$$\int_\infty^0 \frac{1}{r^3+1}\,dr = -I \tag{5.10.5}$$

로 놓을 수 있다. 따라서 I를 다음과 같이 구할 수 있다.

$$I = \frac{2\pi i}{1-e^{2\pi i/3}} \sum_j (a_{-1})_j \tag{5.10.6}$$

이제 유수를 구하면 되는데, 피적분함수의 극점을 조사하여 보면 세 개의 단순극점 $z_1 = e^{\pi i/3}$, $z_2 = e^{\pi i}$, $z_3 = e^{5\pi i/3}$이 있는 것을 알 수 있으며 경로 C의 내부에는 z_1만 존재한다. z_1에서의 유수를 계산하면

$$a_{-1}(z_1) = \left.\frac{1}{3z^2}\right|_{z=z_1} = \frac{1}{3e^{2\pi i/3}} \tag{5.10.7}$$

이다. 그러므로 적분 I의 결과는 다음과 같다.

$$I = \frac{2\pi i}{\left(1 - e^{2\pi i/3}\right)} \frac{1}{3\,e^{2\pi i/3}} = \frac{2\pi i}{3\,e^{\pi i}\left(e^{-\pi i/3} - e^{\pi i/3}\right)} = \frac{\pi}{3\sin(\pi/3)} = \frac{2\pi}{3\sqrt{3}} \tag{5.10.8}$$

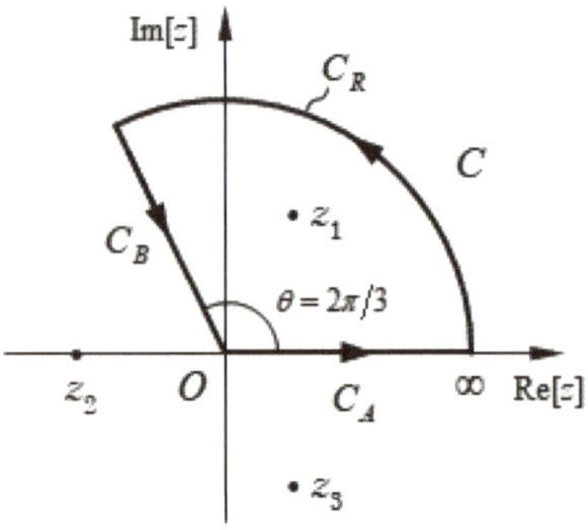

그림 5.10.2 식(5.10.3)의 적분을 수행하기 위해 제시된 경로

5.10.2 가지점을 가지고 있는 경우의 적분

피적분함수가 가지점을 가지고 있다면 적분 경로상과 적분 경로의 내부에 가지점이 포함되지 않도록 해야 한다. 다음의 예를 보자.

$$I = \int_0^\infty \frac{\ln x}{x^3 + 1}\, dx \tag{5.10.9}$$

위의 적분을 수행하기 위하여 복소공간에서 경로적분을 한다면 피적분함수는 $\ln z/(z^3 + 1)$로 할 수 있는데, 분모의 $\ln z$는 $z = 0$에서 무한 차수의 가지점을 가지고 있다. $\ln z$의 가지점에 대하여는 제2장에서 상세히 설명하였다. 따라서 적분을 수행하기 위해서는 가지점 $z = 0$과 ∞를 잇는 가지자름을 하고 적분의 경로가 이 가지자름을 지나지 않도록 해주어야 한다. 식(5.10.9)의 적분 I는 다음의 식으로부터 얻을 수 있다.

$$\oint_C \frac{\ln z}{z^3 + 1}\, dz = 2\pi i \sum_j (a_{-1})_j \tag{5.10.10}$$

여기서 적분의 경로 C는 식(5.9.3)의 적분을 위한 경로와 유사하게 할 수 있지만 가지점을 피하여야 하므로 그림 5.10.3과 같이 부채꼴 모양으로 만들어 주면 된다. 그림에서 경로 C는 반시계방향이며 양의 실수축(C_A), 반지름이 무한대인 원호(C_R), 편각 $\theta = 2\pi/3$일 때 무한대에서 원점으로 가는 직선 경로(C_B), 원점을 피해 시계방향으로 돌아가는 작은 원호(C_ρ)로 구성되어 있다. C_ρ의 반지름이 충분히 작다면 적분 I는 경로 C_A에서의 적분이라고 할 수 있다. 경로 C의 내부에는 극점 $z_1 = e^{\pi i/3}$이 있다.

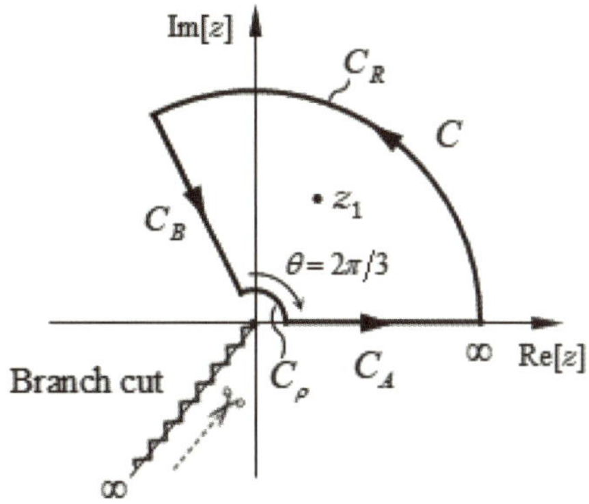

그림 5.10.3 식(5.10.10)의 적분을 수행하기 위한 경로

C_R의 반지름이 무한대로 커지면 $\ln z$가 발산하는 것 보다 $1/z^3$이 감소하는 것이 더 빠르므로 C_R에서의 적분은 0이 된다. 한편, ρ가 0으로 가는 극한에서 $\rho \ln \rho$의 값은

$$\lim_{\rho \to 0} \rho \ln \rho = \lim_{\rho \to 0} \rho \left[(\rho - 1) - \frac{1}{2}(\rho - 1)^2 + \frac{1}{3}(\rho - 1)^3 - \cdots \right] = 0 \qquad (5.10.11)$$

와 같이 0으로 수렴하므로, C_ρ의 경로적분은

$$\lim_{\rho \to 0} \int_{C_\rho} \frac{\ln z}{z^3 + 1} dz = \lim_{\rho \to 0} \int_0^{2\pi/3} \frac{\ln(\rho e^{i\theta})}{\rho^3 e^{3i\theta} + 1} i\rho e^{i\theta} d\theta = 0 \qquad (5.10.12)$$

과 같이 0이 된다. 편각 $\theta = 2\pi/3$인 경로 C_B 상에서는 $z^3 = r^3$이므로

$$\int_{C_B} \frac{\ln z}{z^3 + 1} dz = -e^{2\pi/3} \int_{\rho \to 0}^{\infty} \frac{\ln r}{r^3 + 1} dr - \frac{2\pi i}{3} e^{2\pi i/3} \int_{\rho \to 0}^{\infty} \frac{1}{r^3 + 1} dr \qquad (5.10.13)$$

이 되는데 $\rho \to 0$인 극한에서 우변의 첫 번째 적분은 우리가 구하고자 하는 I와 같고 두 번째 적분은 앞서 구한 식(5.10.8)과 같다. 따라서 식(5.10.10)으로부터

$$I = \left(1 - e^{2\pi i/3}\right)^{-1}\left[\frac{4\pi^2 i}{9\sqrt{3}}e^{2\pi i/3} + 2\pi i a_{-1}(z_1)\right] \tag{5.10.14}$$

와 같이 된다. $z = z_1$에서의 유수는 로피탈의 정리를 이용하여 $a_{-1} = (\pi i/9)e^{-2\pi i/3}$와 같이 구할 수 있으므로 적분 I의 결과는 최종적으로 다음과 같이 구할 수 있다.

$$I = \int_0^\infty \frac{\ln x}{x^3+1}dx = -\frac{2\pi^2}{27} \tag{5.10.15}$$

가지자름이 필요한 예를 하나 더 들어보자. 정수가 아닌 실수 p에 대하여 n이 정수일 때 z^p는 복소공간에서 $z^p = r^p e^{i(\theta+2\pi n)p}$가 되므로 다중값 함수가 된다. 따라서 z^p를 포함하는 함수를 경로적분 할 때 가지자름을 하여 가지점을 회피한 경로를 선택해야 한다. 다음의 적분을 계산해 보자.

$$I = \int_0^\infty \frac{x^p}{x^3+1}dx \qquad (0 < p < 2) \tag{5.10.16}$$

적분 I를 수행하기 위하여 복소공간에서 그림 5.10.3에 주어진 C와 같은 부채꼴 경로에 대하여 적분

$$\oint_C \frac{z^p}{z^3+1}dz \quad (0 < p < 2) \tag{5.10.17}$$

를 고려해 보자. 편각 $\theta = 2\pi/3$을 포함하는 부채꼴 모양의 경로는 앞서 살펴본 바와 같이 $z^3 = r^3$이 되므로 계산에 유리한 점이 있다. 피적분함수 $z^p/(z^3+1)$은 $r \to 0$ 및 $r \to \infty$일 때 0으로 수렴하므로 그림 5.10.3의 경로에서 C_R과 C_ρ의 기여는 없다. 그러므로 다음과 같이 쓸 수 있다.

$$\oint_C \frac{z^p}{z^3+1}dz = I - e^{2\pi(p+1)i/3}\int_0^\infty \frac{r^p}{r^3+1}dr = 2\pi i\sum_j (a_{-1})_j \tag{5.10.18}$$

경로 내의 극점은 $z_1 = e^{\pi i/3}$이므로 적분 I는

$$I = \frac{2\pi i\, a_{-1}(z_1)}{1-e^{2\pi(p+1)i/3}} \tag{5.10.19}$$

와 같이 되며, $z_1 = e^{\pi i/3}$에서의 유수는

$$a_{-1}(z_1) = \left[(z-z_1)\frac{z^p}{(z-z_1)(z-z_2)(z-z_3)}\right]_{z=z_1} \tag{5.10.20}$$

이므로 이것을 계산하면 적분을 해결할 수 있다. 여기서 z_2와 z_3는 각각 $e^{\pi i}$와 $e^{5\pi i/3}$이다. 유수의 계산과 적분의 결과는 예제 5.10.1을 참고하기를 바란다.

예제 5.10.1 $0 < p < 2$에 대하여 적분 $I = \int_0^\infty \frac{x^p}{x^3+1}dx$ 를 계산하시오.

풀이 적분 I의 계산은 본문에서 설명한 것처럼 그림 5.10.3의 경로를 이용할 경우에는 식(5.10.19)와 같이 구할 수 있다. $z_1 = e^{\pi i/3}$에서의 유수는

$$a_{-1}(z_1) = \frac{e^{p\pi i/3}}{(e^{\pi i/3}-e^{\pi i})(e^{\pi i/3}-e^{5\pi i/3})} = -\frac{1}{3}e^{(p+1)\pi i/3} \tag{5.10.21}$$

이므로 문제에서 주어진 적분의 결과는 다음과 같다.

$$I = \int_0^\infty \frac{x^p}{x^3+1}dx = \frac{\pi}{3\sin[(1+p)\pi/3]} \tag{5.10.22}$$

다음의 적분은 식(5.10.16)과 유사하지만 앞서 예를 든 부채꼴의 적분 경로를 이용하기가 쉽지 않다.

$$I = \int_0^\infty \frac{x^p}{x^2+1}dx \qquad (0 < p < 1) \tag{5.10.23}$$

이 적분을 수행하기 위하여 복소공간에서의 적분

$$\oint_C \frac{z^p}{z^2+1}dz \qquad (0 < p < 1) \tag{5.10.24}$$

을 고려해 보자. 피적분함수는 $z = \pm i$에 단순 극점을 가지고 있다. 이 경우에는 $x = 0$에서 $x = \infty$로 가는 실축을 가지자름으로 하고 그림 5.10.4와 같이 가지점($z = 0$)을 회피하고 가지자름을 넘어가지 않는 경로를 만들면 적분이 가능하다. 그림에서 보듯이 닫힌 경로 C는 $C = C_R + C_\rho + C_A + C_B$로 되어 있는 반시계방향의 경로라고 하자. 단, C_ρ는 시계방향이며 반지름이 매우 작다.

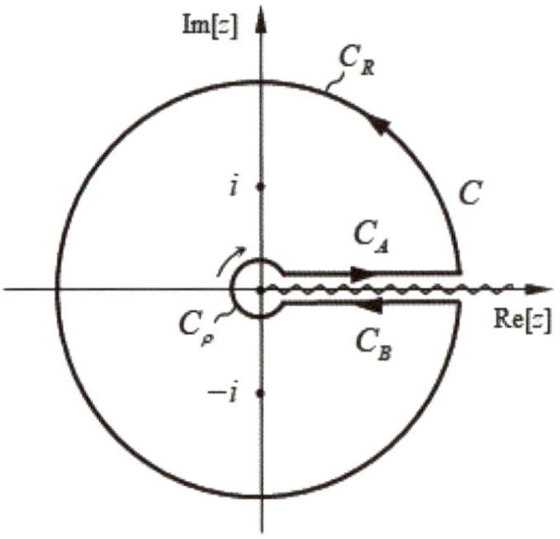

그림 5.10.4 식(5.10.24)의 적분을 수행하기 위한 경로

이미 예상할 수 있듯이 C_R의 반지름이 무한대로 가고 C_ρ의 반지름이 0으로 가는 극한에서 이들 경로가 적분에 기여하는 양은 없다. 여기서 주의할 점은 경로 C_A와 C_B는 편각(위상)이 서로 다르다는 점이다. 즉, C_A는 0에서 ∞로 가는 경로이며 이때 편각을 $\theta = 0$이라고 하면 C_B는 경로를 한 바퀴 회전한 후 ∞에서 0으로 가는 경로이므로 편각은 $\theta = 2\pi i$가 된다. 따라서 식(5.10.24)의 경로적분은 다음과 같다.

$$\oint_C \frac{z^p}{z^2+1}dz = \int_{C_A} \frac{z^p}{z^2+1}dz + \int_{C_B} \frac{z^p}{z^2+1}dzr \tag{5.10.25}$$

$$= \int_{\rho\to 0}^{\infty} \frac{r^p}{r^2+1}dr + \int_{\infty}^{\rho\to 0} \frac{r^p e^{2\pi pi}}{r^2 e^{4\pi i}+1}dr$$

$$= I - e^{2\pi pi} I$$

$$= 2\pi i \sum_j (a_{-1})_j$$

극점 $z = \pm i$에서 유수의 합은

$$\sum_j (a_{-1})_j = a_{-1}(i) + a_{-1}(-i) = \frac{i^p - (-1)^p}{2i} \tag{5.10.26}$$

이다. 그러므로 적분 I는 다음과 같이 계산이 된다.

$$I = \int_0^\infty \frac{x^p}{x^2+1}dx = \pi \frac{e^{p\pi i/2} - e^{3\pi i/2}}{1 - e^{2p\pi i}} \quad (0 < p < 1) \tag{5.10.27}$$

위의 결과는 아래와 같이 사인 함수 또는 코사인 함수의 형태로도 쓸 수 있다.

$$I = \int_0^\infty \frac{x^p}{x^2+1}dx = \pi \frac{\sin(p\pi/2)}{\sin(p\pi)} = \frac{\pi}{2\cos(p\pi/2)} \quad (0 < p < 1) \tag{5.10.28}$$

5.10.3 주기적인 극점을 가지고 있는 경우의 적분

피적분함수의 극점이 무한한 공간까지 일정한 간격으로 계속 반복되어 나온다면 적분 경로 내에 유한개의 극점만 가질 수 있도록 경로를 만들어 주어야 유수정리를 쓰기가 편리하다. 다음의 예를 보자.

$$I = \int_0^\infty \frac{x}{\sinh x} dx \tag{5.10.29}$$

이 적분을 계산하기 위하여 닫힌 경로 C에 대하여 복소 적분

$$\oint_C \frac{z}{\sinh z} dz \tag{5.10.30}$$

을 계산하고자 한다. 피적분함수는 좌우 대칭의 짝함수이므로 실수축 적분구간을 $(-\infty, \infty)$로 확장하여 적분 경로에 포함시킬 수 있다. 그런데 $\sinh z$는 0을 제외한 모든 정수 n에 대하여 $z = n\pi i$에서 극점을 가지므로 경로를 설정할 때 유의할 필요가 있다.

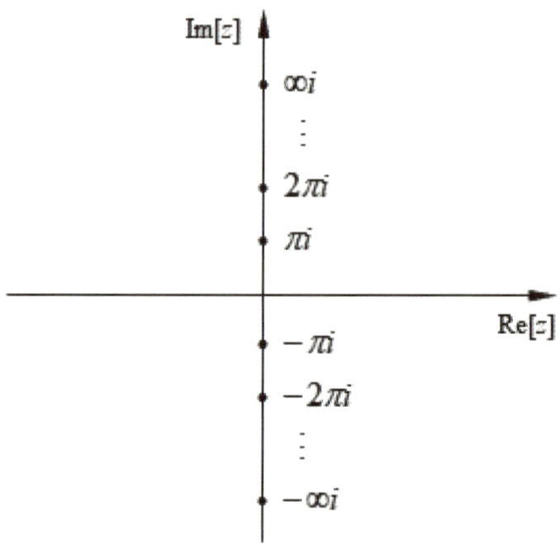

그림 5.10.5 함수 $z/\sinh z$의 극점

지금까지 흔히 해왔던 것처럼 반지름 $R \to \infty$인 반원을 포함하도록 적분 경로를 선택한다면 경로 내에 무한개의 극점을 포함하게 되어 유수를 구하는데 어려움이 생긴다. 이 경우에 제안할 수 있는 적분 경로는 그림 5.10.6에 주어진 형태이다. 이 그림의 특징은 경로가 극점을 수평선상에서 지나가도록 의도적으로 그려졌다는 것이다. 그림에서 실축 $(-\infty, \infty)$을 지나고 ∞에서 πi만큼 수직 위로 올라간 뒤 $\infty + \pi i$에서 $-\infty + \pi i$까지 수평으로 지나가되 같은 수평선상에 있는 극점 $z = \pi i$을 회피해서 반원을 그리며 돌아가고, $-\infty + \pi i$에서 πi만큼 수직 아래로 내려가는 닫힌 경로를 보여주고 있다. 경로 C의 각 구간을 C_1, C_2, C_3, C_4, C_5, C_6이라고 하고, 극점 주위를 반시계방향으로 돌아가는 C_4는 반지름 $\delta(\to 0)$인 반원이라고 하자.

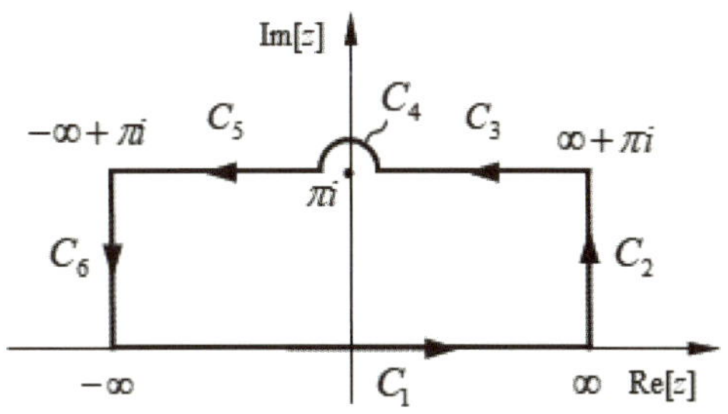

그림 5.10.6 식(5.10.30)의 적분을 수행하기 위하여 제안된 경로

제1장의 연습문제에서 확인한 바와 같이 복소변수를 가진 쌍곡사인함수는 $\sinh(x+iy) = \sinh x \cosh iy + \cosh x \sinh iy$와 같이 전개되므로 $x \to \pm\infty$일 때 $|z/\sinh z| \to 0$이 된다. 즉 경로 C_2와 C_6에서 적분값은 0이 된다. 반원 C_4의 반지름이 0으로 접근하면 경로 C_3와 C_5의 적분은 코시 주요값과 같다. 경로 C_3와 C_5에서 $dz = d(x+\pi i) = dx$이므로 경로적분은 유수정리에 의하여 결국 다음과 같이 된다.

$$\oint_C \frac{z}{\sinh z} dz = \int_{-\infty}^{\infty} \frac{x}{\sinh x} dx + P\int_{\infty}^{-\infty} \frac{x+\pi i}{\sinh(x+\pi i)} dx + \pi i\, a_{-1}(\pi i) \quad (5.10.30)$$
$$= 2\pi i\, a_{-1}(\pi i)$$

여기서 C_3와 C_5가 $x+\pi i$를 지나도록 하였기 때문에 $\sinh(x+\pi i) = -\sinh x$인 결과를 이용하면 코시 주요값은

$$P\int_{\infty}^{-\infty} \frac{x+\pi i}{\sinh(x+\pi i)} dx = P\int_{\infty}^{-\infty} \frac{x}{-\sinh x} dx = P\int_{-\infty}^{\infty} \frac{x}{\sinh x} dx \quad (5.10.31)$$

가 된다. 만약에 경로가 $x+\pi i$이 아닌 임의의 경로를 지나게 되면 코시 주요값 적분을 다루기가 어려울 수 있다. 식(5.10.30)으로부터 적분 I는

$$I = \frac{\pi i}{4} a_{-1}(\pi i) \quad (5.10.32)$$

가 되는데 유수를 계산하면 $a_{-1}(\pi i) = -\pi i$이다. 그러므로 다음의 결과를 얻는다.

$$I = \int_0^{\infty} \frac{x}{\sinh x} dx = \frac{\pi^2}{4} \tag{5.10.33}$$

예제 5.10.2 아래에 주어진 경로에 대하여 $I = \int_0^{\infty} \frac{x}{\sinh x} dx$를 계산하시오.

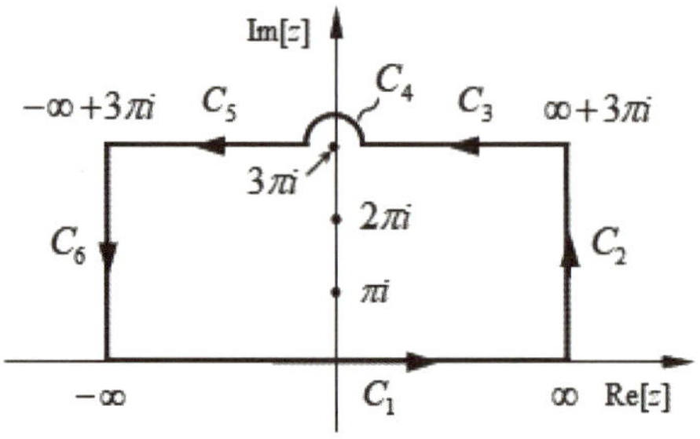

그림 5.10.7 적분 I의 계산을 위한 경로

풀이 본문에서 풀이한 것과 같은 방법으로 적분을 다음과 같이 계산할 수 있다.

$$\oint_C \frac{z}{\sinh z} dz \tag{5.10.34}$$

$$= \int_{-\infty}^{\infty} \frac{x}{\sinh x} dx + P\int_{\infty}^{-\infty} \frac{x+3\pi i}{\sinh(x+3\pi i)} dx + \pi i a_{-1}(3\pi i)$$

$$= 2\pi i \left[a_{-1}(\pi i) + a_{-1}(2\pi i) + a_{-1}(3\pi i) \right]$$

경로 C_2와 C_6에서의 적분은 0이다. $\sinh(x+3\pi i) = -\sinh x$이고 극점 $z = \pi i, 2\pi i, 3\pi i$에서의 유수는 각각 $a_{-1}(\pi i) = -\pi i$, $a_{-1}(2\pi i) = 2\pi i$, $a_{-1}(3\pi i) = -3\pi i$이다. 그러므로 적분의 결과는 $I = \pi^2/4$이며 이것은 본문에서 그림 5.10.6에 주어진 경로로 계산한 결과와 동일하다.

5.10.4 가우스 적분(Gaussian integral)의 경우

실적분으로 정의된 다음의 가우스 적분(Gaussian integral)을 보자. 여기서 a, b는 상수이고 $b > 0$이다.

$$I = \int_{-\infty}^{\infty} e^{iax - bx^2} dx \tag{5.10.35}$$

위의 적분은 복소공간으로 확장하더라도 조르당의 보조정리를 쓸 수 없다. 지수함수를 다음과 같이 바꾸어 보자.

$$e^{iax - bx^2} = e^{-a^2/4b} e^{-b(z - i/2b)^2} \tag{5.10.36}$$

따라서 I를 다음과 같이 쓸 수 있다.

$$I = e^{-a^2/4b} \lim_{R \to \infty} \int_{-R}^{R} e^{-b(x - ia/2b)^2} dx \tag{5.10.37}$$

적분 변수를 $z = x - ia/2b$로 치환하면 $dz = dx$이므로 I는

$$I = e^{-a^2/4b} \lim_{R \to \infty} \int_{-R-ia/2b}^{R-ia/2b} e^{-bz^2} dz \tag{5.10.38}$$

가 된다. 여기서 I_R은 다음과 같이 정의되었다.

$$I_R = \int_{-R-ia/2b}^{R-ia/2b} e^{-bz^2} dz \tag{5.10.39}$$

적분 I_R의 경로는 x축과 나란하게 $-R-ia/2b$에서 $R-ia/2b$로 가는 직선이다. 이를 C_1이라고 하자. 이제 이 경로를 포함하여 닫힌 경로를 만들면, e^{-bz^2}는 완전함수이므로 경로 내에서 해석적이다. 따라서 코시 적분 정리에 의하여 경로적분의 결과는 0이 된다. $a > 0$라고 가정하면 경로를 그림 5.10.8과 같이 만들어 줄 수 있는데, 이러한 경로에 대한 적분은 다음과 같다.

$$I_R + \int_{C_2} e^{-bz^2} dz + \int_{R}^{-R} e^{-bz^2} dz + \int_{C_4} e^{-bz^2} dz = 0 \tag{5.10.40}$$

경로 C_2를 따라서는 $z = R + iy$이고, 경로 C_4를 따라서는 $z = -R + iy$이므로 이들 경로에 대한 적분은 각각

$$\int_{C_2} e^{-bz^2} dz = ie^{-bR^2} \int_{-ia/2b}^{0} e^{by^2 - 2ibRy} dy \tag{5.10.41}$$

$$\int_{C_4} e^{-bz^2} dz = ie^{-bR^2} \int_{0}^{-ia/2b} e^{by^2 + 2ibRy} dy \tag{5.10.42}$$

가 되는데, $R \to \infty$인 극한에서 $e^{-bR^2} \to 0$이므로 위의 두 적분은 모두 0으로 수렴한다. 따라서 $R \to \infty$일 때 식(5.10.27)로부터

$$\lim_{R \to \infty} I_R + \int_{\infty}^{-\infty} e^{-bz^2} dz = 0 \tag{5.10.43}$$

을 얻는다. 감마 함수(gamma function)는

$$\Gamma(s) = 2\int_0^{\infty} e^{-z^2} t^{2s-1} dz \tag{5.10.44}$$

와 같이 정의되므로 $\lim_{R \to \infty} I_R = \Gamma(1/2)/\sqrt{b}$로 쓸 수 있는데 여기서 $\Gamma(1/2) = \sqrt{\pi}$이다. 그러므로 가우스 적분을 다음과 같이 구할 수 있다.

$$\int_{-\infty}^{\infty} e^{iax - bx^2} = \sqrt{\frac{\pi}{b}} e^{-a^2/4b} \tag{5.10.45}$$

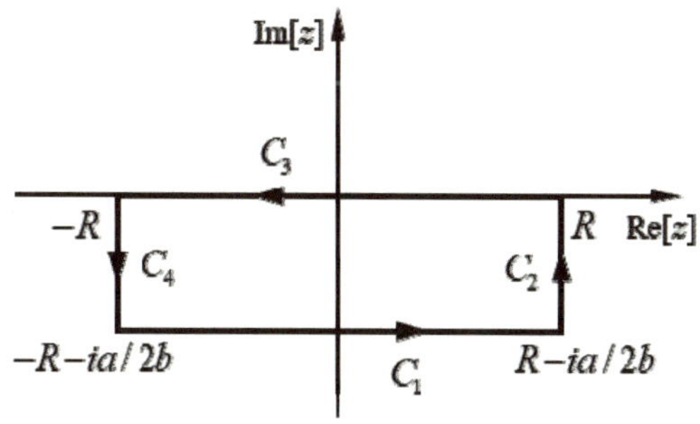

그림 5.10.8 가우스 적분을 위해 제안된 적분 경로$(a, b > 0)$

위에서 언급한 $\Gamma(1/2) = 2\int_0^\infty e^{-z^2}dz$의 값이 $\sqrt{\pi}$가 되는 것을 간단한 방법으로 확인할 수 있다. 먼저 $\Gamma(1/2)$의 제곱을 아래와 같이 쓰고

$$[\Gamma(1/2)]^2 = \left(2\int_0^\infty e^{-p^2}dp\right)\left(2\int_0^\infty e^{-z^2}dz\right) \tag{5.10.46}$$

여기에서 p와 z를 각각 $p = r\cos\theta$와 $z = r\sin\theta$로 치환을 하면 다음과 같이 계산된다.

$$[\Gamma(1/2)]^2 = 4\int_0^\infty\int_0^\infty e^{-(p^2+z^2)}dpdz = 4\int_0^\infty\int_0^{\pi/2} e^{-r^2}r\,drd\theta \tag{5.10.47}$$

$$= 2\pi\int_0^\infty e^{-r^2}r\,dr = 2\pi\left[-\frac{1}{2}e^{-r^2}\right]_0^\infty = \pi$$

그러므로 양수인 $\Gamma(1/2)$가 $\sqrt{\pi}$가 되는 것을 쉽게 알 수 있다. 또한, 식(5.10.46) 우변의 두 번째 적분에서 $z = pt$, $dz = pdt$로 놓으면 $[\Gamma(1/2)]^2$는 다음과 같이 된다.

$$[\Gamma(1/2)]^2 = \left(2\int_0^\infty e^{-p^2}dp\right)\left(2\int_0^\infty e^{-z^2}dz\right) = 4\int_0^\infty e^{-p^2}dp\int_0^\infty e^{-p^2t^2}pdt \tag{5.10.48}$$

$$= 4\int_0^\infty dt\int_0^\infty e^{-p^2(1+t^2)}pdp = 4\int_0^\infty dt\left[-\frac{1}{2(1+t^2)}e^{-p^2(1+t^2)}\right]_0^\infty$$

$$= 2\int_0^\infty \frac{1}{(1+t^2)}dt$$

여기서 $t = \tan\beta$, $dt = \sec^2\beta d\beta$로 놓으면

$$[\Gamma(1/2)]^2 = 2\int_0^{\infty} \frac{1}{(1+t^2)} dt = 2\int_0^{\pi/2} \frac{\sec^2\beta}{(1+\tan^2\beta)} d\beta = \pi \tag{5.10.49}$$

가 되므로 $\Gamma(1/2) = \sqrt{\pi}$인 것을 알 수 있다.

연습문제

5.1 함수 $f(z) = \dfrac{e^z}{z-1}$의 극점 $z = 1$에서의 유수를 (1) 로랑 전개와 (2) 유수정리를 이용하여 구하시오.

5.2 함수 $f(z) = \dfrac{z}{(1-z)(2z+1)}$의 극점과 극점에서의 유수를 구하시오.

5.3 함수 $f(z) = \dfrac{1}{(z^2 + a^2)^2}$ $(a > 0)$ 의 극점과 극점에서의 유수를 구하시오.

5.4 함수 $f(z) = \dfrac{\sin z}{1 - z^4}$의 극점 $z = i$에서의 유수가 $a_{-1}(i) = \dfrac{1}{4}\sinh 1$임을 보이시오.

5.5 함수 $f(z) = \cot z$의 극점과 극점에서의 유수를 구하시오.

5.6 유수정리를 이용하여 코시 적분 공식의 n계 도함수를 유도하시오.

$$f^{(n)}(z_0) = \frac{n!}{2\pi i}\oint_C \frac{f(z)}{(z - z_0)^{n+1}} dz$$

5.7 경로 C: $|z| = 1$ 에 대해 $I = \oint_C \dfrac{1}{z}\sin\left(\dfrac{1}{z}\right)dz$를 계산하시오.

5.8 경로 C: $|z| = 1$ 에 대해 $I = \oint_C z^n \sin\left(\dfrac{1}{z}\right)dz$를 계산하시오. 단, n은 양의 정수이다.

5.9 적분 $I = \displaystyle\int_0^\infty \frac{1}{x^2 + 1}dx$를 계산하시오.

5.10 적분 $I = \int_{-\infty}^{\infty} \frac{1}{x^6+1} dx$를 계산하시오.

5.11 적분 $I = \int_{-\infty}^{\infty} \frac{1}{x} dx$를 계산하시오.

5.12 적분 $I = \int_{-1}^{2} \frac{1}{x} dx$를 계산하시오.

5.13 실수 t에 대하여 (1) $|t| < 1$ 및 (2) $|t| > 1$인 경우에 적분

$$I = \int_{0}^{2\pi} \frac{1}{1 - 2t\cos\theta + t^2} d\theta$$를 계산하시오.

5.14 적분 $I = \int_{0}^{\infty} \frac{1}{(x+1)x^{1/2}} dx$를 계산하시오.

5.15 적분 $I = \int_{-\infty}^{\infty} \frac{\sin^2 x}{x^2} dx$를 계산하시오.

힌트: $\sin^2 x = \frac{1}{2}(1 - \cos 2x) = \mathrm{Re}\left[\frac{1}{2}(1 - e^{2ix})\right]$의 관계를 이용하거나

$$\int_{-\infty}^{\infty} \frac{\sin^2 x}{x^2} dx = \int_{-\infty}^{\infty} \frac{\sin x}{x} dx$$를 이용하시오.

5.16 적분 $I = \int_{0}^{2\pi} \frac{1}{\sin^2\theta + 3} d\theta$를 계산하시오.

5.17 적분 $I = \int_{0}^{2\pi} \cos^{2n}\theta \, d\theta$를 계산하시오.

5.18 적분 $I = \int_{0}^{\infty} \frac{x^{p-1}}{x+1} dx$를 계산하시오. 단, $0 < p < 1$이다.

5.19 복소상수 z_0에 대하여 다음의 식을 증명하시오.

$$\int_0^{\pi} \cot(\theta - z_0)\, d\theta = \begin{cases} \pi i & (\mathrm{Im}[z_0] > 0 \text{ 인 경우}) \\ -\pi i & (\mathrm{Im}[z_0] < 0 \text{ 인 경우}) \\ \text{divergent} & (\mathrm{Im}[z_0] = 0 \text{ 인 경우}) \end{cases}$$

힌트: $e^{2i(\theta - z_0)} = z$로 놓고 문제에 주어진 적분을 z의 경로적분으로 변환시켜 볼 것.

5.20 실수 p에 대하여 $p^2 > 1$일 때 다음의 식을 증명하시오.

$$\int_0^{2\pi} \frac{1}{p + \cos\theta}\, d\theta = \frac{p}{|p|} \frac{2\pi}{\sqrt{p^2 - 1}}$$

5.21 다음의 식을 증명하시오.

$$\int_0^{2\pi} e^{2\cos\theta}\, d\theta = 2\pi \sum_{n=0}^{\infty} \frac{1}{(n!)^2}$$

5.22 미타크-레플레르 정리를 이용하여 다음의 식을 증명하시오.

$$\tan z = 2z \sum_{n=0}^{\infty} \frac{1}{\left(\frac{2n+1}{2}\right)^2 \pi^2 - z^2}$$

5.23 그림 P5.1에 주어진 적분 경로를 이용하여 다음의 프레넬 적분(Fresnel integrals)을 증명하시오. 프레넬 적분은 광학이나 음향학에서 회절 현상을 연구할 때 중요하게 쓰인다.

$$\int_0^{\infty} \sin x^2\, dx = \int_0^{\infty} \cos x^2\, dx = \sqrt{\frac{\pi}{8}}$$

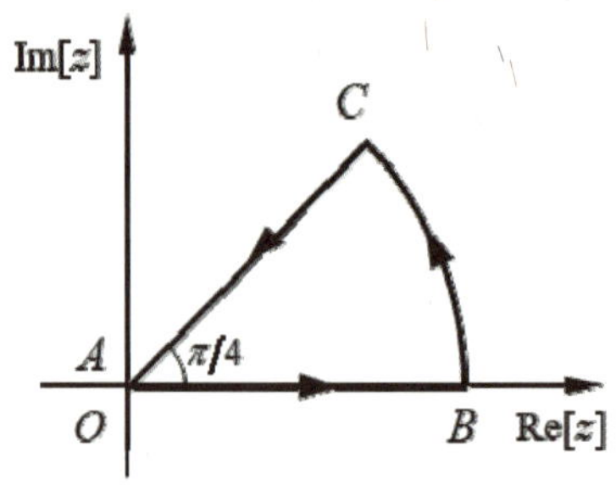

그림 P5.1 프레넬 적분의 증명을 위해 제시된 적분 경로

Chapter 06

사상(寫像)

Mapping

6.1 사상의 정의(Definition of mapping)

복소공간에서 z − 공간의 점들을 공간 관계 $w = f(z)$를 이용하여 w − 공간의 점들로 대응시키는 것을 **사상**(mapping) 또는 **변환**(transformation)이라고 한다. z − 공간에서의 점들을 $z = x + iy$라고 하고 w − 공간에서의 점들을 $w = u + iv$라고 하자. u와 v는 다음과 같이 x와 y의 함수가 된다.

$$u = u(x, y), \qquad v = v(x, y) \tag{6.1.1}$$

이 식을 변환식(transformation equation)이라고 한다. 만약에 w − 공간의 점들이 각각 z − 공간의 점들과 일대일 대응하고 그 역도 성립한다면 이러한 대응을 일대일 변환 또는 일대일 사상이라고 부른다. 이 경우에 z − 공간의 점들의 집합(선 또는 영역)은 w − 공간의 점들의 집합(선 또는 영역)으로 사상된 것이다. z − 공간과 w − 공간의 서로 대응되는 점들의 집합을 종종 서로의 영상(image)라고 부르기도 한다.

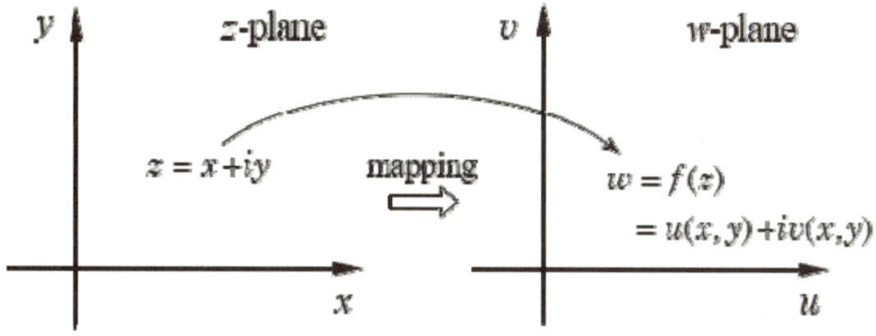

그림 6.1.1 z − 복소공간($z = x + iy$)에서 w − 복소공간($w = f(z) = u + iv$)으로의 사상

6.2 $w = z + z_0$인 사상: 병진(Translation)

$z-$복소공간에서의 두 점 $z = x + iy$와 $z_0 = x_0 + iy_0$가 $w-$복소공간에서

$$w = z + z_0 \tag{6.2.1}$$

로 정의되는 경우를 **병진사상**(translation mapping)이라고 한다. $w-$복소공간에서 $w = u + iv$로 표현되므로 식(6.2.1)은 다음과 같이 쓸 수 있다.

$$w = z + z_0 = (x + x_0) + i(y + y_0) = u(x, y) + iv(x, y) \tag{6.2.2}$$

그러므로,

$$u(x, y) = x + x_0, \qquad v(x, y) = y + y_0 \tag{6.2.3}$$

가 된다. 식(6.2.3)의 병진사상을 그림 6.2.1에 나타내었다.

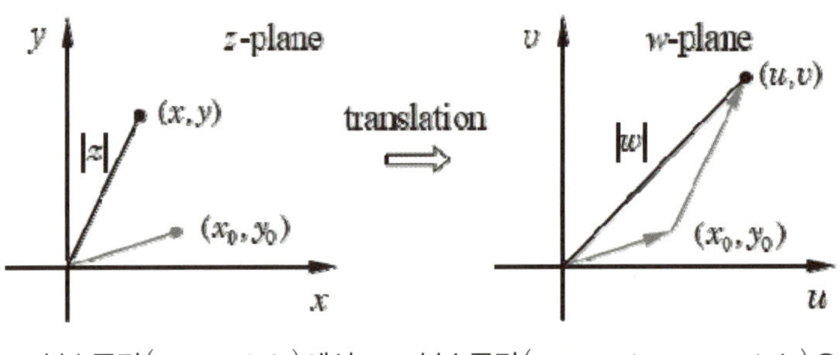

그림 6.2.1 $z-$복소공간$(z = x + iy)$에서 $w-$복소공간$(w = z + z_0 = u + iv)$으로의 병진사상

6.3 $w = z \cdot z_0$인 사상: 회전(Rotation)

z-복소공간에서 $z = x + iy = re^{i\theta}$이고 $z_0 = x_0 + iy_0 = r_0 e^{i\theta_0}$일 때 w-복소공간에서

$$w = z \cdot z_0 \tag{6.3.1}$$

로 정의되는 경우를 **회전사상**(rotation mapping)이라고 한다. $w(= u + iv)$는 극좌표계에서 $w = \rho e^{i\phi}$이므로 식(6.3.1)을 다음과 같이 쓸 수 있다.

$$\begin{aligned} z \cdot z_0 &= re^{i\theta} \cdot r_0 e^{i\theta_0} \\ &= rr_0 e^{i(\theta + \theta_0)} \\ &= \rho e^{i\phi} \end{aligned} \tag{6.3.2}$$

그러므로 w-복소공간에서 ρ와 ϕ는 z-복소공간의 반지름과 편각을 써서

$$\rho = rr_0, \qquad \phi = \theta + \theta_0 \tag{6.3.3}$$

와 같이 쓸 수 있다. 식(6.3.3)의 회전사상을 그림 6.3.1에 나타내었다. 만약 $\theta_0 > 0$이면 회전은 반시계방향이고, $\theta_0 < 0$이면 회전은 시계방향이다.

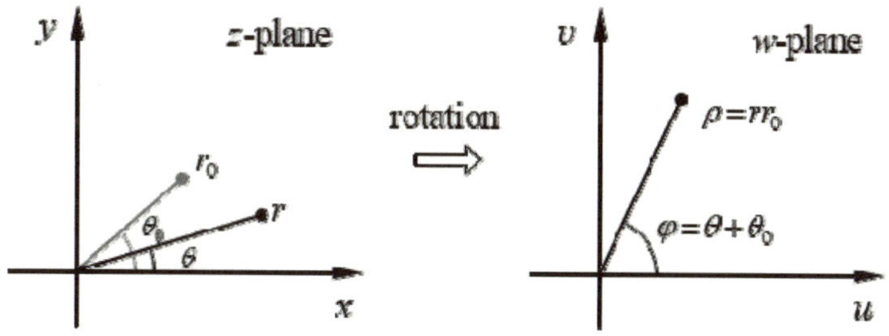

그림 6.3.1 z-복소공간$(z = re^{i\theta})$에서 w-복소공간$(w = z \cdot z_0 = \rho e^{i\phi})$으로의 회전사상

6.4 $w = \dfrac{1}{z}$인 사상: 반전(Inversion)

z - 복소공간에서 $z = x + iy = re^{i\theta}$일 때 w - 복소공간에서

$$w = \frac{1}{z} \tag{6.4.1}$$

로 정의되는 경우를 **반전사상**(inversion mapping)이라고 한다. w - 복소공간의 극좌표계에서 $w = \rho e^{i\phi}$이므로 z의 반전사상은

$$\frac{1}{z} = \frac{1}{r}e^{-i\theta} = \rho e^{i\phi} \tag{6.4.2}$$

로부터

$$\rho = \frac{1}{r}, \qquad \phi = -\theta \tag{6.4.3}$$

의 관계가 있음을 알 수 있다. 식(6.4.3)의 반전사상을 그림 6.4.1에 나타내었다.

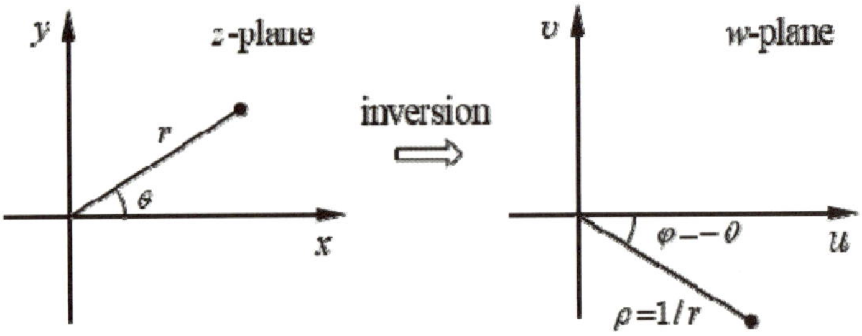

그림 6.4.1 z - 복소공간$(z = re^{i\theta})$에서 w - 복소공간$\left(w = \dfrac{1}{z} = \rho e^{i\phi}\right)$으로의 반전사상

이제 식(6.4.2)를 실수부와 허수부로 나누어 보도록 하자. $w = u + iv$라고 하면 식(6.4.1)의 반전사상은

$$\begin{aligned} \frac{1}{z} &= \frac{1}{x+iy} \\ &= \frac{x-iy}{(x+iy)(x-iy)} \\ &= \frac{x-iy}{x^2+y^2} \\ &= u+iv \end{aligned} \tag{6.4.4}$$

이다. 그러므로, $w-$복소공간에서 $u(x,y)$와 $v(x,y)$는 다음과 같이 x와 y의 함수로 쓸 수 있다.

$$u = \frac{x}{x^2+y^2}, \qquad v = -\frac{y}{x^2+y^2} \tag{6.4.5}$$

그리고 식(6.4.4)의 역을 취해보면

$$\begin{aligned} x+iy &= \frac{1}{u+iv} \\ &= \frac{u-iv}{(u+iv)(u-iv)} \\ &= \frac{u-iv}{u^2+v^2} \end{aligned} \tag{6.4.6}$$

가 되므로 x와 y는 다음과 같이 u와 v의 함수가 된다.

$$x = \frac{u}{u^2+v^2}, \qquad y = -\frac{v}{u^2+v^2} \tag{6.4.7}$$

식(6.4.7)을 사용하여 $z-$복소공간에서의 함수가 $w-$복소공간에서는 어떠한 형태의 함수로 반전사상이 되는지를 원과 직선의 두 가지 예를 들어 알아보기로 하자.

6.4.1 원의 반전사상

$z-$복소공간에서 원의 방정식이 $w-$복소공간에서 어떻게 반전사상이 되는지 알아보자. 중심이 원점이고 반지름이 r인 원의 방정식은 $x^2 + y^2 = r^2$ 이므로 식(6.4.7)을 사용하면

$$\begin{aligned} x^2 + y^2 &= r^2 \\ &= \left(\frac{u}{u^2+v^2}\right)^2 + \left(-\frac{v}{u^2+v^2}\right)^2 \\ &= \frac{u^2+v^2}{(u^2+v^2)^2} \\ &= \frac{1}{u^2+v^2} \end{aligned} \tag{6.4.8}$$

이 되므로 $w-$복소공간에서는 아래와 같이 된다.

$$u^2 + v^2 = \frac{1}{r^2} \tag{6.4.9}$$

그러므로 $z-$복소공간에서 원점을 중심으로 하고 반지름이 r인 원의 방정식은 반전사상을 통하여 $w-$복소공간에서는 원점을 중심으로 하고 반지름이 $\frac{1}{r}$인 원의 방정식이 된다는 것을 알 수 있다. 그림 6.4.2에 원에서 원으로 변환되는 반전사상을 나타내었다.

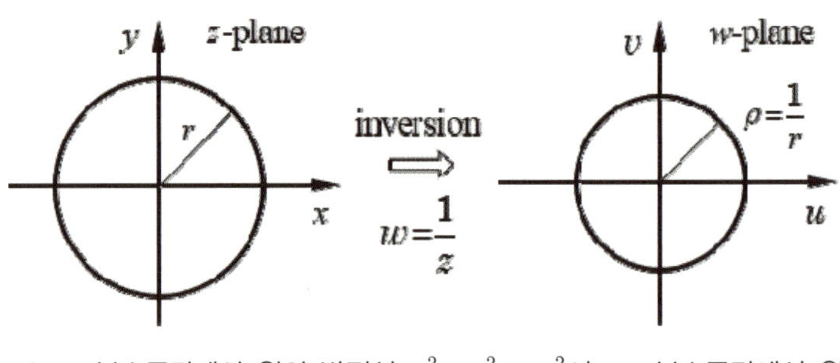

그림 6.4.2 $z-$복소공간에서 원의 방정식 $x^2+y^2 = r^2$이 $w-$복소공간에서 원의 방정식 $u^2+v^2 = \frac{1}{r^2}$로 반전된 사상

위의 그림 6.4.2에서 z−복소공간에서 그려진 원의 내부의 점들은 w−복소공간에서 어디로 사상이 되는지 알아보자. z−복소공간의 반지름 r인 원의 내부의 점 (x, y)는 $x^2 + y^2 < r^2$인 관계에 있으므로 식(6.4.8)로부터

$$u^2 + v^2 > \frac{1}{r^2} \tag{6.4.10}$$

인 것을 바로 알 수 있다. 그러므로 z−복소공간에서 원의 내부의 점들은 w−복소공간에서 원의 외부에 사상이 된다. 그림 6.4.3에서 보면 왼쪽의 음영 부분이 오른쪽의 음영 부분으로 사상이 되는 것이다. 한 가지 더 언급할 사항은 z−복소공간에서 원의 경로를 따라 반시계 방향으로 회전하면 w−복소공간에서는 시계방향으로 원의 방향을 따라 회전한다. 이것은 $1/z$ 사상에 대하여 앞에서 설명한 내용을 잘 생각해 보면 쉽게 알 수 있다.

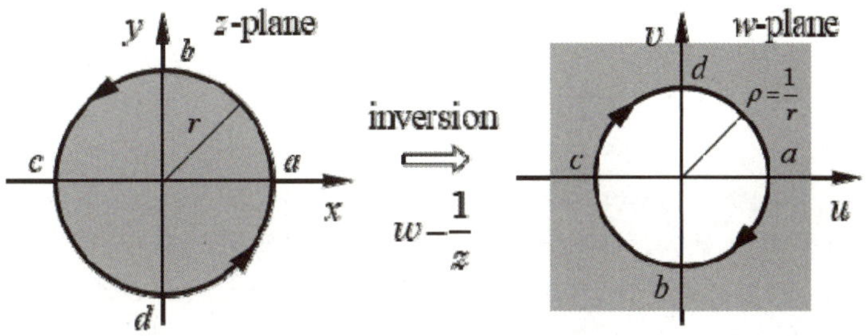

그림 6.4.3 z−복소공간에서 원의 내부는 w−복소공간에서 원의 외부로 사상이 되며, 원 위의 경로는 서로 반대 방향이 된다.

예제 6.4.1 아래 그림과 같이 $z-$복소공간에서 중심이 $(r, 0)$이고 반지름이 r 인 원과 내부의 영역은 반전사상 $w = 1/z$에 대하여 $w-$복소공간에서 어떻게 사상이 되는지를 보이시오.

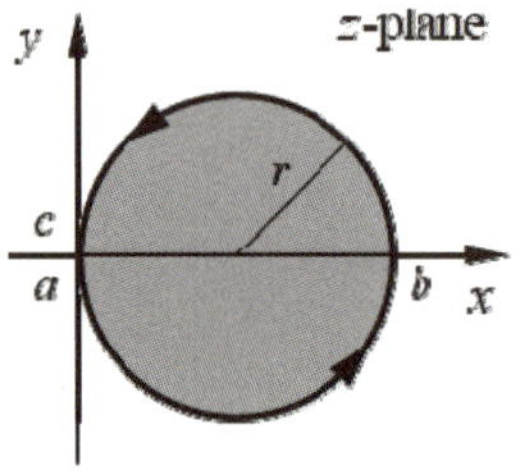

그림 6.4.4 $z-$복소공간에서 중심이 $(r, 0)$이고 반지름 r인 원

풀이 $z-$복소공간에서 원과 원의 내부에서 $(x-r)^2 + y^2 \le r^2$이다. 식(6.4.7)을 써서 x와 y를 u와 v로 변환하면

$$\left(\frac{u}{u^2+v^2} - r\right)^2 + \left(\frac{-v}{u^2+v^2}\right)^2 \le r^2 \tag{6.4.11}$$

이 된다. 이 식을 정리하면 $u \ge 1/2r$ 이 되는데 이것은 그림 6.4.5에 나타낸 $w-$복소공간에서 음영 부분에 해당한다. 한편 $z-$복소공간에서 $a \to b \to c$는 $w-$복소공간에서 $a \to b \to c$에 해당한다. 이것은 쉽게 확인할 수 있는데 예를 들어 $z-$복소공간에서 a는 $x \to 0$, $y \to -0$인 점이라고 하자. $w-$복소공간에서 u와 v를 원의 방정식 $(x-r)^2 + y^2 = r^2$ 이용하여 $u = x/[x^2 + r^2 - (x-r)^2]$, $v = -y/[\pm(r^2 - y^2) + r + y^2]$로 쓸 수 있는데, $x \to 0$, $y \to -0$인 극한에서 로피탈의 정리에 따라 $u = 1/2r$, $v \to +\infty$가 되는 것을 알 수 있다.

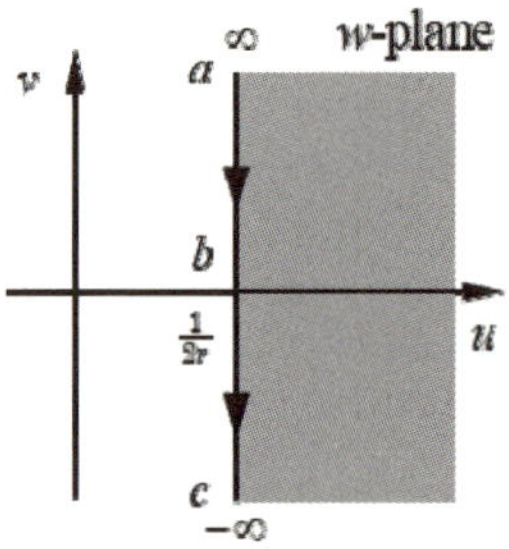

그림 6.4.5 문제에서 $z-$복소공간에 주어진 원이 $w-$복소공간에서 직선으로 변환된 반전사상

6.4.2 직선의 반전사상

$z-$복소공간에서 상수 c_1에 대하여 x축에 평행한 직선인 방정식은 $y = c_1$이다. 식 (6.4.7)로부터

$$y = -\frac{v}{u^2 + v^2} = c_1 \tag{6.4.12}$$

이 되므로 이를 정리하면 $w-$복소공간에서는

$$u^2 + \left(v + \frac{1}{2c_1}\right)^2 = \left(\frac{1}{2c_1}\right)^2 \tag{6.4.13}$$

이 되는데, 이 식은 중심이 $(0, -1/2c_1)$이고 반지름이 $1/2c_1$인 원이다. 즉, $z-$복소공간에서 x축에 평행한 $y = c_1$ 직선의 방정식은 반전사상을 통하여 $w-$복소공간에서 원의 방정식으로 변환되는 것이다. 그림 6.4.3에 $c_1 > 0$인 경우에 대하여 직선에서 원으로 변환되는 반전사상을 나타내었는데, 이때 사상된 원은 하반평면에 그려진다. 만약에 $c_1 < 0$이면 $w-$복소공간에서의 사상은 상반평면에 나타날 것이다.

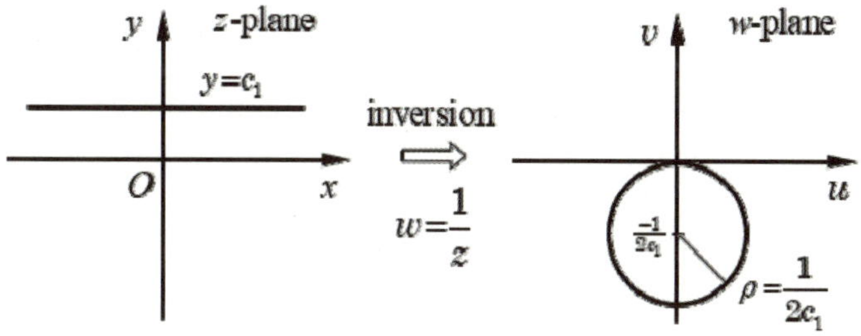

그림 6.4.6 $z-$복소공간에서 x축에 평행한 직선 $y = c_1(>0)$이 $w-$복소공간에서 원 $u^2 + \left(v + \frac{1}{2c_1}\right)^2 = \left(\frac{1}{2c_1}\right)^2$으로 변환되는 반전사상

예제 6.4.2 본문의 식(6.4.7)을 반전사상하여 그림 6.4.6과 같은 결과를 얻을 수 있었다. $z-$복소공간에서 $y = c_1 (> 0)$과 $y = 0$이 두 직선 사이의 영역은 $w-$복소공간에서 어떻게 사상이 되는가?

풀이 $z-$복소공간에서 두 직선 사이의 영역은 $0 < y < 1/c_1$인데 반전사상에 의하여 $y = -v/(u^2+v^2)$이므로 이는 $w-$복소공간에서

$$0 < \frac{-v}{u^2+v^2} < c_1 \tag{6.4.14}$$

의 영역에 해당한다. 이 식의 왼쪽 부등관계에서 $v < 0$임을 즉시 알 수 있고, 오른쪽 부등관계는 $-v < c_1(u^2+v^2)$인데, 이는 곧

$$u^2 + \left(v + \frac{1}{2c_1}\right)^2 > \left(\frac{1}{2c_1}\right)^2 \tag{6.4.15}$$

가 되므로, $z-$복소공간에서 두 직선 사이의 영역은 반전사상에 의하여 그림 6.4.7과 같이 하반평면에서 반지름 $1/2c_1$인 원의 외부 영역이 된다.

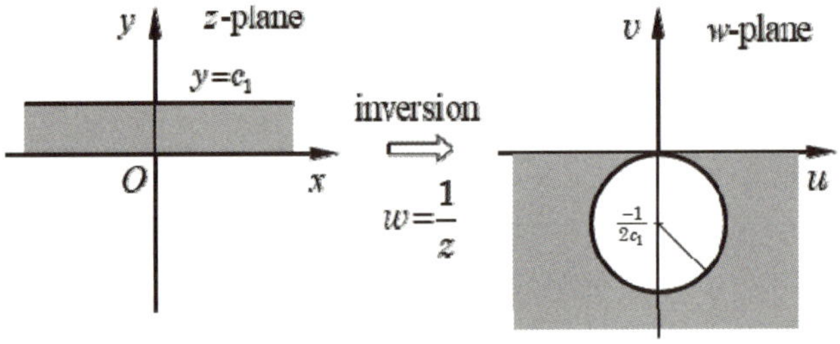

그림 6.4.6 예제 6.4.1의 문제에서 $w-$복소공간에 반전사상된 그림

6.5 $w = z^2$인 사상(Mapping $w = z^2$)

$z-$복소공간에서 $z = x + iy = re^{i\theta}$인 점은 $w-$복소공간에서 $w = z^2$로 사상을 하면

$$w = r^2 e^{2i\theta} = \rho e^{i\phi} \tag{6.5.1}$$

와 같이 된다. 따라서 w−복소공간의 ρ와 ϕ는 다음과 같다.

$$\rho = r^2, \qquad \phi = 2\theta \tag{6.5.2}$$

편각의 변환을 보면 두 배로 확장되는데, 예를 들어 z−복소공간에서 1사분면에 해당하는 $0 \le \theta \le \frac{\pi}{2}$인 영역은 $w = z^2$인 사상을 통하여 w−복소공간에서는 상반평면에 해당하는 $0 \le \phi \le \pi$가 됨을 알 수가 있다. z−복소공간에서 2사분면에 해당하는 영역은 $w = z^2$인 사상에서 w−복소공간에서는 하반평면에 해당하는 영역이 된다. 그림 6.5.1에 1사분면이 상반평면으로 변환되는 사상을 나타내었다.

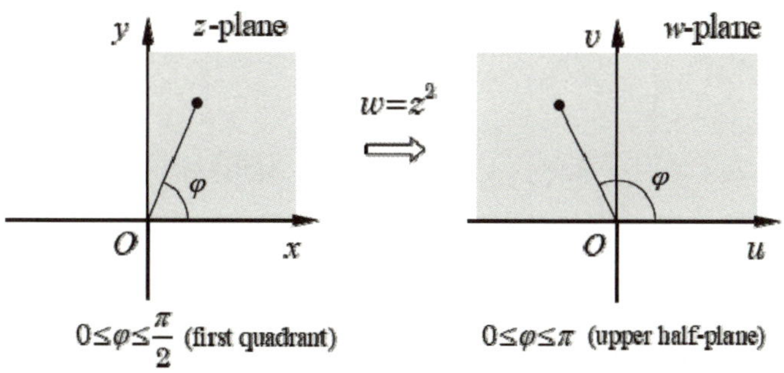

그림 6.5.1 z−복소공간의 1사분면$(0 \le \theta \le \pi/2)$이 w−복소공간의 상반평면$(0 \le \phi \le \pi)$으로 변환되는 $w = z^2$사상

이제 $w = z^2$ 사상에서 변수들의 관계를 알아보자. $z = x + iy$이고 $w = u + iv$이므로 $w = z^2$로부터

$$u + iv = (x + iy)^2 = x^2 - y^2 + 2ixy \tag{6.5.3}$$

가 되므로, $u(x, y)$와 $v(x, y)$는 다음과 같이 된다.

$$u = x^2 - y^2, \qquad v = 2xy \tag{6.5.4}$$

사상 $w = z^2$의 한 예로서, w−복소공간에서 c_1, c_2가 상수라고 할 때, $u = c_1$인 직선과 $v = c_2$인 직선은 $z-$복소공간에서 쌍곡선(hyperbola)이 되는 것을 알 수 있다. 즉, 식(6.5.4)로부터

$$x^2 - y^2 = c_1, \qquad 2xy = c_2 \tag{6.5.5}$$

의 쌍곡선 방정식을 얻을 수 있다. 이를 그림으로 나타내면 그림 6.5.2와 같다.

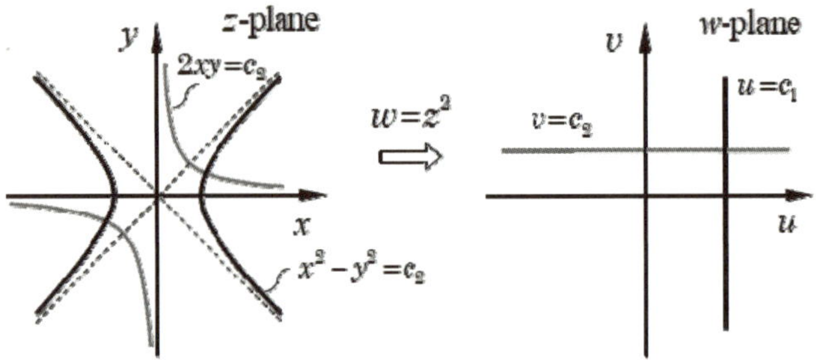

그림 6.5.2 $z-$복소공간의 쌍곡선이 $w-$복소공간에서 직선으로 변환되는 $w = z^2$ 사상

예제 6.5.1 $z-$복소공간에서 $x = c$인 직선이 $w = z^2$ 사상에 의하여 포물선이 되는 것을 보이시오. $z-$복소공간에서 $y = a$인 직선도 역시 포물선으로 사상이 된다.

풀이 사상 $w = z^2$에 의하여 $u = x^2 - y^2$, $v = 2xy$가 되는데 $x = c$를 넣으면 $v^2 = -4c^2(u - c^2)$의 형태를 얻을 수 있으며 이것은 포물선의 방정식이다. $y = a$인 직선은 $v^2 = 4a^2(u + a^2)$인 포물선으로 사상이 된다.

6.6 $w = e^z$인 사상(Mapping $w = e^z$)

$z-$복소공간에서 $z = x + iy$는 사상 $w = e^z$에 의하여 $w-$복소공간에서

$$w = e^{x+iy} = \rho e^{i\phi} \tag{6.6.1}$$

와 같이 되므로 ρ와 ϕ는

$$\rho = e^{x}, \qquad \phi = y \tag{6.6.2}$$

가 된다. 이러한 사상의 예로서, z－복소공간에서 두께 2π인 수평 띠에 해당하는 $0 \leq y \leq 2\pi$인 영역을 보자. 수평 띠는 $w = e^{z}$인 사상을 통하여 w－복소공간에서 전체평면에 해당하는 $0 \leq \phi \leq 2\pi$ 영역이 되는 것을 알 수가 있다. 그림 6.6.1에 이와 관련한 사상을 나타내었다.

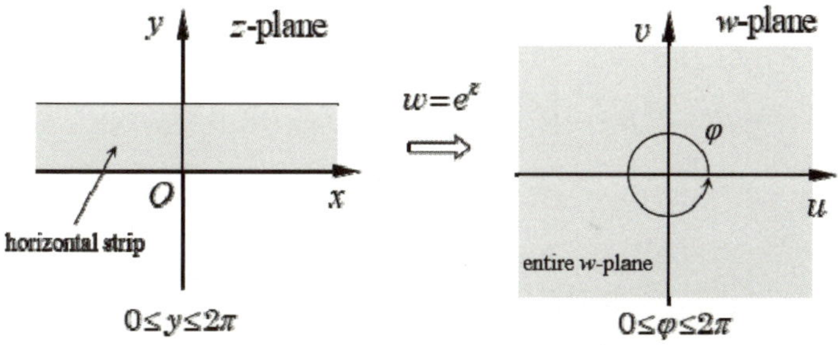

그림 6.6.1 z－복소공간의 수평 띠가 w－복소공간에서 전체평면으로 변환되는 $w = e^{z}$ 사상

6.7 $w = z^{1/2}$인 사상(Mapping $w = z^{1/2}$)

z－복소공간에서 $z = re^{i\theta}$인 점은 사상 $w = z^{1/2}$에 의하여 w－복소공간에서

$$w = z^{1/2} = r^{1/2} e^{i\theta/2} = \rho e^{i\phi} \tag{6.7.1}$$

와 같이 된다. 그러므로 w－복소공간의 ρ와 ϕ는 다음과 같이 구할 수 있다.

$$\rho = r^{1/2}, \qquad \phi = \theta/2 \tag{6.7.2}$$

6.8 등각사상(Conformal mapping)

$z-$복소공간의 함수값이 공간관계 $w = f(z)$에 의하여 $w-$복소공간의 함수값으로 변환되었다고 하자. 또한, $w-$복소공간의 함수값은 역변환(inverse transform) $z = f^{-1}(w)$에 의하여 $z-$복소공간의 함수값으로 나타낼 수 있다. 이 경우에 해석적인 복소함수 $w = f(z)$를 z에 대하여 미분을 하면

$$\begin{aligned} \lim_{\Delta z \to 0} \frac{\Delta w}{\Delta z} &= \frac{dw}{dz} \\ &= f'(z) \\ &= Re^{i\alpha} \end{aligned} \tag{6.8.1}$$

와 같이 된다. 여기서 $R = |f'(z)|$이고 $\alpha = \arg[f'(z)]$이다. 'arg'는 편각을 의미한다. 그러므로 α는

$$\begin{aligned} \alpha &= \arg[f'(z)] \\ &= \arg\left[\lim_{\Delta z \to 0} \frac{\Delta w}{\Delta z}\right] \\ &= \arg\left[\lim_{\Delta z \to 0} \Delta w\right] - \arg\left[\lim_{\Delta z \to 0} \Delta z\right] \\ &= \theta_w - \theta_z \end{aligned} \tag{6.8.2}$$

가 된다. 여기서 편각 θ_w는 $w-$복소공간에서 수평축과 이루는 각도이고, 편각 θ_z는 $z-$복소공간에서 수평축과 이루는 각도이다. 이때, $w-$복소공간에서 두 곡선 $l_{w,1}$과 $l_{w,2}$의 사이각 $\theta_{w,2} - \theta_{w,1}$은 식(6.8.2)의 $\alpha = \theta_{w,1} - \theta_{z,1} = \theta_{w,2} - \theta_{z,2}$ 관계에 의하여

$$\theta_{w,2} - \theta_{w,1} = \theta_{z,2} - \theta_{z,1} \tag{6.8.3}$$

이 되는 것을 알 수 있다. 그러므로 $z-$복소공간에서 두 곡선의 사이각$(\theta_{z,2} - \theta_{z,1})$이 사상 이후에 $w-$복소공간에서 두 곡선의 사이각$(\theta_{w,2} - \theta_{w,1})$과 동일하게 보존된다. 이

러한 사상을 **등각사상**(conformal mapping)이라 한다.

예제 6.8.1 $z-$복소공간에서 $x=1$, $y=1$ 그리고 $x+y=1$의 직선으로 둘러싸인 영역이 $w=z^2$에 의해 사상이 되었다. 이것이 등각사상임을 보이시오.

풀이 사상 $w=z^2$에 의하여 $u=x^2-y^2$, $v=2xy$가 된다. 직선 $x=1$은 $u=1-y^2$, $v=2y$로 사상되므로

$$u=1-v^2/4 \tag{6.8.4}$$

을 얻는다. 직선 $y=1$은 $u=x^2-1$, $v=2x$로 사상되므로

$$u=1-v^2/4 \tag{6.8.5}$$

이 된다. 그리고 직선 $x+y=1$은 $u=2x-1$, $v=2x-2x^2$으로 사상되므로

$$v=(1-u^2)/2 \tag{6.8.6}$$

이다. 식(6.8.4)-(6.8.6)을 그림 6.8.1(b)에 나타내었다. 그림에서 사상된 영역을 음영으로 나타내었으며 $z-$공간에서 점 A, B, C는 $w-$공간에서 각각 A', B', C'에 대응된다. 각도 $\angle B'A'C'$를 구해보자. 점 A'에서 $u=1-v^2/4$의 접선의 기울기(dv/du)는 ∞, 즉 u축에서 양의 방향으로 $\pi/2$의 각도이다. 또한, 점 A'에서 $v=(1-u^2)/2$의 기울기는 -1, 즉 u축에서 양의 방향으로 $3\pi/4$이다. 그러므로 A'에서 두 곡선이 만나는 각도는 $\pi/4$가 되며 이것은 $z-$공간에서 점 A의 각도 $\angle BAC$와 같다. 이와 같은 방법으로 $\angle ABC=\angle A'B'C'$ 및 $\angle BCA=\angle B'C'A'$을 증명할 수 있다. 그러므로 사상 $w=z^2$은 등각사상이다.

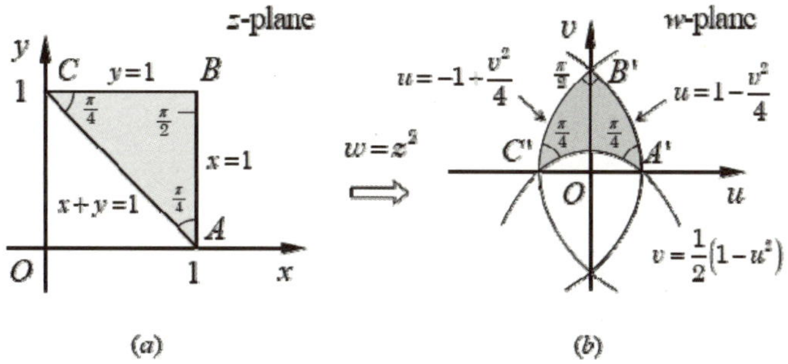

그림 6.8.1 등각사상 $w=z^2$

6.9 뫼비우스 사상(Möbius mapping)

z - 복소공간의 함수값이 임의의 유한하고 복소수인 상수 a, b, c, d에 대하여

$$w = f(z) = \frac{cz + d}{az + b}, \quad (ad - bc \neq 0) \tag{6.9.1}$$

에 의하여 w - 복소공간의 함수값으로 변환되었을 때 이를 **뫼비우스 사상**(Möbius mapping)이라고 한다. 만약에 $ad - bc = 0$이면 $a/c = b/d$가 되어 w는

$$w = \frac{z + d/c}{(a/c)z + b/c} = \frac{z + d/c}{(b/d)z + b/c} = \left(\frac{d}{b}\right)\frac{z + d/c}{z + d/c} = \frac{d}{b} \tag{6.9.2}$$

와 같이 주어지므로 모든 z에 대하여 상수가 된다. 만약 $c \neq 0$인 경우에 점 $z = -b/a$는 w - 복소공간에서 ∞로 사상이 된다. 역뫼비우스 사상(inverse Möbius mapping)을 고려하면 식(6.9.1)로부터 쉽게 아래와 같이 되는 것을 알 수 있다.

$$z = f^{-1}(w) = \frac{bw - d}{-aw + c}, \quad (ad - bc \neq 0) \tag{6.9.3}$$

뫼비우스 사상을 만족하는 조건 $ad - bc \neq 0$이 역뫼비우스 사상에서도 같은 조건을 만족한다는 것이 흥미롭다. 그러므로 만약 $a \neq 0$인 경우에 역뫼비우스 사상에서 $w = c/a$인 점은 z - 복소공간에서 ∞로 사상된다는 것을 알 수 있다.

예제 6.9.1 뫼비우스 사상이 $w = f(z) = \dfrac{cz+d}{az+b}$, $(ad - bc \neq 0)$로 주어졌을 때 z−복소공간에서의 두 점 z_1과 z_2에 대하여 관계식 $|f(z_2) - f(z_1)|^2 = |f'(z_2)|^2 |f'(z_1)|^2 |z_2 - z_1|^2$을 증명하시오.

풀이 $f(z)$의 미분을 구해보면

$$\begin{aligned} f'(z) &= \frac{df}{dz} \\ &= \frac{c}{az+b} - \frac{a(cz+d)}{(az+b)^2} \\ &= \frac{bc-ad}{(az+b)^2} \end{aligned} \tag{6.9.4}$$

이 되므로 $f(z_2) - f(z_1)$는

$$\begin{aligned} f(z_2) - f(z_1) &= \frac{cz_2+d}{az_2+b} - \frac{cz_1+d}{az_1+b} \\ &= \frac{(z_2-z_1)(bc-ad)}{(az_2+b)(az_1+b)} \end{aligned} \tag{6.9.5}$$

가 된다. 그러므로

$$\begin{aligned} |f(z_2) - f(z_1)|^2 &= \frac{|z_2-z_1|^2|bc-ad|^2}{|az_2+b|^2|az_1+b|^2} \\ &= \frac{|bc-ad|}{|az_2+b|^2}\frac{|bc-ad|}{|az_1+b|^2}|z_2-z_1|^2 \\ &= |f'(z_2)|^2|f'(z_1)|^2|z_2-z_1|^2 \end{aligned} \tag{6.9.6}$$

이 되는 것을 알 수 있다.

6.10 사상의 야코비안(Jacobian of mapping)

사상을 마무리하면서 마지막으로 사상의 **야코비안**(Jacobian)에 대해서 알아보도록 하자. 이미 여러 번 언급 하였듯이 함수 관계 $w = f(z)$를 사용하여 $z-$복소공간 $(z = x + iy)$에서의 점을 $w-$복소공간$[w = u(x, y) + iv(x, y)]$의 점으로 대응시키는 변환을 사상이라고 설명한 바가 있다. 이때 관계 $w = f(z) = u + iv$에 대한 야코비안 J는

$$J = \left| \frac{D(u, v)}{D(x, y)} \right| \tag{6.10.1}$$

$$= \begin{vmatrix} \dfrac{\partial u}{\partial x} & \dfrac{\partial u}{\partial y} \\ \dfrac{\partial v}{\partial x} & \dfrac{\partial v}{\partial y} \end{vmatrix}$$

$$= \frac{\partial u}{\partial x}\frac{\partial v}{\partial y} - \frac{\partial u}{\partial y}\frac{\partial v}{\partial x}$$

이다. 여기서 코시-리만 조건

$$\frac{\partial u}{\partial x} = \frac{\partial v}{\partial y}, \qquad \frac{\partial u}{\partial y} = -\frac{\partial v}{\partial x} \tag{6.10.2}$$

를 적용하면 식(6.10.1)의 야코비안 J가 아래와 같이 된다.

$$J = \frac{\partial u}{\partial x}\frac{\partial v}{\partial y} - \frac{\partial u}{\partial y}\frac{\partial v}{\partial x} \tag{6.10.3}$$

$$= \left(\frac{\partial u}{\partial x}\right)^2 + \left(\frac{\partial v}{\partial x}\right)^2$$

$$= \left(\frac{\partial v}{\partial y}\right)^2 + \left(\frac{\partial u}{\partial y}\right)^2$$

이제 $w = f(z)$를 z에 대하여 미분을 하면

$$\frac{df}{dz} = \lim_{\delta z \to 0} \frac{\delta f}{\delta z} \qquad (6.10.4)$$

$$= \lim_{\delta z \to 0} \frac{\delta u + i\,\delta v}{\delta x + i\,\delta y}$$

이다. 먼저 $\delta y = 0$인 경로를 택하면 $\dfrac{df}{dz}$는 아래와 같이 된다.

$$\frac{df}{dz} = \lim_{\delta z \to 0} \frac{\delta u + i\delta v}{\delta x} \qquad (6.10.5)$$

$$= \frac{\partial u}{\partial x} + i\frac{\partial v}{\partial x}$$

그리고 $\delta x = 0$인 경로를 택하면 $\dfrac{df}{dz}$는 다음과 같다.

$$\frac{df}{dz} = \lim_{\delta z \to 0} \frac{\delta u + i\,\delta v}{i\,\delta y} \qquad (6.10.6)$$

$$= -i\frac{\partial u}{\partial y} + \frac{\partial v}{\partial y}$$

미분의 정의에 의하여 $\dfrac{df}{dz}$의 결과는 경로에 무관해야 하므로 식(6.10.5)와 식(6.10.6)으로부터

$$\left|\frac{df}{dz}\right|^2 = \left(\frac{\partial u}{\partial x}\right)^2 + \left(\frac{\partial v}{\partial x}\right)^2 \qquad (6.10.7)$$

$$= \left(\frac{\partial u}{\partial y}\right)^2 + \left(\frac{\partial v}{\partial y}\right)^2$$

인 것을 알 수 있다. 그러므로 식(6.10.3)과 식(6.10.7)로부터 사상에 대한 야코비안이

$$J = \begin{vmatrix} \frac{\partial u}{\partial x} & \frac{\partial u}{\partial y} \\ \frac{\partial v}{\partial x} & \frac{\partial v}{\partial y} \end{vmatrix} = \left| \frac{df}{dz} \right|^2 \tag{6.10.8}$$

와 같이 주어진다는 것을 알 수가 있다. 그리고 함수 관계인 $w = f(z) = u(x, y) + iv(x, y)$로부터 전미분(total derivative) df는

$$df = \frac{\partial f}{\partial x} dx + \frac{\partial f}{\partial y} dy \tag{6.10.9}$$

이다. $z = x + iy$의 켤레복소수는 $z^* = x - iy$이므로 $dz = dx + i\,dy$, $dz^* = dx - i\,dy$인데, 이로부터 dx와 dy를

$$dx = \frac{1}{2}(dz + dz^*) \tag{6.10.10}$$

$$dy = \frac{1}{2i}(dz - dz^*) \tag{6.10.11}$$

로 놓을 수 있다. 식(6.10.10)과 식(6.10.11)을 식(6.10.9)에 대입하여 정리하면 df는

$$\begin{aligned} df &= \frac{\partial f}{\partial x}\frac{1}{2}(dz + dz^*) + \frac{\partial f}{\partial y}\frac{1}{2i}(dz - dz^*) \\ &= \frac{1}{2}\left(\frac{\partial f}{\partial x} - i\frac{\partial f}{\partial y}\right)dz + \frac{1}{2}\left(\frac{\partial f}{\partial x} + i\frac{\partial f}{\partial y}\right)dz^* \\ &= \frac{\partial f}{\partial z} dz + \frac{\partial f}{\partial z^*} dz^* \end{aligned} \tag{6.10.12}$$

와 같이 된다. 여기서 복소미분연산자(complex differential operator) $\frac{\partial}{\partial z}$와 켤레복소미분연산자(complex conjugate differential operator) $\frac{\partial}{\partial z^*}$는 각각 다음과 같이 정의된다.

$$\frac{\partial}{\partial z} = \frac{1}{2}\left(\frac{\partial}{\partial x} - i\frac{\partial}{\partial y}\right) \tag{6.10.13}$$

$$\frac{\partial}{\partial z^*} = \frac{1}{2}\left(\frac{\partial}{\partial x} + i\frac{\partial}{\partial y}\right) \tag{6.10.14}$$

연습문제

6.1 $w(z) = \sin z$ 사상을 수행하시오.

6.2 $w(z) = \cos z$ 사상을 수행하시오.

6.3 $w(z) = \sinh z$ 사상을 수행하시오.

6.4 $w(z) = \cosh z$ 사상을 수행하시오.

6.5 $w = \dfrac{2R}{z}$인 사상을 만족하는 $w-$복소공간에서 $v = a$인 직선이 역사상을 통하여 $z-$복소공간에서 어떠한 형태가 되는지 설명하시오. a는 상수이다.

6.6 뫼비우스 사상이 $w = f(z) = \dfrac{cz + d}{az + b}$, $(ad - bc \neq 0)$으로 주어졌을 때 역뫼비우스 사상이 $z = f^{-1}(w) = \dfrac{-bw + d}{aw - c}$로 주어지고 같은 조건 $ad - bc \neq 0$을 만족함을 증명하시오.

Chapter 07

복소해석의 응용

Applications of Complex Analysis

복소함수론에 대한 이해를 돕고자 물리학의 여러 분야에 적용되는 복소함수론의 여러 응용 사례를 소개하고자 한다. 특히 물리학에 흥미를 가질 수 있도록 유체역학, 전자기학, 고전역학, 양자역학, 플라즈마 물리학 등으로 분야를 나누어 다양한 예제를 중심으로 소개하고자 한다.

7.1 유체역학(Fluid dynamics)

유체역학에서 유체의 밀도를 ρ, 속도를 u라 하면 질량 보존을 나타내는 연속 방정식(continuity equation)은 다음과 같이 주어진다.

$$\frac{\partial \rho}{\partial t} + \nabla \cdot (\rho \mathrm{u}) = 0 \tag{7.1.1}$$

이 식은 라그랑지안 시간 미분(Lagrangian time derivative) $\partial/\partial t + \mathrm{u} \cdot \nabla = d/dt$을 이용하여 다음과 같이 변형될 수 있다.

$$\frac{d\rho}{dt} + \rho \nabla \cdot \mathrm{u} = 0 \tag{7.1.2}$$

그러므로 밀도 ρ가 일정한 비압축성 유체(incompressible fluid)의 경우는 연속 방정식인 식(7.1.1)은 다음과 같이 간단한 형태가 된다.

$$\nabla \cdot \mathrm{u} = 0 \tag{7.1.3}$$

유체역학과 관련된 벡터에 관한 내용은 이 책 저자들의 수리물리학 강의시리즈 <벡터해석과 응용>을 참고하면 쉽게 이해할 수 있으리라 생각한다.

이제 2차원 유체를 고려해 보자. 데카르트 좌표계(Cartesian coordinates)에서 속도 $\mathrm{u} = (u_x, u_y)$를 $\mathrm{u} = \nabla\phi = \left(\frac{\partial\phi}{\partial x}, \frac{\partial\phi}{\partial y}\right)$로 놓으면, 식(7.1.3)은 다음과 같은 라플라스 방정식이 된다.

$$\begin{aligned}\nabla \cdot \mathrm{u} &= \nabla^2\phi \\ &= \frac{\partial^2\phi}{\partial x^2} + \frac{\partial^2\phi}{\partial y^2} \\ &= 0\end{aligned} \tag{7.1.4}$$

이 식에서 $\phi(x, y)$를 속도 퍼텐셜(velocity potential)이라 부른다. 새로운 스칼라 함수인 유동함수(stream function) $\psi(x, y)$를 다음과 같이 정의하자.

$$u_x = \frac{\partial\phi}{\partial x} = \frac{\partial\psi}{\partial y}, \qquad u_y = \frac{\partial\phi}{\partial y} = -\frac{\partial\psi}{\partial x} \tag{7.1.5}$$

이때, 두 종류의 스칼라 함수인 속도 퍼텐셜 $\phi(x, y)$와 유동함수 $\psi(x, y)$가 코시-리만 조건을 만족한다. 또한, 유체가 비회전 유동(irrotational flow)인 경우에는 $\nabla \times \mathrm{u} = 0$이 되므로

$$\begin{aligned}\frac{\partial u_y}{\partial x} - \frac{\partial u_x}{\partial y} &= \frac{\partial^2\psi}{\partial x^2} + \frac{\partial^2\psi}{\partial y^2} \\ &= \nabla^2\psi \\ &= 0\end{aligned} \tag{7.1.6}$$

이 됨을 알 수 있다. 그러므로 비회전 유동에서 유동함수 $\psi(x, y)$는 라플라스 방정식을 만족한다. 속도 퍼텐셜과 유동함수를 이용하여 복소수 공간에서 복소 퍼텐셜(complex potential) $F(z)$를 아래와 같이 정의하여 보자.

$$F(z) = \phi(x, y) + i\,\psi(x, y) \tag{7.1.7}$$

복소 퍼텐셜의 미분 함수인 $W(z) = \dfrac{dF(z)}{dz}$를 $dy = 0$인 경로와 $dx = 0$인 경로로 각각 계산해 보면, 다음의 두 식으로 표현할 수 있다.

$$\begin{aligned} W(z) &= \frac{dF(z)}{dz} \\ &= \frac{\partial F(z)}{\partial x} \quad (\text{when } dy = 0) \\ &= \frac{\partial \phi}{\partial x} + i\,\frac{\partial \psi}{\partial x} \\ &= u_x - i\,u_y \end{aligned} \tag{7.1.8}$$

$$\begin{aligned} W(z) &= \frac{dF(z)}{dz} \\ &= \frac{\partial F(z)}{\partial (i\,dy)} \quad (\text{when } dx = 0) \\ &= -\,i\left(\frac{\partial \phi}{\partial y} + i\,\frac{\partial \psi}{\partial y}\right) \\ &= \frac{\partial \psi}{\partial y} - i\,\frac{\partial \phi}{\partial y} \\ &= u_x - i\,u_y \end{aligned} \tag{7.1.9}$$

즉, 미분의 경로가 $dy = 0$이든 $dx = 0$이든 관계없이 $W(z)$는 같은 결과가 나온다. 그러므로 데카르트 좌표계에서의 복소 속도 $W(z)$는 항상 다음과 같다.

$$W(z) = \frac{dF(z)}{dz} = u_x - i\,u_y \tag{7.1.10}$$

데카르트 좌표계에서의 속도 $\mathbf{u} = (u_x, u_y)$를 극좌표계로 나타내면 $\mathbf{u} = (u_r,\ u_\theta)$로 주어지는데 (u_x, u_y)와 (u_r, u_θ)의 관계는 아래와 같이 간단히 행렬방정식의 형태로 얻어질 수 있다.

$$\begin{pmatrix} u_x \\ u_y \end{pmatrix} = \begin{pmatrix} \cos\theta & -\sin\theta \\ \sin\theta & \cos\theta \end{pmatrix} \begin{pmatrix} u_r \\ u_\theta \end{pmatrix} \tag{7.1.11}$$

그러므로 극좌표계에서의 복소 속도 $W(z)$는 다음과 같다.

$$\begin{aligned} W(z) &= u_x - i\,u_y \\ &= \left(u_r\cos\theta - u_\theta\sin\theta\right) - i\left(u_r\sin\theta + u_\theta\cos\theta\right) \\ &= \left(u_r - i\,u_\theta\right)\left(\cos\theta - i\sin\theta\right) \\ &= \left(u_r - i\,u_\theta\right)e^{-i\theta} \end{aligned} \tag{7.1.12}$$

이제 유체의 흐름과 관련하여 몇 가지 예를 통하여 복소 퍼텐셜 $F(z)$와 복소 속도 $W(z)$의 표현을 알아보자.

1. $F(z) = c_1 z$ (c_1은 양의 상수)

복소 퍼텐셜이 복소변수 z에 일차원적으로 비례하며 계수가 양의 상수일 때, 복소 속도 $W(z)$는

$$\begin{aligned} W(z) &= \frac{dF(z)}{dz} \\ &= c_1 \\ &= u_x - i\,u_y \end{aligned} \tag{7.1.13}$$

로 주어지므로, 복소 속도의 성분들은 다음과 같다.

$$u_x = c_1, \qquad u_y = 0 \tag{7.1.14}$$

그러므로 퍼텐셜이 $F(z) = c_1 z$ 인 경우에는 $x-$축의 양의 방향으로 일정한 속도로 흐르는 유체를 나타낸다.

2. $F(z) = -i c_2 z$ (c_2는 양의 상수)

복소 퍼텐셜의 비례상수가 허수인 경우, 복소 속도 $W(z)$는

$$\begin{aligned} W(z) &= \frac{dF(z)}{dz} \\ &= -i c_2 \\ &= u_x - i u_y \end{aligned} \tag{7.1.15}$$

가 되므로, 속도의 성분들은 다음과 같이 된다.

$$u_x = 0, \qquad u_y = c_2 \tag{7.1.16}$$

따라서 $F(z) = -i c_2 z$는 $y-$축의 양의 방향으로 일정한 속도로 흐르는 유체를 나타낸다.

3. $F(z) = c_3 e^{i\theta} z$ (c_2, θ는 양의 상수)

이 경우에 복소 속도 $W(z)$는

$$
\begin{aligned}
W(z) &= \frac{dF(z)}{dz} \qquad (7.1.17)\\
&= c_3 e^{-i\theta}\\
&= c_3(\cos\theta - i\sin\theta)\\
&= u_x - i u_y
\end{aligned}
$$

가 되므로, 속도의 성분들은 다음과 같다.

$$u_x = c_3\cos\theta, \qquad u_y = c_3\sin\theta \qquad (7.1.18)$$

그러므로 퍼텐셜이 $F(z) = c_3 e^{i\theta} z$ 인 경우에는 $x-$축의 양의 방향과 θ의 경사각을 이루며 일정한 속도로 흐르는 유체를 나타낸다.

4. $F(z) = c_4 \ln z$ (c_4는 양의 상수)

극좌표계에서 $z\,(= x + iy) = re^{i\theta}$ 으로 놓으면 복소 속도 $W(z)$는

$$
\begin{aligned}
W(z) &= \frac{dF(z)}{dz} \qquad (7.1.19)\\
&= \frac{c_4}{z}\\
&= \frac{c_4}{r}e^{-i\theta}\\
&= (u_r - i u_\theta)e^{-i\theta}
\end{aligned}
$$

로 쓸 수 있으므로, 극좌표계에서의 속도 성분들은 다음과 같다.

$$u_r = \frac{c_4}{r}, \qquad u_\theta = 0 \qquad (7.1.20)$$

그러므로 이 경우에는 속도에 각도 성분이 없으며, 반지름 방향의 성분만 존재하고 $c_4 > 0$인 경우에 $F(z) = c_4 \ln z$는 원점($r = 0$)으로부터 방사 방향으로 뻗어 나가는 용출(source flow)을 나타낸다. 만약에 $c_4 < 0$인 경우라면 방사 방향에서 원점($r = 0$)으로 들어오는 용입(sink flow)을 의미한다. 그리고 복소 퍼텐셜이

$$F(z) = c_4 \ln(z - z_0) \tag{7.1.21}$$

로 주어졌다면 이것은 용출($c_4 > 0$) 또는 용입($c_4 < 0$)의 위치가 $z = z_0$인 경우에 해당한다.

5. $F(z) = -ic_5 \ln z$ (c_5는 양의 상수)

앞의 경우와 마찬가지로 극좌표계에서 $z = re^{i\theta}$으로 놓으면 복소 속도 $W(z)$는

$$\begin{aligned} W(z) &= \frac{dF(z)}{dz} \\ &= -i\frac{c_5}{z} \\ &= -i\frac{c_5}{r}e^{-i\theta} \\ &= (u_r - iu_\theta)e^{-i\theta} \end{aligned} \tag{7.1.22}$$

가 되므로, 극좌표계에서 속도의 성분들은 다음과 같다.

$$u_r = 0, \qquad u_\theta = \frac{c_5}{r} \tag{7.1.23}$$

그러므로 이 경우는 속도의 반지름 성분이 없으며, 각도 방향성분만 존재하고 $c_5 > 0$인 경우 $F(z) = -ic_5 \ln z$는 원점($r = 0$)을 중심으로 반시계방향으로 회전하는 와동(渦

動), 즉 소용돌이(vortex) 흐름을 나타낸다. 만약에 $c_5 < 0$이라면 원점을 중심으로 시계방향으로 회전하는 소용돌이 흐름이 된다. 그리고

$$F(z) = -ic_5 \ln(z - z_0) \tag{7.1.24}$$

인 경우는 반시계방향($c_5 > 0$) 또는 시계방향($c_5 < 0$) 흐름의 중심위치가 $z = z_0$인 경우에 해당된다.

7.2 전자기학(Electromagnetism)

7.2.1 푸아송 방정식(Poisson's equation)

전자기학(electromagnetism)중에 정전기학(electrostatics)에서 스칼라 함수인 정전기 퍼텐셜(electrostatic potential)을 ϕ라고 할 때 이를 만족하는 푸아송 방정식(Poisson's equation)은

$$\nabla^2\phi(\mathrm{r}) = -\frac{\rho(\mathrm{r})}{\epsilon_0} \tag{7.2.1}$$

이다. 여기서 ρ는 부피 전하밀도이고 ϵ_0는 진공의 유전율이다. 식(7.2.1)에 대응되는 그린 함수(Green's function) $G(\mathrm{r}, \mathrm{r}')$는 다음과 같은 미분방정식을 만족한다.

$$\nabla^2 G(\mathrm{r}, \mathrm{r}') = -\delta(\mathrm{r} - \mathrm{r}') \tag{7.2.2}$$

여기서 $\delta(\mathrm{r} - \mathrm{r}')$는 3차원 델타 함수이다. 그린 함수를 이용하면 식(7.2.1)의 해는 다음과 같이 쓸 수 있게 된다.

$$\phi(\mathrm{r}) = \frac{1}{\epsilon_0}\int_V G(\mathrm{r},\, \mathrm{r}')\rho(\mathrm{r}')\, d^3r' \tag{7.2.3}$$

여기서 d^3r'은 부피 요소(volume element)이고 V는 전하밀도가 존재하는 부피이다. 식(7.2.3)이 식(7.2.1)의 해가 된다는 것을 증명하기 위하여 식(7.2.3)의 양변에 r좌표에 작용하는 라플라시안(Laplacian) 연산자 ∇^2를 작용시켜 보자. 그러면 다음과 같이 계산이 된다.

$$\begin{aligned}\nabla^2\phi(\mathrm{r}) &= \frac{1}{\epsilon_0}\int_V \nabla^2 G(\mathrm{r},\, \mathrm{r}')\rho(\mathrm{r}')\, d^3r' \\ &= -\frac{1}{\epsilon_0}\int_V \delta(\mathrm{r} - \mathrm{r}')\rho(\mathrm{r}')\, d^3r' \\ &= -\frac{\rho(\mathrm{r})}{\epsilon_0}\end{aligned} \tag{7.2.4}$$

그러므로 식(7.2.3)이 식(7.2.1)의 해가 된다는 것을 쉽게 이해할 수 있다. 즉, 식(7.2.2)로부터 그린 함수 $G(\mathrm{r}, \mathrm{r}')$를 구하면 푸아송 방정식의 해인 정전기 퍼텐셜 $\phi(\mathrm{r})$을 얻을 수가 있다. 그러면 이제 그린 함수 $G(\mathrm{r}, \mathrm{r}')$를 구하기 위하여 복소함수를 이용해 보도록 하자. 1차원 델타함수 $d(x - x')$는 다음의 성질을 가지고 있다.

$$\int_{-\infty}^{\infty} \delta(x - x')\, dx' = 1 \tag{7.2.5}$$

$$\delta(x - x') = 0, \text{ if } x \neq x' \tag{7.2.6}$$

우함수인 $\dfrac{1}{t^2+1}$을 t에 대하여 $-\infty$에서 ∞까지 적분을 하면

$$\int_{-\infty}^{\infty} \frac{dt}{t^2+1} = 2\int_0^{\infty} \frac{dt}{t^2+1} \tag{7.2.7}$$

인데, 여기서 $t = \tan\theta$로 놓으면 $t^2 + 1 = \tan^2\theta + 1 = \sec^2\theta$이고 $dt = \sec^2\theta\, d\theta$ 이므

로, 이 적분은

$$\int_{-\infty}^{\infty} \frac{dt}{t^2+1} = 2\int_0^{\pi/2} \frac{\sec^2\theta\, d\theta}{\sec^2\theta} \tag{7.2.8}$$
$$= \pi$$

와 같이 계산된다. 양변을 π로 나누면

$$\frac{1}{\pi}\int_{-\infty}^{\infty} \frac{dt}{t^2+1} = 1 \tag{7.2.9}$$

이 되는데, 이 결과를 이용하면 식(7.2.5)와 식(7.2.6)를 만족하는 1차원 디랙 델타 함수 $\delta(x-x')$을 아래와 같이 표현할 수 있다.

$$\delta(x-x') = \lim_{\eta \to 0^+} \frac{1}{\pi} \frac{\eta}{(x-x')^2+\eta^2} \tag{7.2.10}$$

여기서 복소수의 성질을 이용하면 식(7.2.10)은 다음과 같이 쓸 수 있다.

$$\begin{aligned}\delta(x-x') &= \mathrm{Re} \lim_{\eta \to 0^+} \frac{1}{\pi} \frac{i(x-x'-i\eta)}{(x-x'+i\eta)(x-x'-i\eta)} \\ &= \mathrm{Re} \lim_{\eta \to 0^+} \frac{1}{\pi} \frac{i}{x-x'+i\eta} \\ &= \mathrm{Re} \lim_{\eta \to 0^+} \frac{1}{\pi} \int_0^{\infty} e^{ik_x(x-x'+i\eta)} dk_x \\ &= \mathrm{Re} \lim_{\eta \to 0^+} \frac{1}{2\pi} \int_{-\infty}^{\infty} e^{ik_x(x-x'+i\eta)} dk_x\end{aligned} \tag{7.2.11}$$

이 식에서 “Re” 표시는 실수부분을 의미한다. 마찬가지로 $\delta(y-y')$와 $\delta(z-z')$도 다음과 같이 구할 수 있다.

$$\delta(y-y')=\frac{1}{2\pi}\int_{-\infty}^{\infty}e^{ik_y(y-y')}dk_y \tag{7.2.12}$$

$$\delta(z-z')=\frac{1}{2\pi}\int_{-\infty}^{\infty}e^{ik_z(z-z')}dk_z \tag{7.2.13}$$

그러므로 3차원 디랙 델타 함수 $\delta(\mathbf{r}-\mathbf{r}')$는 위의 식(7.2.11), 식(7.2.12) 그리고 식(7.2.13)을 이용하여 아래와 같이 표현할 수 있다.

$$\begin{aligned}\delta(\mathbf{r}-\mathbf{r}') &= \delta(z-z')\delta(z-z')\delta(z-z') \\ &= \frac{1}{2\pi}\int_{-\infty}^{\infty}e^{ik_x(x-x')}dk_z\,\frac{1}{2\pi}\int_{-\infty}^{\infty}e^{ik_y(y-y')}dk_y\,\frac{1}{2\pi}\int_{-\infty}^{\infty}e^{ik_z(z-z')}dk_z \\ &= \frac{1}{(2\pi)^3}\int e^{i\mathbf{k}\cdot(\mathbf{r}-\mathbf{r}')}d^3k\end{aligned} \tag{7.2.14}$$

식(7.2.2)에서 그린 함수 $G(\mathbf{r},\mathbf{r}')$에 라플라시안 연산자 ∇^2를 작용한 결과가 $-\delta(\mathbf{r}-\mathbf{r}')$이므로 이제 $e^{i\mathbf{k}\cdot(\mathbf{r}-\mathbf{r}')}$에 ∇^2를 작용시켜서 어떻게 되는지 보자. 함수 $e^{i\mathbf{k}\cdot(\mathbf{r}-\mathbf{r}')}$의 그래디언트는 $\nabla e^{i\mathbf{k}\cdot(\mathbf{r}-\mathbf{r}')}=i\mathbf{k}e^{i\mathbf{k}\cdot(\mathbf{r}-\mathbf{r}')}$이므로 $e^{i\mathbf{k}\cdot(\mathbf{r}-\mathbf{r}')}$의 라플라시안은

$$\begin{aligned}\nabla\cdot\nabla e^{i\mathbf{k}\cdot(\mathbf{r}-\mathbf{r}')} &= \nabla^2 e^{i\mathbf{k}\cdot(\mathbf{r}-\mathbf{r}')} \\ &= (i\mathbf{k})\cdot(i\mathbf{k})e^{i\mathbf{k}\cdot(\mathbf{r}-\mathbf{r}')} \\ &= -k^2e^{i\mathbf{k}\cdot(\mathbf{r}-\mathbf{r}')}\end{aligned} \tag{7.2.15}$$

가 된다. 그러므로 3차원 디랙 델타 함수 $\delta(\mathbf{r}-\mathbf{r}')$는

$$\delta(\mathbf{r}-\mathbf{r}') = -\frac{1}{(2\pi)^3}\int\frac{1}{k^2}\nabla^2e^{i\mathbf{k}\cdot(\mathbf{r}-\mathbf{r}')}d^3k \tag{7.2.16}$$

로 표현할 수 있으며, 식(7.2.2)와 식(7.2.16)으로부터 그린 함수 $G(\mathbf{r},\mathbf{r}')$는 다음과 같이 된다.

$$G(\mathbf{r}, \mathbf{r}') = \frac{1}{(2\pi)^3} \int \frac{1}{k^2} e^{i\mathbf{k} \cdot (\mathbf{r} - \mathbf{r}')} d^3k \tag{7.2.17}$$

식(7.2.17)을 계산하기 위하여 구좌표계(spherical coordinates)를 사용해보자. 벡터 k를 z-축의 양의 방향으로 하고 벡터 $\mathbf{r} - \mathbf{r}'$와 이루는 각을 θ로 놓으면, 식(7.2.17)은

$$\begin{aligned} G(\mathbf{r}, \mathbf{r}') &= \frac{1}{(2\pi)^3} \int \frac{1}{k^2} e^{ik|\mathbf{r} - \mathbf{r}'|\cos\theta} k^2 dk \sin\theta \, d\theta \, d\phi \qquad (7.2.18) \\ &= \frac{1}{(2\pi)^3} \int_0^\infty \int_0^\pi \int_0^{2\pi} e^{ik|\mathbf{r} - \mathbf{r}'|\cos\theta} d\phi \sin\theta \, d\theta \, dk \\ &= \frac{2\pi}{(2\pi)^3} \int_0^\infty \int_0^\pi e^{ik|\mathbf{r} - \mathbf{r}'|\cos\theta} \sin\theta \, d\theta \, dk \\ &= \frac{1}{(2\pi)^2} \int_0^\infty \frac{1}{ik|\mathbf{r} - \mathbf{r}'|} \left(e^{ik|\mathbf{r} - \mathbf{r}'|} - e^{-ik|\mathbf{r} - \mathbf{r}'|}\right) dk \\ &= \frac{2}{(2\pi)^2} \int_0^\infty \frac{\sin(k|\mathbf{r} - \mathbf{r}'|)}{k|\mathbf{r} - \mathbf{r}'|} dk \\ &= \frac{1}{2\pi^2 |\mathbf{r} - \mathbf{r}'|} \int_0^\infty \frac{\sin t}{t} dt \end{aligned}$$

와 같이 된다. 여기서 ϕ는 방위각(azimuthal angle)을 나타낸다. 그리고 식(7.2.18) 우변의 마지막 줄에서 $t = k|\mathbf{r} - \mathbf{r}'|$로 치환을 하였다. 적분 $\int_0^\infty \frac{\sin t}{t} dt$은 제5장에서 유수정리를 이용하여 다음과 같이 구한 바가 있다.

$$\int_0^\infty \frac{\sin t}{t} dt = \frac{1}{2} \int_{-\infty}^\infty \frac{\sin t}{t} dt = \frac{\pi}{2} \tag{7.2.19}$$

그러므로 $\nabla^2 G(\mathbf{r}, \mathbf{r}') = -\delta(\mathbf{r} - \mathbf{r}')$를 만족하는 그린 함수 $G(\mathbf{r}, \mathbf{r}')$는 식(7.2.18)과 식(7.2.19)로부터 $G(\mathbf{r}, \mathbf{r}') = \frac{1}{4\pi|\mathbf{r} - \mathbf{r}'|}$ 와 같이 얻을 수 있다. 최종적으로 푸아송 방정식의 해 $\phi(\mathbf{r})$는 다음과 같다.

$$\phi(\mathrm{r}) = \frac{1}{4\pi\epsilon_0}\int_V \frac{\rho(\mathrm{r}')}{|\mathrm{r} - \mathrm{r}'|} d^3 r' \tag{7.2.20}$$

7.2.2 크레이머스-크로니그 관계(Kramers-Kronig relations)

복소함수를 사용하여 유전체(dielectrics)의 성질에 대해서 알아보자. 유전체내의 원자나 분자에 속박되어 있는 전자의 밀도를 n이라고 하자. 유전체에 전기장 $\mathrm{E}(t) = \mathrm{E}_0 e^{-i\omega t}$ (E_0는 일정한 진폭벡터, ω는 전기장의 진동수, t는 시간)이 걸려 있다고 하면 속박되어 있는 전자에 작용하는 힘은 다음과 같이 주어진다.

$$m\frac{d^2\mathrm{r}}{dt^2} + b\frac{d\mathrm{r}}{dt} + k\mathrm{r} = q\mathrm{E} \tag{7.2.21}$$

여기서 m은 전자의 질량이고, $b(= m\gamma)$는 매질 내에서 전자 운동의 소산(dissipation)과 관련한 감쇠계수(damping coefficient)를 나타내고, γ는 감쇠진동수(damping frequency)이다. 그리고 $k(= m\omega_0^2)$는 전자의 속박상태와 관련된 용수철상수(spring constant)이며 $\omega_0(= \sqrt{k/m})$는 자연각진동수를 나타낸다. 그리고 $q(= -e)$는 전자의 전하이다. 그리고 변위벡터를 $\mathrm{r}(t) = \mathrm{r}_0 e^{-i\omega t}$로 놓으면 식(7.2.21)은

$$\left[m(-i\omega)^2 + m\gamma(-i\omega) + m\omega_0^2\right]\mathrm{r}_0 e^{-i\omega t} = (-e)\mathrm{E}_0 e^{-i\omega t} \tag{7.2.22}$$

로 주어진다. 그러므로 다음의 관계식을 구할 수 있다.

$$\mathrm{r}(t) = -\frac{e/m}{\omega_0^2 - \omega^2 - i\gamma\omega}\mathrm{E}(t) \tag{7.2.23}$$

유도 전기쌍극자 모멘트(induced electric dipole moment)는 $\mathrm{p}(t) = -e\mathrm{r}(t)$이고 분극 벡터(polarization vector) P가 단위부피당 유도 전기쌍극자 모멘트로 주어지므로 전하밀도 n을 도입하여 $\mathrm{P}(t) = n\mathrm{p}(t)$로 쓸 수 있다. 그러므로 분극 벡터 P는

$$P(t) = \frac{ne^2/m}{\omega_0^2 - \omega^2 - i\gamma\omega} E(t) \tag{7.2.24}$$

와 같이 된다. 전기변위(electric displacement) D, 전기장 E, 그리고 분극 벡터 P의 관계는 $D = \epsilon_0 E + P = \epsilon E$와 같이 되는데 여기서 ϵ_0는 진공의 유전율(permittivity)이고 ϵ는 매질의 유전율이다. 유전율은 매질 내에 전기장이 작용할 때 매질이 전하 사이의 전기장에 미치는 영향을 나타내는 물리적 단위이다. 매질이 등방성(isotropic)이면 유전율은 스칼라값을 가지나 그렇지 않으면 일반적으로 텐서의 형태이므로 $D = \overleftrightarrow{\epsilon} \cdot E$와 같이 써야 한다. 여기서는 스칼라값을 갖는 유전율에 한정하여 논의해 보기로 하자. 식(7.2.24)의 결과를 이용하면

$$\begin{aligned} D &= \epsilon_0 \left(1 + \frac{n^2/\epsilon_0 m}{\omega_0^2 - \omega^2 - i\gamma\omega} \right) E \\ &= \epsilon E \end{aligned} \tag{7.2.25}$$

와 같이 되므로 매질의 유전율 ϵ을 구할 수 있다. 매질이 전기장에 반응할 때 전기장의 진동수가 중요하게 작용하므로 유전율은 진동수와 관련한 복소함수로 나타나며 이러한 이유로 유전율을 유전함수라고 부르기도 한다. 매질의 유전율과 진공의 유전율의 비를 상대유전율이라고 하며 이를 $\kappa_\epsilon (= \epsilon/\epsilon_0)$라고 놓으면

$$\begin{aligned} \kappa_\epsilon(\omega) &= 1 + \frac{n^2/\epsilon_0 m}{\omega_0^2 - \omega^2 - i\gamma\omega} \\ &= 1 + \frac{\omega_p^2}{\omega_0^2 - \omega^2 - i\gamma\omega} \end{aligned} \tag{7.2.26}$$

와 같이 쓸 수 있다. 여기서 ω_p는 플라즈마 진동수이며 $\omega_p = \left(n^2/\epsilon_0 m\right)^{1/2}$로 정의된다.

이제 상대유전율 $\kappa_\epsilon(\omega)$의 특이점을 찾아보기 위해 식(7.2.26)의 우변에서 분모가 0이 되는 진동수를 조사해 보자. 즉,

$$\omega_0^2 - \omega^2 - i\gamma\omega = 0 \tag{7.2.27}$$

으로부터 $\omega_0 > \frac{\gamma}{2}$ 일 때, 2개의 특이점 $\omega = \omega_\pm$가 다음과 같이 존재하는 것을 찾을 수 있다.

$$\omega_\pm = -i\frac{\gamma}{2} \pm \sqrt{\omega_0^2 - \frac{\gamma^2}{4}} \tag{7.2.28}$$

감쇠진동수는 양의 값으로 정의되므로 특이점 $\omega_\pm$의 허수부 $\mathrm{Im}\,\omega_\pm$는 항상 음이 된다는 것을 알 수 있다.

$$\mathrm{Im}\,\omega_\pm = -\frac{\gamma}{2} < 0 \tag{7.2.29}$$

그림 7.2.1에 $\omega_0 > \frac{\gamma}{2}$ 일 때 복소 ω −공간에서의 특이점 $\omega_\pm$의 위치를 [•]로 표시하였다. 그리고, $\omega_0 < \frac{\gamma}{2}$ 인 경우에는, 다음과 같은 2개의 특이점 $\omega_\pm$를 찾을 수 있다.

$$\omega_\pm = -i\frac{\gamma}{2} \pm i\sqrt{\frac{\gamma^2}{4} - \omega_0^2} \tag{7.2.30}$$

이 경우에도 특이점 $\omega_\pm$의 허수부 $\mathrm{Im}\,\omega_\pm$는 역시 음인 것을 알 수 있다.

$$\mathrm{Im}\,\omega_\pm = -\frac{\gamma}{2} \pm \sqrt{\frac{\gamma^2}{4} - \omega_0^2} < 0 \tag{7.2.31}$$

그림 7.2.1에 나타낸 복소 ω −공간에서 $\omega_0 < \frac{\gamma}{2}$ 일 때의 특이점 $\omega_\pm$의 위치를 [×]로 표시하였다.

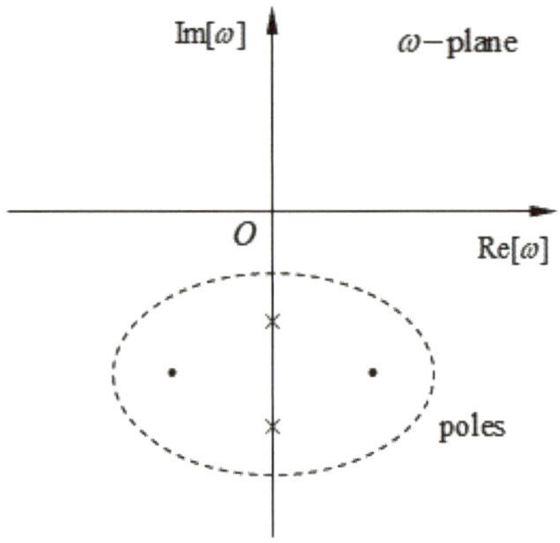

그림 7.2.1 복소 ω−공간에서 $\omega_0 > \frac{\gamma}{2}$ 일 때 특이점 $\omega_\pm$의 위치[•]와 $\omega_0 < \frac{\gamma}{2}$ 일 때 특이점 $\omega_\pm$의 위치[×]

따라서 복소 ω−공간에서 상반평면에 해당하는 $\mathrm{Im}\,\omega_\pm > 0$인 영역에서 상대유전율 $\kappa_\epsilon(\omega)$이 해석적이 되는 것을 알 수가 있다. 이제 그림 7.2.2에서 상반평면에 그려진 것과 같은 반시계방향의 닫힌 경로 C에 대하여 복소함수 $f(\omega) = \dfrac{\kappa_\epsilon(\omega) - 1}{\omega - \omega_0}$의 경로적분을 고려해 보자. 여기서 ω_0는 임의의 양의 실수이다.

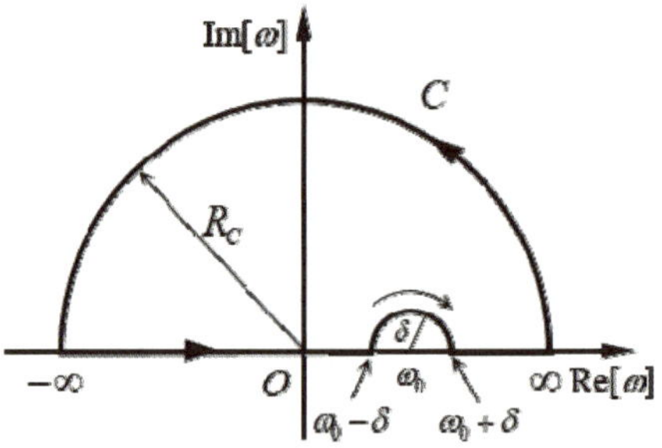

그림 7.2.2 복소 ω−공간에서 상반평면(upper half-plane)의 경로 C

경로 C와 경로의 내부에서 $\kappa_\epsilon(\omega) - 1$이 해석적이므로 제3장에서 배운 바와 같이 코시 적분 정리에 의하여

$$\oint_C^+ \frac{\kappa_\epsilon(\omega') - 1}{\omega' - \omega_0} d\omega' = 0 \tag{7.2.32}$$

이 된다는 것을 알 수 있다. 그림 7.2.2에 그려진 경로 C를 분해하여 보면

$$\begin{aligned}\oint_C^+ \frac{\kappa_\epsilon(\omega') - 1}{\omega' - \omega_0} d\omega' &= \int_{-\infty}^{\omega_0 - \delta} \frac{\kappa_\epsilon(\omega') - 1}{\omega' - \omega_0} d\omega' + \int_{C_\delta} \frac{\kappa_\epsilon(\omega') - 1}{\omega' - \omega_0} d\omega' \\ &\quad + \int_{\omega_0 + \delta}^{\infty} \frac{\kappa_\epsilon(\omega') - 1}{\omega' - \omega_0} d\omega' + \int_{C_R} \frac{\kappa_\epsilon(\omega') - 1}{\omega' - \omega_0} d\omega' \\ &= 0\end{aligned} \tag{7.2.33}$$

와 같이 되는데, 우변의 두 번째 적분에서 경로 C_δ상에서 ω'를 $\omega' = \omega_0 + \delta e^{i\theta}$로 놓으면 $d\omega' = i\delta e^{i\theta} d\theta$이므로 이 적분은 다음과 같이 계산된다.

$$\begin{aligned}\int_{C_\delta} \frac{\kappa_\epsilon(\omega') - 1}{\omega' - \omega_0} d\omega' &= \lim_{\delta \to 0} \int_\pi^0 \frac{\kappa_\epsilon(\omega_0 + \delta e^{i\theta}) - 1}{i\delta e^{i\theta}} i\delta e^{i\theta} d\theta \\ &= \int_\pi^0 \left[\kappa_\epsilon(\omega_0) - 1\right] i\, d\theta \\ &= -i\pi\left[\kappa_\epsilon(\omega_0) - 1\right]\end{aligned} \tag{7.2.34}$$

식(7.2.33) 우변의 네 번째 적분은 $\omega' = \omega_0 + R_C e^{i\theta}$로 놓으면 $d\omega' = i R_C e^{i\theta} d\theta$이고, $\omega' \to \infty$이면 $\kappa_\epsilon(\omega') - 1 = 0$이 되므로, 이 적분은 다음과 같이 된다.

$$\begin{aligned}\int_{C_R} \frac{\kappa_\epsilon(\omega') - 1}{\omega' - \omega_0} d\omega' &= \lim_{R_C \to \infty} \int_0^\pi \frac{\kappa_\epsilon(\omega_0 + R_C e^{i\theta}) - 1}{i R_C e^{i\theta}} i R_C e^{i\theta} d\theta \\ &= \lim_{R_C \to \infty} \int_0^\pi \left[\kappa_\epsilon(\omega_0 + R_C e^{i\theta}) - 1\right] i\, d\theta \\ &= 0\end{aligned} \tag{7.2.35}$$

그리고 식(7.2.33) 우변의 첫 번째와 세 번째의 적분을 합하면

$$\int_{-\infty}^{\omega_0-\delta}\frac{\kappa_\epsilon(\omega')-1}{\omega'-\omega_0}d\omega'+\int_{\omega_0+\delta}^{\infty}\frac{\kappa_\epsilon(\omega')-1}{\omega'-\omega_0}d\omega' = P\int_{-\infty}^{\infty}\frac{\kappa_\epsilon(\omega')-1}{\omega'-\omega_0}d\omega' \tag{7.2.36}$$

으로 주어진다. 여기서 "P"는 코시 주요값을 의미한다. 식(7.2.34), 식(7.2.35), 식(7.2.36)을 식(7.2.33)에 대입하여 정리하면

$$P\int_{-\infty}^{\infty}\frac{\kappa_\epsilon(\omega')-1}{\omega'-\omega_0}d\omega' = i\pi\left[\kappa_\epsilon(\omega_0)-1\right] \tag{7.2.37}$$

이 되고, 임의의 값인 ω_0를 ω로 치환하면, 다음의 결과를 얻는다.

$$\kappa_\epsilon(\omega) = 1+\frac{1}{i\pi}P\int_{-\infty}^{\infty}\frac{\kappa_\epsilon(\omega')-1}{\omega'-\omega}d\omega' \tag{7.2.38}$$

이 식을 크레이머스-크로니그 관계(Kramers-Kronig relations)라고 한다. 여기서 상대유전율 $\kappa_\epsilon(\omega)$이 복소함수이므로 다음과 같이 적을 수 있다.

$$\kappa_\epsilon(\omega) = \mathrm{Re}\,\kappa_\epsilon(\omega)+i\,\mathrm{Im}\,\kappa_\epsilon(\omega) \tag{7.2.39}$$

식(7.2.39)를 식(7.2.38)에 대입하여 정리하면

$$\mathrm{Re}\,\kappa_\epsilon(\omega)+i\,\mathrm{Im}\,\kappa_\epsilon(\omega) = 1+\frac{1}{i\pi}P\int_{-\infty}^{\infty}\frac{\mathrm{Re}\,\kappa_\epsilon(\omega')+i\,\mathrm{Im}\,\kappa_\epsilon(\omega')-1}{\omega'-\omega}d\omega' \tag{7.2.40}$$

와 같이 된다. 이를 실수부와 허수부로 따로 정리하면 다음과 같은 크레이머스-크로니그 관계를 얻을 수 있다.

$$\mathrm{Re}\,\kappa_\epsilon(\omega) = 1+\frac{1}{\pi}P\int_{-\infty}^{\infty}\frac{\mathrm{Im}\,\kappa_\epsilon(\omega')}{\omega'-\omega}d\omega' \tag{7.2.41}$$

$$\mathrm{Im}\,\kappa_\epsilon(\omega) = -\frac{1}{\pi} P\int_{-\infty}^{\infty} \frac{\mathrm{Re}\,\kappa_\epsilon(\omega') - 1}{\omega' - \omega} d\omega' \tag{7.2.42}$$

크레이머스-크로니그 관계는 식(7.2.41)과 식(7.2.42)에서 알 수 있듯이 상반평면에서 해석적인 복소함수의 실수부와 허수부 둘 중의 하나만 알아도 나머지 부분을 알 수 있게 된다는 중요한 내용을 포함하고 있는 양방향 수학적 관계(bidirectional mathematical relations)이다. 수학에서 이러한 관계는 소호츠키-플레멜 정리(Sokhotski-Plemelj theorem)와 힐베르트 변환(Hilbert transform)으로도 알려져 있다.

7.2.3 복소 퍼텐셜(Complex potential)

정전기학에서 2차원 라플라스 방정식은 다음과 같이 주어진다.

$$\nabla^2\phi(x, y) = 0 \tag{7.2.43}$$

여기서 $\phi(x, y)$는 정전기 퍼텐셜로서 스칼라 함수이다. 그리고 정전기학에서 전기장 $\mathrm{E}(x, y) = (E_x, E_y)$가 $\nabla \times \mathrm{E} = 0$을 만족하므로 벡터 항등식 $\nabla \times \nabla\phi = 0$에 의해서 전기장 E는

$$\mathrm{E}(x, y) = -\nabla\phi(x, y) \tag{7.2.44}$$

로 주어진다. 전하가 없는 공간에서 전기장 $\mathrm{E}(x, y) = (E_x, E_y)$는 $\nabla \cdot \mathrm{E} = 0$을 만족하므로 벡터 항등식 $\nabla \cdot (\nabla \times \mathrm{A}) = 0$에 의해서 전기장 E는

$$\mathrm{E}(x,y) = \nabla \times \mathrm{A}(x,y) \tag{7.2.45}$$

의 형태로 쓸 수 있다. 여기서 $\mathrm{A}(x, y)$ 는 벡터 퍼텐셜(vector potential)로서 벡터 함수이다. 벡터 퍼텐셜을

$$\mathrm{A}(x,y) = -\psi(x,y)\hat{\mathrm{e}}_z \tag{7.2.46}$$

라고 가정해보자. $\psi(x,y)$는 스칼라 함수이고 $\hat{\mathrm{e}}_z$는 z방향의 단위벡터를 나타낸다. 정전기 퍼텐셜의 그래디언트(gradient)와 벡터 퍼텐셜의 컬(curl)의 성분을 비교함으로써 전기장의 성분들을 다음과 같이 구할 수 있다.

$$E_x(x,y) = -\frac{\partial\phi}{\partial x} = -\frac{\partial\psi}{\partial y} \tag{7.2.47}$$

$$E_y(x,y) = -\frac{\partial\phi}{\partial y} = \frac{\partial\psi}{\partial x} \tag{7.2.48}$$

여기서 전기장의 성분들이 $\nabla\cdot\mathrm{E} = 0$을 만족해야 하므로 식(7.2.47)과 식(7.2.48)로부터 다음의 식을 구할 수 있다.

$$\nabla^2\phi(x,y) = \frac{\partial^2\phi}{\partial x^2} + \frac{\partial^2\phi}{\partial y^2} = 0 \tag{7.2.49}$$

마찬가지로, $\nabla\times\mathrm{E} = 0$을 만족하므로 식(7.2.47)과 식(7.2.48)로부터 다음의 식도 구할 수 있다.

$$\nabla^2\psi(x,y) = \frac{\partial^2\psi}{\partial x^2} + \frac{\partial^2\psi}{\partial y^2} = 0 \tag{7.2.50}$$

그러므로 $\phi(x,y)$와 $\psi(x,y)$가 모두 라플라스 방정식을 만족한다는 것을 알 수 있다. 라플라스 방정식을 만족하는 $\phi(x,y)$와 $\psi(x,y)$를 코시-리만 조건을 만족하는 복소함수의 두 성분, 즉 복소함수의 실수부와 허수부로 생각할 수 있다(제2장 참조). 코시-리만 조건을 적용한 다음의 계산을 고려하여 보자.

$$\frac{\partial\phi}{\partial x}\frac{\partial\psi}{\partial x}+\frac{\partial\phi}{\partial y}\frac{\partial\psi}{\partial y}=-\frac{\partial\phi}{\partial x}\frac{\partial\phi}{\partial y}+\frac{\partial\phi}{\partial y}\frac{\partial\phi}{\partial x} \tag{7.2.51}$$

$$=\frac{\partial\psi}{\partial y}\frac{\partial\psi}{\partial x}-\frac{\partial\psi}{\partial x}\frac{\partial\psi}{\partial y}$$

$$=0$$

식(7.2.51)의 좌변은 $\nabla\phi \cdot \nabla\psi$와 같으므로 다음의 결과를 얻는다.

$$\nabla\phi \cdot \nabla\psi = 0 \tag{7.2.52}$$

그러므로 $\nabla\phi$와 $\nabla\psi$는 서로 직교한다는 것을 알 수 있다.

7.3 고전역학(Classical mechanics)

고전역학에서 감쇠강제진동(damped forced oscillation)에 관련된 미분방정식 문제를 복소함수를 이용하여 풀어보도록 하자. 마찰이 존재하는 매질 내에서 용수철 상수가 k인 용수철에 매달려 있는 질량이 m인 물체에 시간의 함수인 외력 $F_{ext}(t) = F_0\cos\omega t$가 작용하여 진동을 하고 있을 때, 이에 대한 뉴턴의 제2법칙은 다음과 같이 쓸 수 있다.

$$F_{net} = m\frac{d^2x}{dt^2} \tag{7.3.1}$$

$$= F_{spring} + F_{fric} + F_{ext}$$

$$= -kx - bv + F_0\cos\omega t$$

여기서 F_{net}는 질량이 m인 물체에 작용하는 알짜힘(net force)를 뜻하고 F_{spring} $(=-kx)$는 용수철 힘, $F_{fric}(=-bv)$는 마찰력, k는 용수철상수, b는 마찰계수, x는 변위, $v(=dx/dt)$는 속도, 그리고 ω는 외부 각진동수이다. 식(7.3.1)을 정리하면 감쇠강제진동과 관련한 운동방정식은

$$\frac{d^2x}{dt^2} + \frac{b}{m}\frac{dx}{dt} + \frac{k}{m}x = \frac{F_0}{m}\cos\omega t \tag{7.3.2}$$

와 같이 된다. 여기서 $\dot{x} = \frac{dx}{dt}$, $\ddot{x} = \frac{d^2x}{dt^2}$, $2\beta = \frac{b}{m}$, $\omega_0^2 = \frac{k}{m}$, 그리고 $A = \frac{F_0}{m}$로 놓으면 식(7.3.2)는 다음과 같다.

$$\ddot{x} + 2\beta\dot{x} + \omega_0^2 x = A\cos\omega t \tag{7.3.3}$$

식(7.3.3)의 우변이 0이 아니므로 이러한 미분방정식을 비제차 미분방정식(nonhomogeneous differential equation)이라 한다. 이 미분방정식의 특수해(particular solution)를 복소함수를 이용하여 풀어보자. 식(7.3.3)을 오일러 방정식 $e^{i\omega t} = \cos\omega t + i\sin\omega t$를 도입하여 다시 쓰면

$$\mathrm{Re}\left(\ddot{x} + 2\beta\dot{x} + \omega_0^2 x = A\,e^{i\omega t}\right) \tag{7.3.4}$$

이 된다. 여기서 Re 표시는 실수부분을 의미한다. 식 (7.3.4)에 가설해(ansatz)로서 $x(t)$를

$$x(t) = x_0\,e^{i\omega t} \tag{7.3.5}$$

와 같이 놓자. x_0는 진동의 진폭이다. 식(7.3.5)를 식(7.3.4)에 대입하면 다음과 같이 정리가 된다.

$$x_0 e^{i\omega t}\left[(i\omega)^2 + 2\beta(i\omega) + \omega_0^2\right] = A\,e^{i\omega t} \tag{7.3.6}$$

이로부터 진폭 x_0는 다음과 같이 구할 수 있다.

$$x_0(\omega) = \frac{A}{-\omega^2 + i2\beta\omega + \omega_0^2} \tag{7.3.7}$$

$$= \frac{A\left[\left(\omega_0^2 - \omega^2\right) - i2\beta\omega\right]}{\left[\left(\omega_0^2 - \omega^2\right) + i2\beta\omega\right]\left[\left(\omega_0^2 - \omega^2\right) - i2\beta\omega\right]}$$

$$= \frac{A\left[\left(\omega_0^2 - \omega^2\right) - i2\beta\omega\right]}{\left(\omega_0^2 - \omega^2\right)^2 + 4\omega^2\beta^2}$$

식(7.3.7)을 식(7.3.5)에 대입하여 $x(t)$를 구하면

$$x(t) = x_0 e^{i\omega t} \tag{7.3.8}$$

$$= \frac{A\left[\left(\omega_0^2 - \omega^2\right) - i2\beta\omega\right]}{\left(\omega_0^2 - \omega^2\right)^2 + 4\omega^2\beta^2}(\cos\omega t + i\sin\omega t)$$

$$= \frac{A}{\left(\omega_0^2 - \omega^2\right)^2 + 4\omega^2\beta^2}\left[\left(\omega_0^2 - \omega^2\right)\cos\omega t + 2\beta\omega\sin\omega t\right.$$

$$\left. + i\left(\omega_0^2 - \omega^2\right)\sin\omega t + i2\beta\omega\cos\omega t\right]$$

와 같이 된다. 여기서 $x(t)$의 실수부를 취하면 감쇠강제진동에 대한 운동방정식의 해가 된다.

$$\mathrm{Re}\, x(t) = \frac{A}{\left(\omega_0^2 - \omega^2\right)^2 + 4\omega^2\beta^2}\left[\left(\omega_0^2 - \omega^2\right)\cos\omega t + 2\beta\omega\sin\omega t\right] \tag{7.3.9}$$

$$= \frac{A}{\sqrt{\left(\omega_0^2 - \omega^2\right)^2 + 4\omega^2\beta^2}}\left[\cos\omega t\frac{\left(\omega_0^2 - \omega^2\right)}{\sqrt{\left(\omega_0^2 - \omega^2\right)^2 + 4\omega^2\beta^2}} + \sin\omega t\frac{2\omega\beta}{\sqrt{\left(\omega_0^2 - \omega^2\right)^2 + 4\omega^2\beta^2}}\right]$$

$$= \frac{\mathrm{A}}{\sqrt{\left(\omega_0^2 - \omega^2\right)^2 + 4\omega^2\beta^2}}(\cos\omega t\cos\delta + \sin\omega t\sin\delta)$$

$$= \frac{A}{\sqrt{\left(\omega_0^2 - \omega^2\right)^2 + 4\omega^2\beta^2}}\cos(\omega t - \delta)$$

위의 식에서 δ는 진동의 위상이며 다음과 같이 정의되었다.

$$\cos\delta = \frac{\omega_0^2 - \omega^2}{\sqrt{\left(\omega_0^2 - \omega^2\right)^2 + 4\omega^2\beta^2}} \tag{7.3.10}$$

$$\sin\delta = \frac{2\omega\beta}{\sqrt{\left(\omega_0^2 - \omega^2\right)^2 + 4\omega^2\beta^2}} \tag{7.3.11}$$

그러므로 위상 δ는 다음과 같이 구해진다.

$$\delta = \tan^{-1}\left(\frac{2\omega\beta}{\omega_0^2 - \omega^2}\right) \tag{7.3.12}$$

따라서 감쇠강제진동에 대한 운동방정식인 식(7.3.2)의 특수해 $x_p(t)$는

$$x_p(t) = \frac{F_0/m}{\sqrt{\left(\frac{k}{m} - \omega^2\right)^2 + \left(\frac{b\omega}{m}\right)^2}}\cos(\omega t - \delta) \tag{7.3.13}$$

와 같이 얻어지며 위상 δ는

$$\delta = \tan^{-1}\left(\frac{\frac{b\omega}{m}}{\frac{k}{m} - \omega^2}\right) \tag{7.3.14}$$

이다.

전자회로에서 교류 RLC 회로(alternating current RLC circuit)에 대한 미분방정식은

$$L\frac{d^2q}{dt^2} + R\frac{dq}{dt} + \frac{q}{C} = F_0\cos\omega t \tag{7.3.15}$$

와 같이 주어지는데 여기서 L은 유도기(inductor)의 유도용량(inductance), R은 저항(resistance), C는 축전기(capacitor)의 전기용량(capacitance), 그리고 q는 축전기에

저장되는 전하량이며 시간의 함수이다. 이 식은 앞서 살펴본 감쇠강제진동의 운동방정식인 식(7.3.2)와 같은 형태임을 알 수 있다. 그러므로 교류 RLC 회로의 특수해와 위상은 식(7.3.13)과 식(7.3.14)에서 $x \to q$, $m \to L$, $b \to R$, 그리고 $k \to 1/C$로 대치하면 손쉽게 구할 수 있다.

7.4 복소 경로적분 형태의 특수함수(Complex contour integral expressions of special functions)

특수함수에 대한 자세한 내용은 수리물리학 강의시리즈 <특수함수와 응용>에서 자세히 다루겠지만 여기서는 복소 경로적분을 중심으로 특수함수에 대하여 간단히 알아보자. 다음과 같은 수열을 이루는 생성함수(generating function) $g(x,t)$를 고려해 보자.

$$g(x,t) = \sum_{n=0}^{\infty} a_n(x) t^n \tag{7.4.1}$$

여기서 전개계수에 해당하는 함수 $a_n(x)$를 구하고자 한다면 원칙적으로 양변을 t에 대하여 n번 미분하여 다음과 같은 형태로 구할 수 있다.

$$a_n(x) = \frac{1}{n!}\left[\frac{\partial^n g(x,t)}{\partial t^n}\right]_{t=0} \tag{7.4.2}$$

그러나 이렇게 n번 미분하는 것은 그리 편리하지 않으므로 다른 형태의 표현 방법을 찾아보고자 한다. 식(7.4.1)에서 보듯이 t^n의 계수가 $a_n(x)$이므로 코시 적분 정리를 적용하면 함수 $a_n(z)$의 복소 경로적분 형태(complex contour integral form)로의 표현은 다음과 같이 쓸 수 있다.

$$a_n(z) = \oint_C \frac{g(z,t)}{t^{n+1}}\, dt \tag{7.4.3}$$

여기서 경로 C는 반시계방향으로 진행하며 경로 내부에 원점을 포함하는 임의의 닫힌 경로이다. 이번 절에서는 물리학, 수학, 공학 등에서 자주 등장하는 특수함수들의 생성함수를 알아보고 제3장에서 학습한 코시 적분 정리를 적용하여 특수함수들의 복소 경로적분 형태를 알아보고자 한다.

7.4.1 제1종 베셀 함수(Bessel function of the first kind)

다음과 같은 미분방정식을 베셀 미분방정식(Bessel's differential equation)이라고 한다.

$$x^2\frac{d^2y}{dx^2} + x\frac{dy}{dx} + (x^2 - n^2)y = 0 \tag{7.4.4}$$

베셀 미분방정식의 해는

$$y(x) = \alpha J_n(x) \tag{7.4.5}$$

와 같이 주어지며, 여기서 α는 상수이고 $J_n(x)$는 차수가 n인 제1종 베셀 함수(Bessel function of the first kind)이다. 베셀 함수 $J_n(x)$의 생성함수 $g(x,t)$는 다음과 같이 주어진다.

$$\begin{aligned} g(x,t) &= e^{\frac{x}{2}(t-1/t)} \\ &= \sum_{n=-\infty}^{\infty} J_n(x)t^n \end{aligned} \tag{7.4.6}$$

즉, 생성함수인 $e^{\frac{x}{2}(t-1/t)}$을 로랑 전개하였을 때 t^n의 계수가 $J_n(x)$이 된다. 여기서는 이것을 증명하는 것이 목적이 아니므로 이에 대한 증명은 수리물리학 강의시리즈 <미분방정식과 응용>을 참고하기 바란다. 이 절에서는 생성함수 $g(x,t)$를 이용하여 베셀 함수 $J_n(x)$의 복소 경로적분 형태로의 표현을 구하고자 하는 것이므로 절의 서두에서 설명한 바와 같이 코시 적분 정리를 적용하면 $J_n(x)$의 복소 경로적분 형태를 다음과 같이 구할 수 있다.

$$J_n(z) = \oint_C \frac{e^{\frac{z}{2}(t-1/t)}}{t^{n+1}} dt \tag{7.4.7}$$

여기서 경로 C는 원점이 내부에 있는 반시계방향의 닫힌 경로이다.

7.4.2 제1종 수정 베셀 함수(Modified Bessel function of the first kind)

다음과 같은 형태의 미분방정식을 수정 베셀 미분방정식(modified Bessel's differential equation)이라고 한다.

$$x^2 \frac{d^2y}{dx^2} + x\frac{dy}{dx} - (x^2 + n^2)y = 0 \tag{7.4.8}$$

수정 베셀 미분방정식의 해는

$$y(x) = \alpha I_n(x) \tag{7.4.9}$$

와 같이 쓸 수 있으며, 여기서 α는 상수이고 $I_n(x)$는 차수가 n인 제1종 수정 베셀 함수(modified Bessel function of the first kind)이다. 수정 베셀 함수 $I_n(x)$의 생성함수 $g(x,t)$는 다음과 같다.

$$\begin{aligned} g(x,t) &= e^{\frac{x}{2}(t+1/t)} \\ &= \sum_{n=-\infty}^{\infty} I_n(x) t^n \end{aligned} \tag{7.4.10}$$

즉, 생성함수인 $e^{\frac{x}{2}(t+1/t)}$를 로랑 전개하였을 때 t^n의 계수가 $I_n(x)$이 된다. 앞의 경우와 마찬가지로 식(7.4.10)과 코시 적분 정리를 이용하면 $I_n(x)$의 복소 경로적분 형태의 표현을 다음과 같이 구할 수 있다.

$$I_n(z) = \oint_C \frac{e^{\frac{z}{2}(t+1/t)}}{t^{n+1}} dt \tag{7.4.11}$$

여기서도 경로 C는 원점이 내부에 있는 반시계방향의 닫힌 경로이다.

7.4.3 르장드르 함수(Legendre function)

르장드르 미분방정식(Legendre's differential equation)이 다음과 같이 주어졌다.

$$(1-x^2)\frac{d^2y}{dx^2} - 2x\frac{dy}{dx} + n(n+1)y = 0 \tag{7.4.12}$$

이 미분방정식의 해는

$$y(x) = \alpha P_n(x) \tag{7.4.13}$$

라고 할 수 있는데 여기서 α는 상수이고 $P_n(x)$은 차수가 n인 르장드르 함수(Legendre function)이다. 이 르장드르 함수 $P_n(x)$의 생성함수 $g(x,t)$는 다음과 같이 주어진다.

$$\begin{aligned} g(x,t) &= (1-2xt+t^2)^{-1/2}, \quad |t| < 1 \\ &= \sum_{n=0}^{\infty} P_n(x)t^n \end{aligned} \tag{7.4.14}$$

즉, 생성함수인 $(1-2xt+t^2)^{-1/2}$를 테일러 전개하였을 때 때 t^n의 계수가 $P_n(x)$이 된다. 식(7.4.14)에서 $(1-2xt+t^2)^{-1/2}$를 이항전개(binomial expansion)하면 $P_n(x)$는 다음과 같이 된다.

$$P_n(x) = \sum_{r=0}^{\left[\frac{n}{2}\right]}(-1)^r \frac{(2n-2r)!\,x^{n-2r}}{2^n r!(n-r)!(n-2r)!} \tag{7.4.15}$$

$$= \frac{1}{2^n}\frac{d^n}{dx^n}\sum_{r=0}^{\left[\frac{n}{2}\right]}(-1)^r \frac{x^{2n-2r}}{r!(n-r)!}$$

식(7.4.15)에서 $\left[\frac{n}{2}\right]$은 가우스 수(Gauss number)로서 n이 짝수이면 $\left[\frac{n}{2}\right] = \frac{n}{2}$이고 n이 홀수이면 $\left[\frac{n}{2}\right] = \frac{n-1}{2}$로 정의된다. 식(7.4.15) 우변의 두 번째 줄에서 $r > \left[\frac{n}{2}\right]$인 경우에는 x의 지수인 $2n-2r$이 n보다 작아지므로 x에 대한 n차 미분 $\frac{d^n}{dx^n}$가 x^{2n-2r} 항에 작용하면 모두 0이 된다. 그리고

$$\sum_{r=0}^{n}\frac{(-1)^r}{r!(n-r)!}x^{2n-2r} = \frac{(x^2-1)^n}{n!} \tag{7.4.16}$$

이므로, 식(7.4.15) 우변의 두 번째 줄은 다음과 같이 변형될 수 있다.

$$P_n(x) = \frac{1}{2^n}\frac{d^n}{dx^n}\sum_{r=0}^{\left[\frac{n}{2}\right]}(-1)^r \frac{x^{2n-2r}}{r!(n-r)!} \tag{7.4.17}$$

$$= \frac{1}{2^n}\frac{d^n}{dx^n}\sum_{r=0}^{n}(-1)^r \frac{x^{2n-2r}}{r!(n-r)!}$$

$$= \frac{1}{2^n n!}\frac{d^n}{dx^n}(x^2-1)^n$$

이와 같이 미분 형태로 주어진 식(7.4.17)을 로드리게스 공식(Rodrigues formula)이라고 한다. 함수 $f(z) = (z-1)^n$에 대하여 코시 적분 정리를 적용하면

$$(z^2-1)^n = \frac{1}{2\pi i}\oint_C \frac{(t^2-1)^n}{t-z}\,dt \tag{7.4.18}$$

가 되는데 양변에 미분 $\dfrac{d^n}{dz^n}$을 하면 다음과 쓸 수 있다.

$$\begin{aligned}\frac{d^n}{dz^n}(z^2-1)^n &= \frac{1}{2\pi i}\oint_C (t^2-1)^n \frac{d^n}{dz^n}\frac{1}{t-z}\,dt \\ &= \frac{n!}{2\pi i}\oint_C \frac{(t^2-1)^n}{(t-z)^{n+1}}\,dt\end{aligned} \tag{7.4.19}$$

그러므로 식(7.4.19)와 식(7.4.17)으로부터 르장드르 함수 $P_n(x)$의 복소 경로적분 형태의 표현은 다음과 같이 된다.

$$P_n(z) = \frac{2^{-n}}{2\pi i}\oint_C \frac{(t^2-1)^n}{(t-z)^{n+1}}\,dt \tag{7.4.20}$$

복소 경로적분 형태로 주어진 식(7.4.20)을 슐레플리 적분 표현(Schläfli integral representation)이라고 한다. 물론 생성함수인 식(7.4.14)으로부터 직접적으로 르장드르 함수 $P_n(x)$의 복소 경로적분 형태를 아래와 같이 구할 수 있다.

$$P_n(z) = \frac{1}{2\pi i}\oint_C \frac{t^{-n-1}}{\sqrt{1-2tz+t^2}}\,dt \tag{7.4.21}$$

그러나 식(7.4.21)은 우변의 분모에 제곱근이 있어서 적분 계산이 복잡하므로 슐레플리 적분 표현인 식(7.4.20)의 복소 경로적분 형태가 사용하기에 좀 더 편리하다.

예제 7.4.1 르장드르 함수 $P_n(x)$의 복소 경로적분 형태인 식(7.4.20)을 사용하여 $P_n(1)$을 구하시오.

풀이 식(7.4.20)을 사용하면 $P_n(1)$은 다음과 같이 표현된다.

$$P_n(1) = \frac{2^{-n}}{2\pi i}\oint_C \frac{(t^2-1)^n}{(t-1)^{n+1}}dt \tag{7.4.22}$$

$$= \frac{2^{-n}}{2\pi i}\oint_C \frac{(t-1)^n(t+1)^n}{(t-1)^{n+1}}dt$$

$$= \frac{2^{-n}}{2\pi i}\oint_C \frac{(t+1)^n}{t-1}dt$$

여기서 유수정리를 사용하면

$$\oint_C \frac{(t+1)^n}{t-1}dt = 2\pi i\, a_{-1}(t=1) \tag{7.4.23}$$

이 되고 $t=1$에서 단순극점을 가지므로 유수는 다음과 같다.

$$a_{-1}(t=1) = \lim_{t\to 1}\left[(t-1)\frac{(t+1)^n}{t-1}\right] = 2^n \tag{7.4.24}$$

그러므로 $P_n(1)$은 다음과 같이 구할 수 있다.

$$P_n(1) = \frac{2^{-n}}{2\pi i}2\pi i\, 2^n = 1 \tag{7.4.25}$$

7.4.4 에르미트 함수(Hermite function)

에르미트 미분방정식(Hermite's differential equation)은 다음과 같은 형태로 주어진다.

$$\frac{d^2y}{dx^2} - 2\frac{dy}{dx} + 2ny = 0 \tag{7.4.26}$$

에르미트 미분방정식을 만족하는 해는

$$y(x) = \alpha H_n(x) \tag{7.4.27}$$

로 놓을 수 있으며 여기서 α는 상수이고 $H_n(x)$는 차수가 n인 에르미트 함수(Hermite function)이다. 에르미트 함수 $H_n(x)$의 생성함수 $g(x,t)$는 다음과 같이 주어진다.

$$\begin{aligned} g(x,t) &= e^{-t^2+2tx} \\ &= \sum_{n=0}^{\infty} \frac{H_n(x)}{n!} t^n \end{aligned} \tag{7.4.28}$$

즉, 생성함수인 e^{-t^2+2tx}를 테일러 전개하였을 때 t^n의 계수가 $H_n(x)/n!$이 된다. 식 (7.4.28)과 코시 적분 정리를 적용하면 에르미트 함수 $H_n(z)$의 복소 경로적분 형태는 다음과 같다.

$$H_n(z) = \frac{n!}{2\pi i} \oint_C t^{-n-1} e^{-t^2+2tz}\, dt \tag{7.4.29}$$

7.4.5 라구에르 함수(Laguerre function)

라구에르 미분방정식(Laguerre's differential equation)은 다음과 같은 형태이다.

$$x\frac{d^2y}{dx^2} + (1-x)\frac{dy}{dx} + ny = 0 \tag{7.4.30}$$

라구에르 미분방정식의 해는

$$y(x) = \alpha L_n(x) \tag{7.4.31}$$

와 같이 놓을 수 있으며 여기서 α는 상수이고 $L_n(x)$는 차수가 n인 라구에르 함수(Laguerre function)이다. 라구에르 함수 $L_n(x)$의 생성함수 $g(x,t)$는 다음과 같이 주어진다.

$$
\begin{aligned}
g(x,t) &= \frac{e^{-xt/(1-t)}}{1-t} \\
&= \sum_{n=0}^{\infty} L_n(x) t^n
\end{aligned}
\tag{7.4.32}
$$

즉, 생성함수인 $\dfrac{e^{-xt/(1-t)}}{1-t}$를 테일러 전개하였을 때 t^n의 계수가 $L_n(x)$이 된다. 식(7.4.32)과 코시 적분 정리를 이용하면 라구에르 함수 $L_n(z)$의 복소 경로적분 형태의 표현을 다음과 같이 구할 수 있다.

$$
L_n(z) = \frac{1}{2\pi i} \oint_C \frac{e^{-zt/(1-t)}}{(1-t)t^{n+1}} dt \tag{7.4.33}
$$

7.5 푸리에 적분을 이용한 미분방정식의 해(Solutions of the Differential Equations using Fourier Integrals)

7.5.1 감쇠강제진동(Damped forced oscillation)

복소함수를 이용하여 미분방정식의 해를 구하는 방법을 설명하기 위하여 먼저 간략히 푸리에 적분(Fourier integral)을 소개하고자 한다. 아래의 식(7.5.1)은 감쇠강제진동과 관련된 미분방정식이다.

$$
\frac{d^2x}{dt^2} + 2\beta\frac{dx}{dt} + \omega_0^2 x = A\cos\omega t \tag{7.5.1}
$$

이 식은 $2\beta = \frac{b}{m}$, $\omega_0^2 = \frac{k}{m}$, 그리고 $A = \frac{F_0}{m}$로 놓으면 식(7.3.2)와 동등하다. 미분방정식의 해 x는 t의 함수이므로 $x = x(t)$라고 놓고, 1차원 푸리에 적분 형태(Fourier integral form)를 다음과 같이 정의하자.

$$f(\Omega) = \frac{1}{\sqrt{2\pi}} \int_{-\infty}^{\infty} x(t) e^{i\Omega t} dt \tag{7.5.2}$$

$$x(t) = \frac{1}{\sqrt{2\pi}} \int_{-\infty}^{\infty} f(\Omega) e^{-i\Omega t} d\Omega \tag{7.5.3}$$

여기서 식(7.5.2)를 $x(t)$의 $f(\Omega)$로의 푸리에 변환(Fourier transform)이라고 하고 식(7.5.3)을 $f(\Omega)$의 $x(t)$로의 푸리에 변환이라고 한다. 또는, $x(t)$의 관점에서 봤을 때 식(7.5.2)를 $x(t)$의 푸리에 변환이라고 한다면, 식(7.5.3)을 역 푸리에 변환(inverse Fourier transform) 또는 푸리에 역변환이라고 말하기도 한다. 식(7.5.2)에서 $e^{i\Omega t}$을 적분변환에서의 핵(kernel)이라고 하는데, $e^{i\Omega t}$에서 Ωt는 무차원(dimensionless)이므로 Ω공간의 함수인 $f(\Omega)$와 x공간의 함수인 $x(t)$는 서로 역공간의 함수 관계임을 알 수가 있다. 만약에 식(7.5.2)에서 핵이 $e^{-i\Omega t}$로 주어졌다면 식(7.5.3)에서는 핵을 $e^{i\Omega t}$로 바꾸어 주면 된다. 이에 대한 자세한 내용은 푸리에 변환에 관한 저자들의 수리물리학 강의 시리즈를 참고하길 바란다. 식(7.5.2)에서 적분 변수인 t를 t'으로 놓아도 되므로

$$f(\Omega) = \frac{1}{\sqrt{2\pi}} \int_{-\infty}^{\infty} x(t') e^{i\Omega t'} dt' \tag{7.5.4}$$

라고 하면 식(7.5.3)으로부터

$$x(t) = \frac{1}{\sqrt{2\pi}}\int_{-\infty}^{\infty}\left(\frac{1}{\sqrt{2\pi}}\int_{-\infty}^{\infty} x(t')\, e^{i\Omega t'}\, dt'\right) e^{-i\Omega t}\, d\Omega \tag{7.5.5}$$

$$= \int_{-\infty}^{\infty} x(t')\left(\frac{1}{2\pi}\int_{-\infty}^{\infty} e^{i\Omega(t'-t)}\, d\Omega\right) dt'$$

$$= \int_{-\infty}^{\infty} x(t')\,\delta(t'-t)\, dt'$$

$$= x(t)$$

가 되는 것을 쉽게 이해할 수 있다. 식(7.5.5)의 3번째 줄에서는 델타 함수 표현식인 식(7.2.11)을 적용하였다. 그러므로 식(7.5.2)와 식(7.5.3)의 푸리에 변환과 역 푸리에 변환이 타당함을 알 수 있다. 이제 식(7.5.1)을 풀기 위하여 양변에 푸리에 변환을 적용하면

$$\frac{1}{\sqrt{2\pi}}\int_{-\infty}^{\infty}\left(\frac{d^2x}{dt^2} + 2\beta\frac{dx}{dt} + \omega_0^2 x\right) e^{i\Omega t}\, dt = \frac{1}{\sqrt{2\pi}}\int_{-\infty}^{\infty} A\cos\omega t\, e^{i\Omega t}\, dt \tag{7.5.6}$$

가 되는데 여기서 좌변의 적분 안의 세 번째 항은

$$\frac{1}{\sqrt{2\pi}}\int_{-\infty}^{\infty} \omega_0^2\, x\, e^{i\Omega t}\, dt = \omega_0^2 f(\Omega) \tag{7.5.7}$$

이 되고, 두 번째 항은 부분적분을 적용하면

$$\frac{1}{\sqrt{2\pi}}\int_{-\infty}^{\infty} 2\beta\frac{dx}{dt}\, e^{i\Omega t}\, dt = \frac{2\beta}{\sqrt{2\pi}}\int_{-\infty}^{\infty}\frac{dx}{dt}\, e^{i\Omega t}\, dt \tag{7.5.8}$$

$$= \frac{2\beta}{\sqrt{2\pi}}\left\{\left[x(t)\, e^{i\Omega t}\right]_{-\infty}^{\infty} - i\Omega\int_{-\infty}^{\infty} x\, e^{i\Omega t}\, dt\right\}$$

가 되는데 $x(t)$가 물리적으로 옳은 해가 되기 위해서는 $t \to \pm\infty$일 때 $x \to 0$이 되는 참한 함수(well-behaved function)이어야 하므로

$$\frac{1}{\sqrt{2\pi}}\int_{-\infty}^{\infty} 2\beta\frac{dx}{dt}\, e^{i\Omega t}\, dt = 2\beta(-i\Omega)\frac{1}{\sqrt{2\pi}}\int_{-\infty}^{\infty} x\, e^{i\Omega t}\, dt \tag{7.5.9}$$

$$= 2\beta(-i\Omega)f(\Omega)$$

가 된다. 식(7.5.6)의 좌변의 첫 번째 항은 부분적분을 두 번 수행하면

$$\frac{1}{\sqrt{2\pi}}\int_{-\infty}^{\infty} \frac{d^2x}{dt^2}\, e^{i\Omega t}\, dt = \frac{1}{\sqrt{2\pi}}\left\{\left[\frac{dx}{dt}e^{i\Omega t}\right]_{-\infty}^{\infty} - i\Omega\int_{-\infty}^{\infty}\frac{dx}{dt}\, e^{i\Omega t}\, dt\right\} \tag{7.5.10}$$

$$= \frac{1}{\sqrt{2\pi}}\left\{\left[\frac{dx}{dt}e^{i\Omega t}\right]_{-\infty}^{\infty} + \left[(-i\Omega)x(t)e^{i\Omega t}\right]_{-\infty}^{\infty} + (-i\Omega)^2\int_{-\infty}^{\infty} x\, e^{i\Omega t}\, dt\right\}$$

가 된다. 역시 $t \to \pm\infty$일 때 $\dfrac{dx}{dt} \to 0$이고 $x \to 0$인 참한 함수가 되어야 하므로

$$\frac{1}{\sqrt{2\pi}}\int_{-\infty}^{\infty} \frac{d^2x}{dt^2}\, e^{i\Omega t}\, dt = (-i\Omega)^2\frac{1}{\sqrt{2\pi}}\int_{-\infty}^{\infty} x\, e^{i\Omega t}\, dt \tag{7.5.11}$$

$$= (-i\Omega)^2 f(\Omega)$$

의 결과를 얻는다. 식(7.5.6)의 우변은 $\displaystyle\int_{-\infty}^{\infty} e^{i(\Omega \pm \omega)t}\, dt = 2\pi\delta(\Omega \pm \omega)$임을 이용하면

$$\frac{1}{\sqrt{2\pi}}\int_{-\infty}^{\infty} A\cos\omega t\, e^{i\Omega t}\, dt = \frac{A}{2}\frac{1}{\sqrt{2\pi}}\int_{-\infty}^{\infty}\left(e^{i\omega t} + e^{-i\omega t}\right)e^{i\Omega t}\, dt \tag{7.5.12}$$

$$= \frac{A}{2}\frac{1}{\sqrt{2\pi}}\int_{-\infty}^{\infty}\left[e^{i(\Omega+\omega)t} + e^{i(\Omega-\omega)t}\right]dt$$

$$= \frac{A}{2}\frac{1}{\sqrt{2\pi}}(2\pi)\left[\delta(\Omega+\omega) + \delta(\Omega-\omega)\right]$$

$$= A\sqrt{\frac{\pi}{2}}\left[\delta(\Omega+\omega) + \delta(\Omega-\omega)\right]$$

와 같이 계산이 된다. 그러므로 식(7.5.7)-(7.5.12)로부터 식(7.5.6)은 아래와 같다.

$$\left[(-i\Omega)^2 + 2\beta(-i\Omega) + \omega_0^2\right] f(\Omega) = A\sqrt{\frac{\pi}{2}}\left[\delta(\Omega+\omega) + \delta(\Omega-\omega)\right] \tag{7.5.13}$$

그리므로 $x(t)$의 푸리에 변환 $f(\Omega)$를 다음과 같이 구할 수 있다.

$$f(\Omega) = A\sqrt{\frac{\pi}{2}}\frac{\delta(\Omega+\omega) + \delta(\Omega-\omega)}{\left(\omega_0^2 - \Omega^2\right) - i2\beta\Omega} \tag{7.5.14}$$

이제 $f(\Omega)$를 다음과 같이 역 푸리에 변환을 하여 $x(t)$를 구하여 보자.

$$\begin{aligned} x(t) &= \frac{1}{\sqrt{2\pi}}\int_{-\infty}^{\infty} A\sqrt{\frac{\pi}{2}}\frac{\delta(\Omega+\omega) + \delta(\Omega-\omega)}{\left(\omega_0^2 - \Omega^2\right) - i2\beta\Omega} e^{-i\Omega t} d\Omega \\ &= \frac{A}{2}\left[\frac{e^{i\omega t}}{\left(\omega_0^2 - \omega^2\right) + i2\beta\omega} + \frac{e^{-i\omega t}}{\left(\omega_0^2 - \omega^2\right) - i2\beta\omega}\right] \\ &= \frac{A}{2}\frac{\left[\left(\omega_0^2 - \omega^2\right) - i2\beta\omega\right]e^{i\omega t} + \left[\left(\omega_0^2 - \omega^2\right) + i2\beta\omega\right]e^{-i\omega t}}{\left(\omega_0^2 - \omega^2\right)^2 + 4\beta^2\omega^2} \\ &= \frac{A}{2}\frac{\left[\left(\omega_0^2 - \omega^2\right) - i2\beta\omega\right](\cos\omega t + i\sin\omega t) + \left[\left(\omega_0^2 - \omega^2\right) + i2\beta\omega\right](\cos\omega t - i\sin\omega t)}{\left(\omega_0^2 - \omega^2\right)^2 + 4\beta^2\omega^2} \\ &= A\frac{\left(\omega_0^2 - \omega^2\right)\cos\omega t + 2\beta\omega\sin\omega t}{\left(\omega_0^2 - \omega^2\right)^2 + 4\beta^2\omega^2} \\ &= A\frac{1}{\sqrt{\left(\omega_0^2 - \omega^2\right)^2 + 4\beta^2\omega^2}}\left[\frac{\left(\omega_0^2 - \omega^2\right)\cos\omega t}{\sqrt{\left(\omega_0^2 - \omega^2\right)^2 + 4\beta^2\omega^2}} + \frac{2\beta\omega\sin\omega t}{\sqrt{\left(\omega_0^2 - \omega^2\right)^2 + 4\beta^2\omega^2}}\right] \\ &= A\frac{1}{\sqrt{\left(\omega_0^2 - \omega^2\right)^2 + 4\beta^2\omega^2}}(\cos\omega t\cos\delta + \sin\omega t\sin\delta) \\ &= A\frac{\cos(\omega t - \delta)}{\sqrt{\left(\omega_0^2 - \omega^2\right)^2 + 4\beta^2\omega^2}} \end{aligned} \tag{7.5.15}$$

여기서 $\cos\delta$와 $\sin\delta$는 다음과 같다.

$$\cos\delta = \frac{\omega_0^2 - \omega^2}{\sqrt{\left(\omega_0^2 - \omega^2\right)^2 + 4\beta^2\omega^2}} \tag{7.5.16}$$

$$\sin\delta = \frac{2\beta\omega}{\sqrt{\left(\omega_0^2 - \omega^2\right)^2 + 4\beta^2\omega^2}}$$

그러므로 감쇠강제진동에 대한 미분방정식 $\frac{d^2x}{dt^2} + 2\beta\frac{dx}{dt} + \omega_0^2 x = A\cos\omega t$ 의 해 $x(t)$는 복소함수와 푸리에 적분을 이용하여

$$x(t) = A\frac{\cos(\omega t - \delta)}{\sqrt{\left(\omega_0^2 - \omega^2\right)^2 + 4\beta^2\omega^2}} \tag{7.5.17}$$

와 같이 구할 수 있음을 보였다. 여기서 구한 식(7.5.17)은 7.3절의 식(7.3.13)과 같은 식이다.

7.5.2 전기장 내에서의 전하의 운동(Motion of a charged particle in an electric field)

질량이 m이고 전하량이 $q(>0)$인 전하가 매질 내에 정지 상태에 있다. 시간 $t>0$일 때 z축 방향으로 전기장 $\mathrm{E}(t) = \hat{\mathrm{e}}_z E_0 e^{-t/\tau}$이 주어졌다고 하자. 여기서 $\hat{\mathrm{e}}_z$는 z축 방향의 단위벡터이고, E_0는 상수, 그리고 $\tau(>0)$는 특성시간(characteristic time)이다. 매질 내에 마찰이 존재한다면 전하의 운동방정식은

$$m\frac{d\mathrm{v}}{dt} = -b\mathrm{v} + q\mathrm{E} \tag{7.5.18}$$

와 같이 쓸 수 있으며, 여기서 b는 마찰계수이고 $\mathrm{v}(t) = \hat{\mathrm{e}}_z v(t)$는 전하의 속도이다. 운동방정식을 z축 성분에 대해 다시 쓰면

$$m\frac{dv}{dt} + bv = qE_0 e^{-t/\tau} \tag{7.5.19}$$

이다. 속력 $v(t)$를 함수 $g(\Omega)$로 푸리에 변환을 하면

$$g(\Omega) = \frac{1}{\sqrt{2\pi}} \int_{-\infty}^{\infty} v(t) e^{i\Omega t} dt \tag{7.5.20}$$

가 되고 $g(\Omega)$를 $v(t)$로 푸리에 변환을 하면

$$v(t) = \frac{1}{\sqrt{2\pi}} \int_{-\infty}^{\infty} g(\Omega) e^{-i\Omega t} d\Omega \tag{7.5.21}$$

가 된다. 이제 식(7.5.19)의 양변을 푸리에 변환을 하여보자.

$$\frac{1}{\sqrt{2\pi}} \int_{-\infty}^{\infty} \left(m\frac{dv}{dt} + bv\right) e^{i\Omega t} dt = \frac{1}{\sqrt{2\pi}} \int_{0}^{\infty} \left(qE_0 e^{-t/\tau}\right) e^{i\Omega t} dt \tag{7.5.22}$$

여기서 식(7.5.22) 좌변의 적분에서 두 번째 항은

$$\frac{1}{\sqrt{2\pi}} \int_{-\infty}^{\infty} bv e^{i\Omega t} dt = bg(\Omega) \tag{7.5.23}$$

이 되고, 첫 번째 항은 부분적분을 하면

$$\frac{1}{\sqrt{2\pi}} \int_{-\infty}^{\infty} m\frac{dv}{dt} e^{i\Omega t} dt = \frac{1}{\sqrt{2\pi}} mv e^{i\Omega t} \Big|_{-\infty}^{\infty} - (i\Omega)\frac{1}{\sqrt{2\pi}} \int_{-\infty}^{\infty} mv e^{i\Omega t} dt \tag{7.5.24}$$

가 되는 데 물리적으로 $v(t)$가 $t \to \pm\infty$일 때 $v \to 0$인 참한 함수가 되어야 하므로

$$\frac{1}{\sqrt{2\pi}}\int_{-\infty}^{\infty} m\frac{dv}{dt}e^{i\Omega t}dt = -(i\Omega)\frac{1}{\sqrt{2\pi}}\int_{-\infty}^{\infty} mv\,e^{i\Omega t}dt \tag{7.5.25}$$

$$= m(-i\Omega)g(\Omega)$$

와 같이 된다. 식(7.5.22)의 우변은

$$\frac{1}{\sqrt{2\pi}}\int_{0}^{\infty}\left(qE_0e^{-t/\tau}\right)e^{i\Omega t}dt = \frac{qE_0}{\sqrt{2\pi}}\int_{0}^{\infty} e^{-(1/\tau - i\Omega)t}dt \tag{7.5.26}$$

$$= \frac{1}{\sqrt{2\pi}}\frac{qE_0}{-i\Omega + 1/\tau}e^{-(1/\tau - i\Omega)t}\Big|_0^{\infty}$$

$$= \frac{1}{\sqrt{2\pi}}\frac{qE_0}{-i\Omega + 1/\tau}$$

와 같이 계산된다. 그러므로 식(7.5.23)-(7.5.26)으로부터 운동방정식의 양변을 푸리에 변환을 한 결과는 아래와 같이 주어진다.

$$[m(-i\Omega) + b]g(\Omega) = \frac{qE_0}{\sqrt{2\pi}}\frac{1}{-i\Omega + 1/\tau} \tag{7.5.27}$$

우리는 푸리에 변환을 통하여 미분방정식이 대수방정식으로 바뀌어서 식을 풀기가 한결 쉬워진 것을 볼 수 있다. 위의 식으로부터 $g(\Omega)$는

$$g(\Omega) = -\frac{qE_0}{m\sqrt{2\pi}}\frac{1}{(\Omega + i/\tau)(\Omega + ib/m)} \tag{7.5.28}$$

가 된다. 이제 $g(\Omega)$를 아래와 같이 역 푸리에 변환을 하여 속력 $v(t)$를 구할 수 있다.

$$v(t) = \frac{1}{\sqrt{2\pi}}\int_{-\infty}^{\infty}\left[-\frac{qE_0}{m\sqrt{2\pi}}\frac{1}{(\Omega + i/\tau)(\Omega + ib/m)}\right]e^{-i\Omega t}d\Omega \tag{7.5.29}$$

$$= -\frac{qE_0}{m}\frac{1}{2\pi}\int_{-\infty}^{\infty}\frac{e^{-i\Omega t}}{(\Omega + i/\tau)(\Omega + ib/m)}d\Omega$$

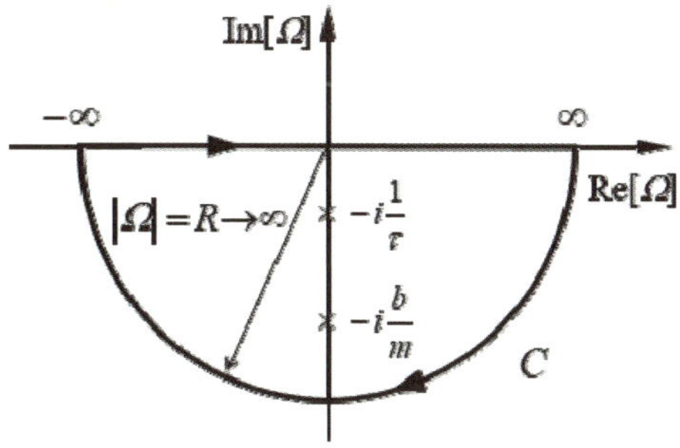

그림 7.5.1 복소 복소 $\Omega-$공간에서 닫힌 경로 C와 두 개의 특이점 $-i\dfrac{1}{\tau}$와 $-i\dfrac{b}{m}$의 위치

속력 $v(t)$의 적분은 유수정리를 이용하여 풀 수 있는데, 이를 위해서는 $t>0$이므로 그림 7.5.1에서처럼 복소 $\Omega-$공간에서 반원 형태의 닫힌 경로 C를 하반평면에서 시계 방향인 경로를 택해야 한다. 그렇게 해야만 $R\to\infty$가 되는 원주(C)상에서 적분의 값이 0이 된다. 따라서 식(7.5.29)의 직선 경로적분은 다음과 같이 닫힌 경로를 이용한 경로적분 형태로 쓸 수 있게 된다.

$$v(t) = -\frac{qE_0}{m}\frac{1}{2\pi}\oint_C^{-}\frac{e^{-i\Omega t}}{(\Omega+i/\tau)(\Omega+ib/m)}d\Omega \tag{7.5.30}$$

이 복소 적분은 $\Omega=-i1/\tau$와 $\Omega=-ib/m$에 특이점을 가지고 있으며 모두 모두 단순극점이다. 따라서 특이점에서의 유수 $a_{-1}(-i/\tau)$와 $a_{-1}(-ib/m)$를 알면 속력은 두 유수를 합하여 구할 수 있다. 두 개의 특이점의 유수는 아래와 같이 계산할 수 있다.

$$\begin{aligned} a_{-1}(-i/\tau) &= \lim_{\Omega\to -i/\tau}\left[(\Omega+i/\tau)\frac{e^{-i\Omega t}}{(\Omega+i/\tau)(\Omega+ib/m)}\right] \\ &= \frac{e^{-t/\tau}}{i(-1/\tau+b/m)} \end{aligned} \tag{7.5.31}$$

$$\begin{aligned} a_{-1}(-ib/m) &= \lim_{\Omega\to -i/\tau}\left[(\Omega+ib/m)\frac{e^{-i\Omega t}}{(\Omega+i/\tau)(\Omega+ib/m)}\right] \\ &= \frac{e^{-bt/m}}{i(-b/m+1/\tau)} \end{aligned} \tag{7.5.32}$$

그러므로 전기장 내에서 전하의 운동을 나타내는 운동방정식인 식(7.5.19)의 해 $v(t)$는 다음과 같이 얻을 수 있다.

$$v(t) = -\frac{qE_0}{m}\frac{1}{2\pi}\left\{-2\pi i\left[\frac{e^{-t/\tau}}{i(-1/\tau+b/m)} + \frac{e^{-bt/m}}{i(-b/m+1/\tau)}\right]\right\} \tag{7.5.33}$$

$$= \frac{qE_0}{m}\left[\frac{e^{-t/\tau} - e^{-bt/m}}{-1/\tau + b/m}\right]$$

[별해] 매개변수변환법(Variation of parameters) 사용

운동방정식인 식(7.5.19)를 푸리에 변환이 아닌 다른 방법으로 푸는 방법에 대하여 잠깐 소개하고자 한다. 식(7.5.19)는 우변이 0이 아닌 비제차 미분방정식(nonhomogeneous differential equation, 비동차 미분방정식)이다. 먼저 아래와 같이 우변이 0인 제차 미분방정식(homogeneous differential equation, 동차 미분방정식)을 고려하여 보자.

$$m\frac{dv}{dt} + bv = 0 \tag{7.5.34}$$

양변을 v로 나누고 dt 곱하여 다시 정리하면

$$\frac{dv}{v} = -\frac{b}{m}dt \tag{7.5.35}$$

가 된다. 이식을 적분하면

$$\int_{v_0}^{v}\frac{dv}{v} = -\frac{b}{m}\int_0^t dt \tag{7.5.36}$$

이므로

$$\ln\left(\frac{v}{v_0}\right) = -\frac{b}{m}t \tag{7.5.37}$$

가 되어 제차 미분방정식인 식(7.5.34)의 해는 아래와 같이 구할 수 있다.

$$v(t) = v_0 e^{-bt/m} \tag{7.5.38}$$

여기서 v_0는 상수이지만 비제차 미분방정식인 식(7.5.19), 즉 $m\frac{dv}{dt} + bv = qE_0 e^{-t/\tau}$를 풀기 위하며 v_0가 상수가 아니라 시간의 함수라고 해보자. 이러한 방법을 매개변수변환법(variation of parameters)이라고 한다. 이에 대한 자세한 내용은 저자들의 수리물리 강의 시리즈 <미분방정식과 응용>을 참고하길 바란다. 그러므로 식(7.5.19)의 해를

$$v(t) = v_0(t) e^{-bt/m} \tag{7.5.39}$$

의 형태로 놓고 이 식을 식(7.5.19)에 대입하여 정리하여 보자.

$$\begin{aligned} m\frac{dv}{dt} + bv &= m\frac{dv_0}{dt}e^{-bt/m} - v_0 b e^{-bt/m} + bv_0 e^{-bt/m} \\ &= m\frac{dv_0}{dt}e^{-bt/m} \\ &= qE_0 e^{-t/\tau} \end{aligned} \tag{7.5.40}$$

그러므로 v_0의 시간 미분은

$$\frac{dv_0}{dt} = \frac{qE_0}{m}e^{-(1/\tau - b/m)t} \tag{7.5.41}$$

가 된다. 이 식을 시간 t에 대하여 적분하면 다음의 결과를 얻는다.

$$v_0(t) = -\frac{qE_0}{m}\frac{e^{-(1/\tau - b/m)t}}{1/\tau - b/m} + A \tag{7.5.42}$$

여기서 A는 적분상수이다. 식(7.5.39)에서 $t=0$일 때 $v(0)=0$이라면 $v_0(0)=0$이 되어야 한다. 그러므로 적분상수 A는 다음과 같이 구할 수 있다.

$$A = \frac{qE_0}{m}\frac{1}{1/\tau - b/m} \tag{7.5.43}$$

그러므로 $v_0(t)$는

$$v_0(t) = \frac{qE_0}{m}\frac{1-e^{-(1/\tau - b/m)t}}{1/\tau - b/m} \tag{7.5.44}$$

가 된다. 이렇게 구한 $v_0(t)$를 식(7.5.39)에 대입하여 정리하면 미분방정식의 해 $v(t)$는

$$\begin{aligned} v(t) &= \frac{qE_0}{m}\left[\frac{1-e^{-(1/\tau - b/m)t}}{1/\tau - b/m}\right]e^{-bt/m} \\ &= \frac{qE_0}{m}\left[\frac{e^{-bt/m}-e^{-t/\tau}}{1/\tau - b/m}\right] \end{aligned} \tag{7.5.45}$$

가 된다. 매개변수변환법을 사용하여 구한 결과[식(7.5.45)]와 푸리에 변환과 경로적분을 이용하여 구한 결과[식(7.5.33)]가 동일하다는 것을 알 수 있다.

7.5.3 열전달(Heat transfer)

물체 사이의 온도 차이에 의한 에너지의 유동을 열전달(heat transfer) 또는 열확산(thermal diffusion)이라고 하는데 이를 간단히 1차원에서 알아보기로 하자. 위치 x와 시간 t에 대한 온도분포를 $T(x,t)$, 열전도도(heat conductivity) 또는 열확산도(thermal diffusivity)를 σ라고 하면 관련 미분방정식은

$$\frac{\partial^2 T(x,t)}{\partial x^2} = \frac{1}{\sigma}\frac{\partial T(x,t)}{\partial t} \tag{7.5.46}$$

와 같이 주어지는데 이를 1차원 열전도 방정식(heat conduction equation)이라고 한다. 여기서 $t=0$일 때의 초기조건을 $T(x,0)=f(x)$라고 하고, 1차원 푸리에 변환을 다음과 같이 정의하자.

$$\widetilde{T}(k,t) = \frac{1}{\sqrt{2\pi}}\int_{-\infty}^{\infty} T(x,t)\,e^{ikx}\,dx \tag{7.5.47}$$

$$T(x,t) = \frac{1}{\sqrt{2\pi}}\int_{-\infty}^{\infty} \widetilde{T}(k,t)\,e^{-ikx}\,dk \tag{7.5.48}$$

식(7.5.46)의 양변에 푸리에 변환을 적용하면

$$\frac{1}{\sqrt{2\pi}}\int_{-\infty}^{\infty}\frac{\partial^2 T(x,t)}{\partial x^2}e^{ikx}\,dx = \frac{1}{\sqrt{2\pi}}\frac{1}{\sigma}\int_{-\infty}^{\infty}\frac{\partial T(x,t)}{\partial t}e^{ikx}\,dx \tag{7.5.49}$$

이 된다. 이 식의 좌변을 부분적분 하면

$$\begin{aligned}&\frac{1}{\sqrt{2\pi}}\int_{-\infty}^{\infty}\frac{\partial^2 T(x,t)}{\partial x^2}e^{ikx}\,dx\\ &\qquad = \frac{1}{\sqrt{2\pi}}\frac{\partial T(x,t)}{\partial x}e^{ikx}\bigg|_{-\infty}^{\infty} - \frac{ik}{\sqrt{2\pi}}\int_{-\infty}^{\infty}\frac{\partial T(x,t)}{\partial x}e^{ikx}\,dt\end{aligned} \tag{7.5.50}$$

가 되는데 물리적으로 $\frac{\partial T(x,t)}{\partial x}$가 $x\to\pm\infty$일 때 $\frac{\partial T(x,t)}{\partial x}\to 0$이 되는 참한 함수가 되어야 하므로

$$\frac{1}{\sqrt{2\pi}}\int_{-\infty}^{\infty}\frac{\partial^2 T(x,t)}{\partial x^2}e^{ikx}\,dx = -\frac{ik}{\sqrt{2\pi}}\int_{-\infty}^{\infty}\frac{\partial T(x,t)}{\partial x}e^{ikx}\,dt \tag{7.5.51}$$

가 된다. 여기서 부분적분을 다시 한번 취하고 물리적으로 온도함수 $T(x,t)$가 $x \to \pm\infty$일 때 $T(x,t) \to 0$인 참한 함수가 되어야 하므로, 식(7.5.49)의 좌변은 아래와 같이 된다.

$$\frac{1}{\sqrt{2\pi}}\int_{-\infty}^{\infty}\frac{\partial^2 T(x,t)}{\partial x^2}e^{ikx}\,dx = -\frac{ik}{\sqrt{2\pi}}\,T(x,t)\,e^{ikx}\Big|_{-\infty}^{\infty} + \frac{(ik)^2}{\sqrt{2\pi}}\int_{-\infty}^{\infty}T(x,t)\,e^{ikx}\,dt \tag{7.5.52}$$

$$= (ik)^2\,\widetilde{T}(k,t)$$

그리고 식(7.5.49)의 우변은

$$\frac{1}{\sqrt{2\pi}}\frac{1}{\sigma}\int_{-\infty}^{\infty}\frac{\partial T(x,t)}{\partial t}e^{ikx}\,dx = \frac{1}{\sigma}\frac{\partial \widetilde{T}(k,t)}{\partial t} \tag{7.5.53}$$

와 같이 된다. 그러므로 식(7.5.49)는 아래와 같이 주어진다.

$$(ik)^2\,\widetilde{T}(k,t) = \frac{1}{\sigma}\frac{\partial \widetilde{T}(k,t)}{\partial t} \tag{7.5.54}$$

이 식을 정리하여 다시 쓰면

$$\frac{d\widetilde{T}(k,t)}{\widetilde{T}} = -\sigma k^2\,dt \tag{7.5.55}$$

이다. 양변을 적분하면

$$\ln\widetilde{T}(k,t) = -\sigma k^2 t + \ln A \tag{7.5.56}$$

이며 여기서 $\ln A$는 적분상수이다. 그러므로 $\widetilde{T}(k,t)$는 다음과 같이 구할 수 있다.

$$\widetilde{T}(k,t) = A\,e^{-\sigma k^2 t} \tag{7.5.57}$$

식(7.5.47)과 식(7.5.57)을 이용하면, $t = 0$일 때

$$\widetilde{T}(k, 0) = A = \frac{1}{\sqrt{2\pi}} \int_{-\infty}^{\infty} T(x, 0) e^{ikx} dx \tag{7.5.58}$$

$$= \frac{1}{\sqrt{2\pi}} \int_{-\infty}^{\infty} f(x) e^{ikx} dx \equiv F(k)$$

이므로 $\widetilde{T}(k, t)$는

$$\widetilde{T}(k, t) = F(k) e^{-\sigma k^2 t} \tag{7.5.59}$$

와 같이 된다. 따라서 1차원 열전도 방정식인 식(7.5.46)의 일반해는 다음과 같다.

$$T(x, t) = \frac{1}{\sqrt{2\pi}} \int_{-\infty}^{\infty} F(k) e^{-\sigma k^2 t} e^{-ikx} dk \tag{7.5.60}$$

한 가지 예로 온도의 초기조건이 $T(x, 0) = f(x) = T_0 \delta(x)$인 경우를 보자. 이 경우에 $F(k)$는 다음과 같다.

$$F(k) = \frac{1}{\sqrt{2\pi}} \int_{-\infty}^{\infty} T_0 \delta(x) e^{ikx} dx = \frac{T_0}{\sqrt{2\pi}} \tag{7.5.61}$$

그러므로 온도분포 $T(x, t)$는

$$T(x, t) = \frac{T_0}{2\pi} \int_{-\infty}^{\infty} e^{-\sigma k^2 t} e^{-ikx} dk \tag{7.5.62}$$

$$= \frac{T_0}{2\pi} e^{-\frac{x^2}{4\sigma t}} \int_{-\infty}^{\infty} e^{-\sigma t\left(k + i\frac{x}{2\sigma t}\right)^2} dk$$

로 쓸 수 있다. 여기서 $\sigma t(k + ix/2\sigma t)^2 \equiv X^2$으로 치환을 하면 $\int_{-\infty}^{\infty} e^{-\sigma t\left(k + i\frac{x}{2\sigma t}\right)^2} dk$

$\frac{1}{\sqrt{\sigma t}}\int_{-\infty}^{\infty} e^{-X^2} dX$가 되고 $\int_{-\infty}^{\infty} e^{-X^2} dX = \sqrt{\pi}$ (감마 함수)이므로 위치 x와 시간 t에 대한 온도분포 $T(x,t)$를 다음과 같이 구할 수 있다.

$$T(x,t) = \frac{T_0}{\sqrt{4\pi\sigma t}} e^{-\frac{x^2}{4\sigma t}} \tag{7.5.63}$$

여기서 온도에 대한 확률분포(probability distribution) $P(x,t) = \frac{T(x,t)}{T_0}$를 정의 할 수 있으며, 이 경우에 확률분포에 대한 미분방정식과 그 해는 식(7.5.46)과 식(7.5.63)으로 부터 다음과 같이 쓸 수 있다.

$$\frac{\partial^2 P(x,t)}{\partial x^2} = \frac{1}{\sigma}\frac{\partial P(x,t)}{\partial t} \tag{7.5.64}$$

$$P(x,t) = \frac{1}{\sqrt{4\pi\sigma t}} e^{-\frac{x^2}{4\sigma t}} \tag{7.5.65}$$

통계열역학(statistical thermodynamics)이나 정보과학(information science)에서 확률분포 $P(x,t)$를 이용한 엔트로피(entropy) $S(x,t)$의 표현식은 다음과 같이 주어진다.

$$S(t) = -k_B \int_{-\infty}^{\infty} P(x,t)\ln P(x,t)\,dx \tag{7.5.66}$$

여기서 k_B는 볼츠만 상수이다. 일반적으로 식(7.5.66)을 깁스 엔트로피(Gibbs entropy)라 한다. 이 식에서 볼츠만 상수를 제거한 경우를 정보과학에서는 섀넌 엔트로피(Shannon entropy) 또는 정보 엔트로피(information entropy)라고 부른다. 식(7.5.66)의 양변을 시간에 대하여 미분을 해보자.

$$\begin{aligned}\frac{dS(t)}{dt} &= -k_B\frac{\partial}{\partial t}\int_{-\infty}^{\infty}P(x,t)\ln P(x,t)\,dx \\ &= -k_B\int_{-\infty}^{\infty}\left(\frac{\partial P(x,t)}{\partial t}\ln P(x,t)+P(x,t)\frac{1}{P(x,t)}\frac{\partial P(x,t)}{\partial t}\right)dx \\ &= -k_B\int_{-\infty}^{\infty}\frac{\partial P(x,t)}{\partial t}(\ln P(x,t)+1)\,dx\end{aligned} \tag{7.5.67}$$

여기서 $\frac{\partial P(x,t)}{\partial t}=\sigma\frac{\partial^2 P(x,t)}{\partial x^2}$를 이용하면

$$\frac{dS(t)}{dt} = -\sigma k_B\int_{-\infty}^{\infty}\frac{\partial^2 P(x,t)}{\partial x^2}[\ln P(x,t)+1]\,dx \tag{7.5.68}$$

와 같이 된다. 이 식의 우변에 부분적분을 적용하면

$$\frac{dS(t)}{dt} = -\sigma k_B\frac{\partial P(x,t)}{\partial x}[\ln P(x,t)+1]\Big|_{-\infty}^{\infty}+\sigma k_B\int_{-\infty}^{\infty}\frac{\partial P(x,t)}{\partial x}\frac{1}{P(x,t)}\frac{\partial P(x,t)}{\partial x}dx \tag{7.5.69}$$

가 되는데, 여기서 물리적으로 $\frac{\partial P(x,t)}{\partial x}$가 $x\to\pm\infty$일 때 $\frac{\partial P(x,t)}{\partial x}\to 0$인 참한 함수가 되어야 하므로 결국 다음과 같이 쓸 수 있다.

$$\frac{dS(t)}{dt} = \sigma k_B\int_{-\infty}^{\infty}\left(\frac{\partial P(x,t)}{\partial x}\right)^2\frac{1}{P(x,t)}dx \tag{7.5.70}$$

식(7.5.70) 우변의 적분기호 안의 피적분함수가 음이 될 수 없으므로, 열전도 과정에서 엔트로피의 시간 미분이 $\frac{dS(t)}{dt}\geq 0$임을 알 수가 있다. 이는 열역학 제2법칙인 엔트로피 증가법칙을 나타낸다.

확산 방정식(diffusion equation)은 열전달 방정식인 식(7.5.46)과 동일한 형태를 지니고 있다.

$$\frac{\partial C(x,t)}{\partial t} = D\frac{\partial^2 C(x,t)}{\partial x^2} \tag{7.5.71}$$

여기서 $C(x,t)$는 정지되어 있는 유체내의 어떤 물질의 농도를 나타낸다고 하자. 이때 D를 확산계수(diffusion coefficient)라고 한다. 만약 유체가 정지되어 있지 않고 속력 v로 흐르고 있다면 식(7.5.71)은 다음과 같이 변형이 되는데 이 식을 대류-확산 방정식(convection-diffusion equation)이라고 한다.

$$\frac{\partial C(x,t)}{\partial t} = -v\frac{\partial C(x,t)}{\partial x} + D\frac{\partial^2 C(x,t)}{\partial x^2} \tag{7.5.72}$$

여기서 물질의 농도 $C(x,t)$를 초기농도 C_0로 나누어준 함수 $P(x,t)[=C(x,t)/C_0]$를 물질에 대한 확률분포(probability distribution)로 정의할 수 있고, 이를 이용하여 아래의 식으로 쓸 수 있다.

$$\frac{\partial P(x,t)}{\partial t} = -v\frac{\partial P(x,t)}{\partial x} + D\frac{\partial^2 P(x,t)}{\partial x^2} \tag{7.5.73}$$

확률과정에 대한 식(7.5.73)을 포커르-플랑크 방정식(Fokker-Prank equation)이라고도 한다. 이 경우에 대하여 엔트로피의 시간 미분 $\frac{dS(t)}{dt}$를 알아보도록 하자. 식(7.5.67) 우변의 $\frac{\partial P(x,t)}{\partial t}$를 식(7.5.73)을 이용하여

$$\frac{dS(t)}{dt} = vk_B\int_{-\infty}^{\infty}\frac{\partial P(x,t)}{\partial x}[\ln P(x,t)+1]\,dx - Dk_B\int_{-\infty}^{\infty}\frac{\partial^2 P(x,t)}{\partial x^2}[\ln P(x,t)+1]\,dx \tag{7.5.74}$$

와 같이 쓸 수 있다. 이때 식(7.5.74)에 부분적분을 적용하고 물리적으로 $P(x,t)$가 $x\to\pm\infty$일 때 $P(x,t)\to 0$이고, $\frac{\partial P(x,t)}{\partial x}$가 $x\to\pm\infty$일 때 $\frac{\partial P(x,t)}{\partial x}\to 0$인 참한 함수이어야 하므로, 엔트로피의 시간 미분을 다음과 같이 계산할 수 있다.

$$\begin{aligned}\frac{dS(t)}{dt} &= vk_B P(x,t)\left[\ln P(x,t)+1\right]\Big|_{-\infty}^{\infty} - vk_B\int_{-\infty}^{\infty} P(x,t)\frac{1}{P(x,t)}\frac{\partial P(x,t)}{\partial x}dx \\ &\quad + Dk_B\frac{\partial P(x,t)}{\partial x}\left[\ln P(x,t)+1\right]\Big|_{-\infty}^{\infty} + Dk_B\int_{-\infty}^{\infty}\frac{\partial P(x,t)}{\partial x}\frac{1}{P(x,t)}\frac{\partial P(x,t)}{\partial x}dx \\ &= -vk_B\int_{-\infty}^{\infty}\frac{\partial P(x,t)}{\partial x}dx + Dk_B\int_{-\infty}^{\infty}\left[\frac{\partial P(x,t)}{\partial x}\right]^2\frac{1}{P(x,t)}dx \\ &= -vk_B P(x,t)\big|_{-\infty}^{\infty} + Dk_B\int_{-\infty}^{\infty}\left[\frac{\partial P(x,t)}{\partial x}\right]^2\frac{1}{P(x,t)}dx \\ &= Dk_B\int_{-\infty}^{\infty}\left[\frac{\partial P(x,t)}{\partial x}\right]^2\frac{1}{P(x,t)}dx\end{aligned} \tag{7.5.75}$$

식(7.5.75)의 마지막 줄 우변에서 적분기호 안의 피적분함수가 음이 될 수 없으므로, 대류-확산 과정에서 엔트로피의 시간 미분은 $\frac{dS(t)}{dt} \geq 0$임을 알 수가 있다. 그러므로

$$\frac{\partial P(x,t)}{\partial t} = \alpha\frac{\partial P(x,t)}{\partial x} + \beta\frac{\partial^2 P(x,t)}{\partial x^2} \qquad (\alpha,\, \beta = \text{상수}) \tag{7.5.76}$$

와 같은 형태를 가지는 확률과정에서는 엔트로피가 증가하므로 열역학 제2법칙을 만족한다는 것을 알 수 있다.

7.6 분산관계식(Dispersion relation)

복소평면에서 실수축인 적분 경로상에 특이점 $z = a$가 있을 때 다음 두 가지 조건: (1) $\text{Im}z > 0$인 상반평면에서 복소함수 $f(z)$가 해석적이고, (2) $\text{Im}z > 0$인 상반평면에서 $\lim_{z\to\infty}|f(z)| = 0$을 만족하는 경우에 제5장에서 다룬 코시 주요값의 정의에 의하여

$$P\int_{-\infty}^{\infty}\frac{f_R(x)+if_I(x)}{x-a}dx = i\pi\left[f_R(a)+if_I(a)\right] \tag{7.6.1}$$

가 성립한다. 이때 복소함수 $f(z)$를 $f(z)=\mathrm{Re}f(z)+i\,\mathrm{Im}f(z)=f_R(z)+if_I(z)$와 같이 실수부와 허수부로 분리하면

$$P\int_{-\infty}^{\infty}\frac{f_R(x)+if_I(x)}{x-a}dx=i\pi[f_R(a)+if_I(a)] \tag{7.6.2}$$

가 되므로, 실수부와 허수부는 각각 다음과 같이 된다.

$$f_R(a)=\frac{1}{\pi}P\int_{-\infty}^{\infty}\frac{f_I(x)}{x-a}dx \tag{7.6.3}$$

$$f_I(a)=-\frac{1}{\pi}P\int_{-\infty}^{\infty}\frac{f_R(x)}{x-a}dx \tag{7.6.4}$$

여기서 식(7.6.3)과 식(7.6.4)를 힐베르트 변환(Hilbert transform)이라고 하며 이 두 변환 짝을 물리학에서는 분산관계식(dispersion relation)이라고 한다.

예제 7.5.1 $P\int_{-R}^{R}\frac{dx}{x-a}=\ln\left(\frac{R-a}{R+a}\right)$를 증명하시오.

풀이 코시 주요값의 정의에 의해서 적분 $P\int_{-R}^{R}\frac{dx}{x-a}$는 다음과 같이 된다.

$$\begin{aligned}P\int_{-R}^{R}\frac{dx}{x-a}&=\lim_{\epsilon\to 0}\left[\int_{-R}^{a-\epsilon}\frac{dx}{x-a}+\int_{a+\epsilon}^{R}\frac{dx}{x-a}\right]\\&=\lim_{\epsilon\to 0}\left[\int_{-R}^{a-\epsilon}\frac{dx}{x-a}+\ln(x-a)\Big|_{a+\epsilon}^{R}\right]\\&=\lim_{\epsilon\to 0}\left[\int_{-R}^{a-\epsilon}\frac{dx}{x-a}+\ln(R-a)-\ln\epsilon\right]\end{aligned} \tag{7.6.5}$$

위의 마지막 줄에서 $x = -t$로 치환하면 적분값은

$$P\int_{-R}^{R} \frac{dx}{x-a} = \lim_{\epsilon \to 0}\left[\int_{-R}^{a-\epsilon} \frac{dx}{x-a} + \ln(R-a) - \ln\epsilon\right] \tag{7.6.6}$$

$$= \lim_{\epsilon \to 0}\left[\int_{R}^{-a+\epsilon} \frac{-dt}{-t-a} + \ln(R-a) - \ln\epsilon\right]$$

$$= \lim_{\epsilon \to 0}\left[\ln(t+a)\Big|_{R}^{-a+\epsilon} + \ln(R-a) - \ln\epsilon\right]$$

$$= \lim_{\epsilon \to 0}\left[\ln\epsilon - \ln(R+a) + \ln(R-a) - \ln\epsilon\right]$$

$$= \ln\left(\frac{R-a}{R+a}\right)$$

가 된다.

이제 식(7.6.1)을 변형하여 아래와 같이 표현하여 보자.

$$P\int_{-\infty}^{\infty} \frac{f(x)}{x-a}dx = \lim_{R\to\infty} P\int_{-R}^{R} \frac{f(x)}{x-a}dx \tag{7.6.7}$$

$$= \lim_{R\to\infty} P\int_{-R}^{R}\left[\frac{f(x)-f(a)+f(a)}{x-a}\right]dx$$

$$= \lim_{R\to\infty} P\int_{-R}^{R} \frac{f(x)-f(a)}{x-a}dx + f(a)\lim_{R\to\infty} P\int_{-R}^{R} \frac{dx}{x-a}$$

이 식과 예제 7.5.1의 결과를 이용하면

$$P\int_{-\infty}^{\infty} \frac{f(x)}{x-a}dx = \lim_{R\to\infty} P\int_{-R}^{R} \frac{f(x)-f(a)}{x-a}dx + f(a)\lim_{R\to\infty}\ln\left(\frac{R-a}{R+a}\right) \tag{7.6.8}$$

$$= P\int_{-\infty}^{\infty} \frac{f(x)-f(a)}{x-a}dx$$

가 된다. 여기서 복소함수 $f(z)$를 $f(z) = f_R(z) + if_I(z)$로 쓰면

$$P\int_{-\infty}^{\infty} \frac{f_R(x) + if_I(x)}{x-a} dx = P\int_{-\infty}^{\infty} \frac{f_R(x) + if_I(x) - [f_R(a) + if_I(a)]}{x-a} dx \quad (7.6.9)$$

$$= P\int_{-\infty}^{\infty} \frac{f_R(x) - f_R(a) + i[f_I(x) - f_I(a)]}{x-a} dx$$

가 되는데 식(7.6.2)로부터 다음의 식을 얻을 수 있다.

$$i\pi f_R(a) - \pi f_I(a) = P\int_{-\infty}^{\infty} \frac{f_R(x) - f_R(a) + i[f_I(x) - f_I(a)]}{x-a} dx \quad (7.6.10)$$

이 식의 실수부와 허수부는 각각

$$f_R(a) = \frac{1}{\pi} P\int_{-\infty}^{\infty} \frac{f_I(x) - f_I(a)}{x-a} dx \quad (7.6.11)$$

$$f_I(a) = -\frac{1}{\pi} P\int_{-\infty}^{\infty} \frac{f_R(x) - f_R(a)}{x-a} dx \quad (7.6.12)$$

이 된다. 여기서 식(7.6.11)과 식(7.6.12)는 힐베르트 변환에서 파생된 보완적 표현의 힐베르트 변환(complimentary expression of Hilbert transform)이라고도 한다. 그러므로 7.2.2절에서 다룬 크레이머스-크로니그 관계도 힐베르트 변환으로 표현되는 분산관계식인 것을 알 수가 있다.

식(7.6.4)에서 a를 y로 치환하고 디랙 델타 함수를 도입하여 $f_R(x) = \delta(x)$로 놓으면

$$f_I(y) = -\frac{1}{\pi} P\int_{-\infty}^{\infty} \frac{\delta(x)}{x-y} dx \quad (7.6.13)$$

이 된다. 이 식을 식(7.6.3)에 대입하고 a를 w로 치환하면

$$
\begin{aligned}
f_R(w) &= \frac{1}{\pi} P\int_{-\infty}^{\infty} \frac{f_I(y)}{y-w} dy \\
&= \frac{1}{\pi} P\int_{-\infty}^{\infty} \frac{1}{y-w} \left[-\frac{1}{\pi} \int_{-\infty}^{\infty} \frac{\delta(x)}{x-y} dx \right] dy \\
&= -\frac{1}{\pi^2} P\int_{-\infty}^{\infty} \frac{dy}{(y-w)(-y)}
\end{aligned} \tag{7.6.14}
$$

가 되는데, 여기서 $f_R(w) = \delta(w)$이므로 결국

$$
\delta(w) = \frac{1}{\pi^2} P\int_{-\infty}^{\infty} \frac{dy}{y(y-w)} \tag{7.6.15}
$$

와 같이 쓸 수 있다. 식(7.6.15)에서 $y = s - x$, $w = s - t$로 치환하면 디랙 델타 함수 $\delta(s-t)$는

$$
\begin{aligned}
\delta(s-t) &= \frac{1}{\pi^2} P\int_{\infty}^{-\infty} \frac{-dx}{(s-x)(t-x)} \\
&= \frac{1}{\pi^2} P\int_{-\infty}^{\infty} \frac{dx}{(x-s)(x-t)}
\end{aligned} \tag{7.6.16}
$$

와 같이 된다. 한편, 식(7.6.3)에서 적분변수 x를 t로 치환을 하고 실수 a를 x로 치환하면

$$
f_R(x) = \frac{1}{\pi} P\int_{-\infty}^{\infty} \frac{f_I(t)}{t-x} dt \tag{7.6.17}
$$

가 되는데 이를 이용하여 $\int_{-\infty}^{\infty} |f_R(x)|^2 dx$를 표현하면

$$
\begin{aligned}
\int_{-\infty}^{\infty} |f_R(x)|^2 dx &= \int_{-\infty}^{\infty} \left[\frac{1}{\pi} P\int_{-\infty}^{\infty} \frac{f_I(t)}{t-x} dt \right] \left[\frac{1}{\pi} P\int_{-\infty}^{\infty} \frac{f_I(s)}{s-x} ds \right] dx \\
&= \int_{-\infty}^{\infty} f_I(s)\, ds \int_{-\infty}^{\infty} f_I(t)\, dt \, \frac{1}{\pi^2} P\int_{-\infty}^{\infty} \frac{dx}{(t-x)(s-x)}
\end{aligned} \tag{7.6.18}
$$

이 된다. 식(7.6.16)과 식(7.6.18)을 결합하면

$$\begin{aligned}\int_{-\infty}^{\infty}|f_R(x)|^2dx &= \int_{-\infty}^{\infty}f_I(s)ds\int_{-\infty}^{\infty}f_I(t)dt\frac{1}{\pi^2}\int_{-\infty}^{\infty}\frac{dx}{(t-x)(s-x)} \qquad (7.6.19)\\ &= \int_{-\infty}^{\infty}f_I(s)ds\int_{-\infty}^{\infty}f_I(t)\delta(t-s)dt\\ &= \int_{-\infty}^{\infty}|f_I(s)|^2ds\\ &= \int_{-\infty}^{\infty}|f_I(x)|^2dx\end{aligned}$$

의 관계식을 얻게 된다. 여기서 식(7.6.19)를 파세발 관계(Parseval relation)라고 한다.

이번에는 식(7.6.3)과 식(7.6.4)에서 적분변수 x를 x'으로 치환하고 a를 x로 치환하면 다음과 같이 된다.

$$f_R(x) = \frac{1}{\pi}P\int_{-\infty}^{\infty}\frac{f_I(x')}{x'-x}dx' \qquad (7.6.20)$$

$$f_I(x) = -\frac{1}{\pi}P\int_{-\infty}^{\infty}\frac{f_R(x')}{x'-x}dx' \qquad (7.6.21)$$

식(7.6.20)을 이용하며 $f(x) = f_R(x) + if_I(x)$를 나타내면

$$\begin{aligned}f(x) &= f_R(x) + if_I(x) \qquad (7.6.22)\\ &= \frac{1}{\pi}P\int_{-\infty}^{\infty}\frac{f_I(x')}{x'-x}dx' + if_I(x)\\ &= \frac{1}{\pi}\int_{-\infty}^{\infty}f_I(x')\left[\frac{P}{x'-x} + i\pi\delta(x'-x)\right]dx'\end{aligned}$$

이 되고 식(7.6.21)을 이용하며 $f(x) = f_R(x) + if_I(x)$를 나타내면

$$
\begin{aligned}
f(x) &= f_R(x) + i f_I(x) \\
&= f_R(x) - \frac{i}{\pi} P \int_{-\infty}^{\infty} \frac{f_R(x')}{x' - x} dx' \\
&= -\frac{i}{\pi} \int_{-\infty}^{\infty} f_R(x') \left[\frac{P}{x' - x} + i\pi\delta(x' - x) \right] dx'
\end{aligned} \tag{7.6.23}
$$

이 된다. 플레멜 공식(Plemelj formula)

$$
\lim_{\epsilon \to 0^+} \frac{1}{x' - x \mp i\epsilon} = P \frac{1}{x' - x} \pm i\pi\delta(x' - x) \tag{7.6.24}
$$

을 이용하면 식(7.6.22)와 식(7.6.23)은 다음과 같이 표현할 수 있다.

$$
\begin{aligned}
f(x) &= \frac{1}{\pi} \int_{-\infty}^{\infty} f_I(x') \left[\frac{P}{x' - x} + i\pi\delta(x' - x) \right] dx' \\
&= \frac{1}{\pi} \lim_{\epsilon \to 0^+} \int_{-\infty}^{\infty} \frac{f_I(x')}{x' - x - i\epsilon} dx'
\end{aligned} \tag{7.6.25}
$$

$$
\begin{aligned}
f(x) &= -\frac{i}{\pi} \int_{-\infty}^{\infty} f_R(x') \left[\frac{P}{x' - x} + i\pi\delta(x' - x) \right] dx' \\
&= -\frac{i}{\pi} \lim_{\epsilon \to 0^+} \int_{-\infty}^{\infty} \frac{f_R(x')}{x' - x - i\epsilon} dx'
\end{aligned} \tag{7.6.26}
$$

식(7.6.25)와 식(7.6.26)을 더하면

$$
\begin{aligned}
2f(x) &= \frac{1}{\pi} \int_{-\infty}^{\infty} \frac{f_I(x')}{x' - x - i\epsilon} dx' - \frac{i}{\pi} \int_{-\infty}^{\infty} \frac{f_R(x')}{x' - x - i\epsilon} dx' \\
&= \frac{1}{i\pi} \lim_{\epsilon \to 0^+} \int_{-\infty}^{\infty} \frac{f_R(x') + i f_I(x')}{x' - x - i\epsilon} dx'
\end{aligned} \tag{7.6.27}
$$

이므로 $f(x)$는

$$f(x) = \frac{1}{2\pi i} \lim_{\epsilon \to 0^+} \int_{-\infty}^{\infty} \frac{f(x')}{x' - x - i\epsilon} dx' \tag{7.6.28}$$

와 같이 되는 것을 알 수 있다. 복소공간에서 실수축 바로 위의 점으로부터 실수축 상의 점으로 접근하는 것을 $\lim_{\epsilon \to 0^+} f(x' + i\epsilon) = f_+(x')$로 표현하면 식(7.6.25)와 식(7.6.26)을 다음과 같이 나타낼 수 있다.

$$f_+(x) = \frac{1}{\pi} \int_{-\infty}^{\infty} \frac{f_{+,I}(x')}{x' - x - i\epsilon} dx' \tag{7.6.29}$$

$$f_+(x) = -\frac{i}{\pi} \int_{-\infty}^{\infty} \frac{f_{+,R}(x')}{x' - x - i\epsilon} dx' \tag{7.6.30}$$

여기서 식(7.6.29)과 식(7.6.30)을 함수 $f_+(x)$의 스펙트럼 표현(spectral representation)이라고 한다. 식(7.6.28)도 다음과 같은 스펙트럼 표현으로 나타낼 수 있다.

$$f_+(x) = \frac{1}{2\pi i} \int_{-\infty}^{\infty} \frac{f_+(x')}{x' - x - i\epsilon} dx' \tag{7.6.31}$$

7.7 푸리에 적분을 이용한 불확정성 원리의 이해(Understanding of the uncertainty principle using Fourier integrals)

7.5절에서 언급한 1차원 푸리에 적분을 위치 x와 파수 k를 변수로 하여 다시 써보면

$$g(k) = \frac{1}{\sqrt{2\pi}} \int_{-\infty}^{\infty} f(x) e^{-ikx} dx \tag{7.7.1}$$

$$f(x) = \frac{1}{\sqrt{2\pi}} \int_{-\infty}^{\infty} g(k)\, e^{ikx}\, dk \tag{7.7.2}$$

와 같이 된다. 식(7.7.1)의 $g(k)$는 $f(x)$의 푸리에 변환이고 식(7.7.2)의 $f(x)$는 $g(k)$의 푸리에 변환이다. 함수 $f(x)$가 다음과 같이 로렌치안(Lorentzian)의 형태로 주어진 경우를 고려해 보자.

$$f(x) = \frac{a}{x^2 + a^2} \quad (a > 0) \tag{7.7.3}$$

그러므로 $f(x)$의 푸리에 변환은 다음과 같다.

$$g(k) = \frac{1}{\sqrt{2\pi}} \int_{-\infty}^{\infty} \frac{a}{x^2 + a^2} e^{-ikx}\, dx \tag{7.7.4}$$

적분을 계산하기 위하여 k가 양인 경우와 음인 경우를 구별하여 살펴보자.

7.7.1 $k > 0$인 경우

식(7.7.4)에서 피적분함수의 실변수 x를 복소변수 z로 대치하고 실수축을 포함하는 닫힌 경로에 대해 적분을 하여보자. 지수함수 e^{-ikz}에서 k가 양이므로 그림 7.7.1에 나타난 것처럼 적분 경로를 실수축 아래로 시계방향으로 돌아가는 반원 형태의 경로 C를 택하면 된다. 아래의 식을 보자. C_R은 반지름이 R인 반원 경로이며 적분기호 상단의 $-$부호는 경로가 시계방향임을 나타내기 위하여 붙였다.

$$\oint_C^{-} \frac{e^{-ikz}}{z^2 + a^2} dz = \int_{-\infty}^{\infty} \frac{e^{-ikx}}{x^2 + a^2} dx + \int_{C_R}^{-} \frac{e^{-ikz}}{z^2 + a^2} dz \tag{7.7.5}$$

이러한 적분 경로에서는 $R(=|z|) \to \infty$일 때 C_R 경로의 적분이 0이 되므로 닫힌 경로 C 내부의 특이점 $z = -ai$에 대하여 유수정리를 적용하면 실수축에 대한 적분의 결

과를 바로 얻을 수가 있다.

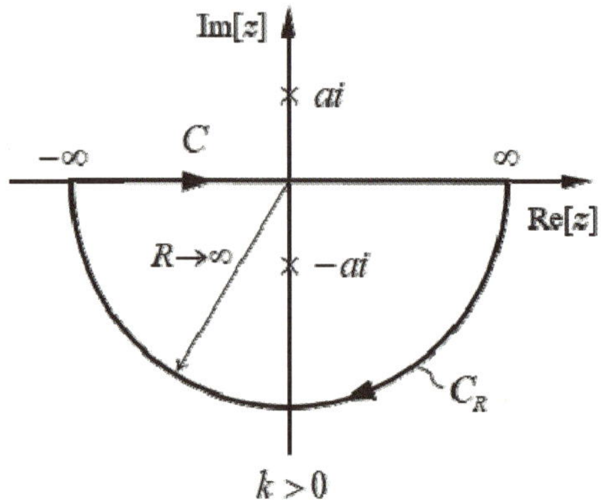

그림 7.7.1 $k > 0$인 경우의 시계방향의 반원 경로

특이점 $z = -ai$는 단순극점이므로 식(7.7.5)는

$$\oint_C^- \frac{e^{-ikz}}{z^2 + a^2} dz = \int_{-\infty}^{\infty} \frac{e^{-ikx}}{x^2 + a^2} dx \tag{7.7.6}$$

$$= -2\pi i\, a_{-1}(z = -ai)$$

$$= -2\pi i \lim_{z \to -ai} \left[(z + ai) \frac{e^{-ikz}}{(z + ai)(z - ai)} \right]$$

$$= -2\pi i \frac{e^{-ik(-ai)}}{(-2ai)}$$

$$= \frac{\pi}{a} e^{-ak}$$

와 같이 계산된다. 따라서 $k > 0$인 경우에 $f(x) = a/(x^2 + a^2)$의 푸리에 변환 $g(k)$를 다음과 같이 구할 수 있다($a > 0$).

$$g(k) = \frac{a}{\sqrt{2\pi}} \frac{\pi}{a} e^{-ak} = \sqrt{\frac{\pi}{2}} e^{-ak} \quad (k > 0) \tag{7.7.7}$$

7.7.2 $k < 0$인 경우

지수함수 e^{-ikz}의 k가 음이 될 때에는 그림 7.7.2에 나타난 것처럼 실수축 위의 상반평면에서 반시계방향으로 돌아가는 반원 형태의 경로를 택한다. 아래의 식을 보자.

$$\oint_C \frac{e^{-ikz}}{z^2 + a^2} dz = \int_{-\infty}^{\infty} \frac{e^{-ikx}}{x^2 + a^2} dx + \int_{C_R} \frac{e^{-ikz}}{z^2 + a^2} dz \tag{7.7.8}$$

앞의 경우와 마찬가지로 $R(=|z|) \to \infty$일 때 C_R 경로의 적분이 0이 되므로 이때에는 닫힌 경로 C 내부의 특이점 $z = ai$에 대하여 유수정리를 적용하면 된다.

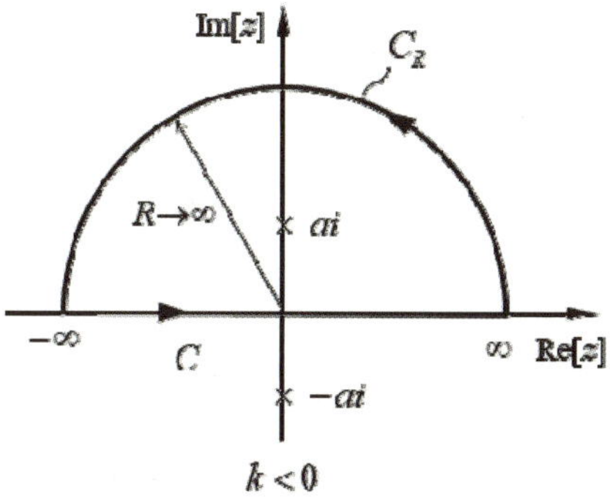

그림 7.7.2 $k < 0$인 경우의 반시계방향의 반원 경로

특이점 $z = ai$는 단순극점이므로 식(7.7.8)은

$$\begin{aligned}
\oint_C^+ \frac{e^{-ikz}}{z^2 + a^2} dz &= \int_{-\infty}^{\infty} \frac{e^{-ikx}}{x^2 + a^2} dx \\
&= 2\pi i\, a_{-1}(z = ai) \\
&= 2\pi i \lim_{z \to ai} \left[(z - ai) \frac{e^{-ikz}}{(z + ai)(z - ai)} \right] \\
&= 2\pi i \frac{e^{-ik(ai)}}{(2ai)} \\
&= \frac{\pi}{a} e^{ak}
\end{aligned} \tag{7.7.9}$$

이 된다. 그러므로 $k < 0$인 경우에 $f(x) = a/(x^2 + a^2)$의 푸리에 변환 $g(k)$를 다음과 같이 구할 수 있다($a > 0$).

$$g(k) = \frac{a}{\sqrt{2\pi}} \frac{\pi}{a} e^{ak} = \sqrt{\frac{\pi}{2}} e^{ak} \quad (k < 0) \tag{7.7.10}$$

그러므로 모든 k값에 대하여 $f(x) = a/(x^2 + a^2)$의 푸리에 변환 $g(k)$는 다음과 같이 쓸 수 있다.

$$g(k) = \sqrt{\frac{\pi}{2}} e^{-a|k|} \tag{7.7.11}$$

서로 푸리에 변환 관계인 함수 $f(x)$와 $g(k)$는 어떤 관계가 있을까? 함수 $f(x) = a/(x^2 + a^2)$의 반치전폭(full width at half maximum, FWHM)의 위치는 $x = \pm a$이므로 로렌치안 형태의 함수 $f(x)$의 퍼짐(spreading)을 나타내는 Δx는 위치(position) 관측량의 표준편차를 의미한다. 즉,

$$\Delta x = a - (-a) = 2a \tag{7.7.12}$$

가 된다. 한편, 함수 $g(k)$의 반치전폭의 위치는 $k > 0$인 경우에는 대략 $ak \approx 1$이고 $k < 0$인 경우에는 $-ak \approx 1$이므로, 함수 $g(k)$의 퍼짐을 나타내는 Δk는 파수(wave number) 관측량의 표준편차를 의미하며

$$\Delta k \approx \frac{1}{a} - (-\frac{1}{a}) = \frac{2}{a} \tag{7.7.13}$$

가 된다. 그러므로 위치퍼짐 Δx와 파수퍼짐 Δk의 곱은

$$\Delta x \, \Delta k \approx 2a \times \frac{2}{a} = 4 \tag{7.7.14}$$

가 되어 상수 a와는 무관한 양이 되는 것을 알 수 있다. 즉, 위치퍼짐이 커지면 파수퍼

짐은 반드시 작아지게 되며 반대의 경우도 마찬가지이다. 만약에 파수의 편차가 0으로 가게 되어 정확한 파수를 알 수 있다면 위치의 편차가 무한대로 가게 되어 수학적으로는 모든 위치가 가능하다는 의미이며, 이는 위치를 알 수 없다는 것과 동일한 의미이다. 그러므로 위치퍼짐과 파수퍼짐 둘 다 동시에 어떤 특정한 상수값보다 작게 만드는 것은 불가능하다.

물리적으로 파수 k는 파장 λ와 $k = 2\pi/\lambda$의 관계에 있다. 양자역학에서 물질파(matter wave)의 운동량은 $p = \hbar k$로 주어진다. $\hbar$는 플랑크 상수(Planck constant) $h(\approx 6.62607 \times 10^{-34}\,\mathrm{J \cdot s})$를 2π로 나눈 값으로서 $\hbar(= h/2\pi) \approx 1.05457 \times 10^{-34}\,\mathrm{J \cdot s}$이다. 상수 $\hbar$는 20세기의 중요한 물리학자 중 한 사람인 영국의 이론물리학자 폴 디랙(Paul Dirac)의 이름을 따서 디랙 상수(Dirac's constant)라고도 부른다.

식(7.7.14)를 위치퍼짐, 즉 위치 관측량의 표준편차 Δx와 운동량퍼짐, 즉 운동량 관측량의 표준편차 Δp의 곱으로 나타내면

$$\Delta x \, \Delta p \approx 4\hbar \tag{7.7.15}$$

가 된다. 위의 결과는 위치를 로렌치안 함수로 가정하였을 경우인데, 양자역학에서 입자(또는 파동)의 위치를 어떠한 형태의 함수를 쓰더라도 두 퍼짐의 곱이 항상 $\hbar/2$ 이상이 된다는 것을 배울 수 있을 것이다. 즉, 양자역학적 계산에 따르면

$$\Delta x \, \Delta p \geq \frac{\hbar}{2} \tag{7.7.16}$$

인 결과를 얻을 수 있다. 이 결과는 입자(파동)의 위치와 운동량을 동시에 정확히 알아낼 수 없다고 하는 현대물리학에서 배우는 하이젠베르크의 불확정성 원리(Heisenberg's uncertainty principle)이다.

참고문헌

[1] G. B. Arfken and H. J. Weber, *Mathematical Methods for Physicists*, 6th Edition(Elsevier, Amsterdam, 2005).

[2] H. S. Carslaw and J. C. Jaeger, *Conduction of Heat in Solids*, 2nd Edition (Oxford University Press, Oxford, 1946).

[3] I. G. Currie, *Fundamental Mechanics of Fluids*, 4th Edition (CRC Press, Boca Raton, 2013).

[4] A. Garg, *Classical Electromagnetism in a Nutshell* (Princeton University Press, Princeton, 2012).

[5] N. G. Van Kampen, *Stochastic Processes in Physics and Chemistry*, 3rd Edition (Elsevier, Amsterdam, 2007).

[6] J. Mathews and R. L. Walker, *Mathematical Methods of Physics*, 2nd Edition (Benjamin, New York, 1970).

[7] S. Nettel, *Wave Physics, Oscillations–Solitons–Chaos*, 4th Edition (Springer, Berlin, 2009).

[8] J. P. Sethna, *Statistical Mechanics: Entropy, Order Parameters, and Complexity*, 2nd Edition (Oxford University Press, Oxford, 2021).

[9] M. Stone and P. Goldbart, *Mathematics for Physics* (Cambridge University Press, Cambridge, 2010).

[10] R. M. Wald, *Advanced Classical Electromagnetism* (Princeton University Press, Princeton, 2022).

[11] H. W. Wyld, *Mathematical Methods for Physics* (CRC Press, Boca Raton, 2021).

[12] 寺沢寛一, 自然科学者のための数学概論(増訂版) (岩波書店, 東京, 1983).

찾아보기

ㄱ

ㄴ

ㄷ

ㄹ

ㅁ

ㅂ

ㅅ

ㅇ

ㅈ

ㅊ

ㅋ

ㅌ

ㅍ

ㅎ

Memo

Memo

이명재 한양대학교 자연과학대학 물리학과 이학사 및 이학석사
미국 University of Michigan, Ann Arbor 핵공학과 이학박사(이론플라즈마물리학)
미국 University of Michigan, Ann Arbor 핵공학과 박사후연구원
[현] 한양대학교 자연과학대학 물리학과 교수

정영대 한양대학교 자연과학대학 물리학과 이학사 및 이학석사
미국 University of California, San Diego 물리학과 이학박사(이론천체물리학)
미국 NASA/Marshall Space Flight Center X-Ray Astronomy Group 박사후연구원
일본 National Institute for Fusion Science 초빙교수
[현] 한양대학교 ERICA 과학기술융합대학 응용물리학과 교수

복소 해석과 응용

펴낸날 2024년 8월 30일 초판 1쇄
지은이 이명재·정영대 ● **펴낸이** 이기정
펴낸곳 한양대학교출판부 ● **출판등록** 제4-7호(1972.2.29)
주소 서울 성동구 왕십리로 222 ● **전화** 02.2220.1432-4 ● **팩스** 02.2220.1435
홈페이지 press.hanyang.ac.kr ● **이메일** presshy@hanyang.ac.kr
표지 안광일 ● **본문디자인·인쇄** 네오프린텍

값 25,000원

ISBN 978.89.7218.807.0 (93420)